数字媒体技术专业核心教材体系建设——建议使用时间

四年级上： 网页设计项目开发　移动项目开发　新媒体项目开发　动画项目开发　数字影视项目开发　虚拟现实项目开发

三年级下： 数字图像处理　计算机游戏设计　移动开发技术　数字媒体界面设计　动画特效制作　虚拟现实技术

三年级上： 人机交互技术　计算机图形学　动态网页　影视动画制作技术　HTML5开发技术　艺术概论

二年级下： 数字音视频处理　短视频创意与制作　影视后期特效　摄影

二年级上： 数字插画　网页设计基础　电影前期概念设计

一年级下： 平面图形设计　二维动画制作　设计基础

一年级上： 数字图像创意设计　数字媒体技术导论

面向新工科专业建设计算机系列教材

短视频创意与制作
（微课版）

张蓝姗◎编著

清华大学出版社
北京

内容简介

本书在全面梳理短视频创作的基础理论、规律以及创作方法的基础上，系统介绍了剧情类、纪录类、Vlog 等垂直类型短视频的创作方法，还详细讲解了短视频的选题创意、脚本创作、分镜头设计、拍摄方法、剪辑包装等实践技能。本书既是一本面向高等院校影视类、数字媒体艺术、传播学以及网络与新媒体专业本科及以上学生的专业课教材，同时也可作为短视频行业的从业人员和创作者的自学指南。

本书作为一本"纸质教材＋数字资源"的立体化教材，配合短视频创意、拍摄、剪辑等一系列与实践紧密相关的内容，以形象且直观的微课短视频，生动讲解不同类型短视频的创作要点，演示剪辑包装的操作步骤，最大限度地满足教师教学需要和学生自学需要，适应教育市场和教学改革的需求。读者可扫描书中的二维码观看作者独家原创的短视频创作教程。

图书在版编目（CIP）数据

短视频创意与制作：微课版/张蓝姗编著. —北京：清华大学出版社，2023.5（2024.8重印）
面向新工科专业建设计算机系列教材
ISBN 978-7-302-63215-3

Ⅰ．①短…　Ⅱ．①张…　Ⅲ．①视频制作－高等学校－教材　Ⅳ．①TN948.4

中国国家版本馆 CIP 数据核字（2023）第 052449 号

责任编辑：白立军
封面设计：刘　乾
责任校对：焦丽丽
责任印制：丛怀宇

出版发行：清华大学出版社
　　　　网　　　址：https://www.tup.com.cn, https://www.wqxuetang.com
　　　　地　　　址：北京清华大学学研大厦 A 座　　　　邮　　编：100084
　　　　社 总 机：010-83470000　　　　　　　　　　　邮　　购：010-62786544
　　　　投稿与读者服务：010-62776969, c-service@tup.tsinghua.edu.cn
　　　　质量反馈：010-62772015，zhiliang@tup.tsinghua.edu.cn
　　　　课件下载：https://www.tup.com.cn,010-83470236
印 装 者：三河市君旺印务有限公司
经　　销：全国新华书店
开　　本：185mm×260mm　　插　页：1　　印　张：16.25　　字　　数：400 千字
版　　次：2023 年 7 月第 1 版　　　　　　　　　　　印　　次：2024 年 8 月第 2 次印刷
定　　价：79.00 元

产品编号：098832-01

出版说明

一、系列教材背景

人类已经进入智能时代，云计算、大数据、物联网、人工智能、机器人、量子计算等是这个时代最重要的技术热点。为了适应和满足时代发展对人才培养的需要，2017 年 2 月以来，教育部积极推进新工科建设，先后形成了"复旦共识""天大行动"和"北京指南"，并发布了《教育部高等教育司关于开展新工科研究与实践的通知》《教育部办公厅关于推荐新工科研究与实践项目的通知》，全力探索形成领跑全球工程教育的中国模式、中国经验，助力高等教育强国建设。新工科有两个内涵：一是新的工科专业；二是传统工科专业的新需求。新工科建设将促进一批新专业的发展，这批新专业有的是依托于现有计算机类专业派生、扩展而成的，有的是多个专业有机整合而成的。由计算机类专业派生、扩展形成的新工科专业有计算机科学与技术、软件工程、网络工程、物联网工程、信息管理与信息系统、数据科学与大数据技术等。由计算机类学科交叉融合形成的新工科专业有网络空间安全、人工智能、机器人工程、数字媒体技术、智能科学与技术等。

在新工科建设的"九个一批"中，明确提出"建设一批体现产业和技术最新发展的新课程""建设一批产业急需的新兴工科专业"。新课程和新专业的持续建设，都需要以适应新工科教育的教材作为支撑。由于各个专业之间的课程相互交叉，但是又不能相互包含，所以在选题方向上，既考虑由计算机类专业派生、扩展形成的新工科专业的选题，又考虑由计算机类专业交叉融合形成的新工科专业的选题，特别是网络空间安全专业、智能科学与技术专业的选题。基于此，清华大学出版社计划出版"面向新工科专业建设计算机系列教材"。

二、教材定位

教材使用对象为"211 工程"高校或同等水平及以上高校计算机类专业及相关专业学生。

三、教材编写原则

（1）借鉴 *Computer Science Curricula* 2013（以下简称 CS2013）。CS2013的核心知识领域包括算法与复杂度、体系结构与组织、计算科学、离散结构、图形学与可视化、人机交互、信息保障与安全、信息管理、智能系统、网络与通信、操作系统、基于平台的开发、并行与分布式计算、程序设计语言、软件开发基础、软件工程、系统基础、社会问题与专业实践等内容。

(2) 处理好理论与技能培养的关系,注重理论与实践相结合,加强对学生思维方式的训练和计算思维的培养。计算机专业学生能力的培养特别强调理论学习、计算思维培养和实践训练。本系列教材以"重视理论,加强计算思维培养,突出案例和实践应用"为主要目标。

(3) 为便于教学,在纸质教材的基础上,融合多种形式的教学辅助材料。每本教材可以有主教材、教师用书、习题解答、实验指导等。特别是在数字资源建设方面,可以结合当前出版融合的趋势,做好立体化教材建设,可考虑加上微课、微视频、二维码、MOOC等扩展资源。

四、教材特点

1. 满足新工科专业建设的需要

系列教材涵盖计算机科学与技术、软件工程、物联网工程、数据科学与大数据技术、网络空间安全、人工智能等专业的课程。

2. 案例体现传统工科专业的新需求

编写时,以案例驱动,任务引导,特别是有一些新应用场景的案例。

3. 循序渐进,内容全面

讲解基础知识和实用案例时,由简单到复杂,循序渐进,系统讲解。

4. 资源丰富,立体化建设

除了教学课件外,还可以提供教学大纲、教学计划、微视频等扩展资源,以方便教学。

五、优先出版

1. 精品课程配套教材

主要包括国家级或省级的精品课程和精品资源共享课的配套教材。

2. 传统优秀改版教材

对于已经出版、得到市场认可的优秀教材,由于新技术的发展,计划给图书配上新的教学形式、教学资源的改版教材。

3. 前沿技术与热点教材

反映计算机前沿和当前热点的相关教材,例如云计算、大数据、人工智能、物联网、网络空间安全等方面的教材。

六、联系方式

联系人：白立军

联系电话：010-83470179

联系和投稿邮箱：bailj@tup.tsinghua.edu.cn

面向新工科专业建设计算机系列教材编委会

2019 年 6 月

面向新工科专业建设计算机系列教材编委会

主　任：

张尧学　清华大学计算机科学与技术系教授　中国工程院院士/教育部高等学校软件工程专业教学指导委员会主任委员

副主任：

陈　刚　浙江大学计算机科学与技术学院　　　　　院长/教授

卢先和　清华大学出版社　　　　　　　　　　　　常务副总编辑、副社长/编审

委　员：

毕　胜	大连海事大学信息科学技术学院	院长/教授
蔡伯根	北京交通大学计算机与信息技术学院	院长/教授
陈　兵	南京航空航天大学计算机科学与技术学院	院长/教授
成秀珍	山东大学计算机科学与技术学院	院长/教授
丁志军	同济大学计算机科学与技术系	系主任/教授
董军宇	中国海洋大学信息科学与工程学院	副院长/教授
冯　丹	华中科技大学计算机学院	院长/教授
冯立功	战略支援部队信息工程大学网络空间安全学院	院长/教授
高　英	华南理工大学计算机科学与工程学院	副院长/教授
桂小林	西安交通大学计算机科学与技术学院	教授
郭卫斌	华东理工大学信息科学与工程学院	副院长/教授
郭文忠	福州大学数学与计算机科学学院	院长/教授
郭毅可	香港科技大学	副校长/教授
过敏意	上海交通大学计算机科学与工程系	教授
胡瑞敏	西安电子科技大学网络与信息安全学院	院长/教授
黄河燕	北京理工大学计算机学院	院长/教授
雷蕴奇	厦门大学计算机科学系	教授
李凡长	苏州大学计算机科学与技术学院	院长/教授
李克秋	天津大学计算机科学与技术学院	院长/教授
李肯立	湖南大学	副校长/教授
李向阳	中国科学技术大学计算机科学与技术学院	执行院长/教授
梁荣华	浙江工业大学计算机科学与技术学院	执行院长/教授
刘延飞	火箭军工程大学基础部	副主任/教授
陆建峰	南京理工大学计算机科学与工程学院	副院长/教授
罗军舟	东南大学计算机科学与工程学院	教授
吕建成	四川大学计算机学院(软件学院)	院长/教授
吕卫锋	北京航空航天大学	副校长/教授

FOREWORD

前言

　　短视频作为移动互联网时代全新的传播信息符号，以其轻量化、个性化、互动化等优势吸引了大量用户，近年来呈现出迅猛发展的态势，已经成为互联网时代最重要的表达方式和传播方式。然而，目前国内高校中还很少开设专门针对短视频创作的课程，由于短视频的时长、类型、拍摄剪辑工具、表现手法都与传统影视创作有很大区别，传统影视创作类课程已经难以支撑短视频创作实践的需求。

　　本书的创新之处在于突破传统的影视教学内容，培养学生认识和掌握大数据、算法推荐以及新型互动技术下短视频的创作方法、流程和规律。例如，如何在平台算法逻辑中巧妙设置短视频的标题、描述、标签、分类，怎样利用"黄金三秒法则"牢牢吸引住用户，拉近与用户之间的情感联系等。

　　本书面向高等院校影视类、数字媒体艺术、传播学、网络与新媒体、数字媒体技术等专业学生，同时也可作为短视频行业的从业人员和创作者的自学指南。内容涵盖创意、拍摄和剪辑三大实用技能，能够让学生借助短视频这种新兴媒介形式充分发挥创意才华，独立完成拍摄、剪辑、包装、发布等全套技能，以全面对接媒介融合时代对新型传媒人才的需求。

　　党的二十大报告明确提出要推进教育数字化，需要将现代信息技术与教育相结合，利用数字化手段和网络技术改进教育模式，提高教育质量。本教材通过微课这一数字化教育手段，将短视频创作课程的重要知识点、技能点，拍摄并制作成一系列微课教程，使教学内容变得更加简明、直观、生动，使学生更易理解和掌握知识点，以"纸质教材＋数字微课"的形式，深入贯彻和推进国家数字化教育战略。此外，为顺应国家新文科建设的发展需要，积极响应教育部对高校课程思政建设的部署与指导，本书内容与思政教育结合非常紧密。通过教学案例选择、选题策划引导、内容创意和制作手法指导，帮助读者树立正确的艺术观和创作观，引导读者思考如何促进优秀传统文化的创新性发展与趣味性传播，进而承担起讲好中国故事，弘扬中华优秀传统文化、社会主义核心价值观的重任。

　　本书作为北京邮电大学"十四五规划教材"，积极响应教育部对高校课程思政建设的部署与指导，针对新文科建设和高校短视频创作课程的教学需求设计架构体系，将立德树人的理念深植于教材内容中，并将体现爱国主义情怀、反映良好社会文明风尚等具有丰富德育内涵的短视频作为案例，通过选题策划引导、内容创意和制作流程指导，积极引导创作者树立正确的价值观和艺术观，承担起讲好中国故事，弘扬中华优秀传统文化、社会主义核心价值观的重任，创作出符合时代需求、内容积极向上的短视频作品。

在此要深深感谢北京邮电大学传播学系的黄佩教授、刘胜枝教授，清华大学新闻与传播学院曹书乐副教授对本书的编写提出的宝贵建议，还要感谢我的研究生李诗尧、张雅楠、任梦杰、任雪、张雪珥、史玮珂、赵司迪、胡龙静、肖欣怡、唐慧婷、杨景宜、周之剑的辛苦付出。清华大学出版社的编辑为本书的编校也投入了很多心血，谨在此表示衷心的感谢！与此同时，本书汇集了多平台账号及博主的短视频作品作为案例进行分析，如有不当之处，敬请海涵。同时欢迎广大读者批评、指正，提出宝贵的意见，帮助此书不断完善。

编　者

2023 年 1 月

CONTENTS

目录

第 1 章

短视频概述

伴随着互联网格局从 PC 端向移动端的迁移,以手机为主要载体的短视频乘上时代发展的快车,凭借创作门槛低、传播效率高、传播内容多元、社交元素丰富等优势,迅速成为新媒体时代最受欢迎的媒介之一。根据《第 50 次中国互联网络发展状况统计报告》的数据显示,截至 2022 年 6 月,我国短视频用户规模达 9.62亿,占全体网民的 91.5%。[①] 尼尔·波兹曼曾说:"一种信息传播的新方式所带来的社会变迁,绝不止于它所传递的内容,其更大的意义在于,传播方式本身定义了信息的传播速度、来源、传播数量以及信息存在的语境,从而深刻地影响着特定时空的社会关系、结构与文化。"[②] 作为一种全新的信息传播方式,短视频传播打破了时空界限,填补了传统文字、语音等信息传播方式时效性弱、场景感不足的缺陷,内容呈现更为生动、立体,用户交流沟通更为便捷,用户内容参与热情高涨,营造出全民参与、即时化、强交互的崭新视听场景。

资源下载

本章将对短视频概念、特征、发展动因和历程进行梳理,从宏观上把握短视频行业发展的整体图景,再从中观层面对短视频类型、平台进行分析和介绍,最后则对当前短视频行业存在的问题进行探讨。

◆ 1.1 走近短视频

1.1.1 短视频的概念

短视频作为当下最热门的传播媒介之一,学者、资深从业者、社会调查机构都曾对其进行概念界定。在短视频发展的萌芽期,短视频更多地被认为是 PC 端视频短片。彼时,优酷网创始人古永锵认为"短视频是指短则 30 秒,长则不超过 20分钟,内容广泛,视频形态多样,可通过多种视频终端摄录或播放的视频短片的统称。"[③] 随着互联网的普及和移动资费的降低,智能手机成为用户观看视频的载体,抖音、快手等移动短视频平台崛起,短视频概念得到更新。易观智库认为,"短视频是指时长不超过 20 分钟,通过短视频平台拍摄、编辑、上传、播放、分享、互动的视频形态。"SocialBeta 网站将短视频定义为:"短视频是一种视频长度以秒计数,

---

① 中国互联网络信息中心. 第 50 次中国互联网络发展状况统计报告,2022.

② 尼尔·波兹曼. 娱乐至死[M]. 北京:中信出版社,2015.

③ 杨纯,古永锵. 微视频市场机会激动人心[J].中国电子商务,2006(11):112-113.

主要依托于互联网和智能终端实现快速拍摄与美化编辑,可在社交媒体平台上实时分享和无缝对接的一种新型视频形式。"腾云、楼旭东认为:"移动短视频是指时长几秒到几分钟,以网络和移动智能终端(主要指智能手机和平板电脑)为手段,依托移动短视频应用(App),制作周期短、几乎无成本,内容广泛,原创度高,有个性,网民参与度高,形式自由灵活的一种移动社交新媒体。"①张志安教授认为,"短视频是以移动智能终端为传播载体,播放时长在数秒到数分钟之间的视频内容产品。"②

通过对以上观点的梳理,可以看出,学界、业界对短视频的概念界定众说纷纭,作为媒介技术革命的产物,短视频具有强技术驱动性和鲜明的时代特征,其概念会随着技术的革新和时代的进步不断发展完善。当前对短视频的理解可定义为:依托于互联网和智能终端进行传播的,时长通常从几秒至几分钟,融合了图片、文字、影像等多种信息符号,大众能够便捷、自由进行内容生产与传播的视频形态。

1.1.2 短视频的发展历程与发展现状

短视频 App 最早起源于美国,Viddy 于 2011 年 4 月最先推出移动短视频应用。随后,大批短视频分享应用诞生,例如 Vine、Instagram 等。国内短视频行业历经十余年的发展和蜕变,经历了三个重要阶段。

1. 探索阶段(2011—2015 年)

国内的短视频起源,最早可以追溯到 2011 年快手诞生,快手初期以制作 GIF 为主。伴随着智能手机的普及和移动互联网时代到来,内容生产者从 Web 端转向移动手机端,在随后的几年中,短视频内容生产和聚合平台如雨后春笋般涌现。

2013 年,小影 App 上线,这款 App 能够为用户提供配乐、滤镜等多种视频剪辑功能,被称作"手机视频里的美图秀秀",一经上线便引发下载热潮,10 个月便获得超 100 万用户注册。但此时,短视频应用仍是强工具、弱社交属性,无法实现破圈层传播,这种情况一直持续到 2013 年年末。

2013 年年末,"GIF 快手"去掉 GIF 前缀,正式改名为"快手"并进军短视频领域,由工具型 App 向社交型 App 转型。快手成功转型的核心举措就是将推荐算法应用到内容分发上,针对用户喜好进行精准内容推荐。这不仅使快手迅速完成原始用户积累,更为其后续的用户爆发打下良好的用户和技术基础。2015 年,快手的用户量破亿。

2014 年,微视 App 强势进入大众视线。微视是 2013 年 8 月 28 日由腾讯公司推出的主打用户内容生产的短视频平台。微视与腾讯旗下的微博、微信等应用互联,用户在微视平台生产的视频内容可以实现多渠道分发。2014 年春节期间,微视邀请百位明星发布拜年短视频,并在电视上进行全天 24 小时轮播营销,明星效应为微视带来用户下载高潮。

此外,新浪秒拍、美拍、魔力盒、小红唇、蛙趣视频、小咖秀等短视频 App 均诞生于该阶段,一时间行业百花齐放,这也构筑了平台竞争格局的雏形。

---

① 腾云,楼旭东.移动短视频:融合发展的新路径[J].新闻世界,2016(03):41-43.
② 张志安,冉桢.短视频行业兴起背后的社会洞察与价值提升[J].传媒,2019(07):52-55.

2. 成长阶段（2016—2017 年）

2016 年，4G 网络的普遍应用使得内容的分发效率得到大幅提升，短视频赛道流量红利明显，用户规模化效应显现。此外，巨头和资本介入，短视频 App 数量激增，用户短视频使用习惯逐渐养成，短视频市场日渐向精细化和垂直化发展，内容价值成为支撑短视频行业持续发展的主要动力。

2016 年 9 月，抖音诞生。抖音由资讯类 App 今日头条内部孵化产生，最初定位为专注年轻人的 15 秒音乐短视频社区。抖音诞生之初，专注平台功能开发，致力于打造良好的用户体验，这也为其后续的火爆打下了良好的产品基础。2017 年，抖音将重心放在产品传播上，着手用户增长，通过大量节目赞助、明星入驻等营销手段实现了用户的大幅增长，一举跃居短视频领域第一梯队。

与此同时，快手用户策略悄然向三四线城市下沉，注重强运营和农村用户关键意见领袖（Key Opinion Leader，KOL）的"农村包围城市"打法大获成功，2016 年 2 月，快手用户量超过 3 亿。快手与抖音成功组建了短视频领域新秩序，"快手是小镇青年的，抖音是都市白领的""南抖音，北快手"等说法也应运而生。

此外，2016 年，火山小视频、抖梨视频上线；2017 年，土豆转型短视频，今日头条发布西瓜视频，360 快视频、百度好看视频上线。

3. 成熟阶段（2018 年至今）

2018 年，随着资本的持续介入和政府监管政策的完善，短视频行业的商业模式和竞争格局基本形成，平台方和内容方不断丰富细分，致力于挖掘和满足用户多元化需求，短视频进入行业发展的成熟期。一方面，以抖音和快手为代表的超头部平台竞相"出海"，开启国际市场流量收割。2018 年，抖音国际版 TikTok 于美国问世，并以前所未有的速度爆火。2020 年 4 月，快手在海外上线 SnackVideo，并于 2020 年 5 月在美国上线 Zynn。另一方面，小而美的垂类短视频 App 纷纷上线，传统社交平台也在短视频领域发力，短视频平台生态日趋完善。2018 年主打幽默搞笑风格的短视频社区皮皮虾上线。同年，百度上线全民小视频。2020 年微信"视频号"上线，知乎也开设了短视频内容领域。

直到今天，短视频行业仍是资本追逐的宝地和用户流量抢夺的主赛道。据艾媒咨询数据显示（图 1.1），截至 2020 年，我国短视频行业的市场规模已达 1408.3 亿元，预计 2025 年中国短视频行业市场规模将有望接近 6000 亿元。从用户规模来看，截至 2022 年 6 月，我国短视频用户规模达 9.62 亿，占全体网民的 91.5%[①]。短视频已经成为用户标配产品。

在互联网红利逐渐消失、泛娱乐领域日趋疲软的背景下，短视频成为了极少数实现用户规模持续正向增长的行业之一。在 2020 年以来，用户上网时长进一步增长，短视频成为用户获取信息的重要窗口，具有现场感的海量多元化内容满足了用户特定时期的内容需求。各大短视频平台也积极探索更多元和深层的商业变现模式。同时，伴随着 5G 通信技术的进一步普及，人工智能和大数据技术发展驶入深水区，加之国家的监管制度不断完善，短视

---

① 中国互联网络信息中心. 第 50 次中国互联网络发展状况统计报告，2022.

2017—2021年中国短视频市场规模及预测

图 1.1   2017—2021 年中国短视频行业市场规模分析图①

频行业总体来说仍有巨大的发展潜力。

但是，不容忽视的一点是，短视频行业用户增速呈现明显的放缓趋势，用户规模即将饱和。② 中国传媒大学文化产业管理学院副院长刘京晶曾说："短视频扩容，满足用户新需求是关键。传统短视频的用户消费需求已经触顶，同质化严重、良莠不齐、审美疲劳突出，满足用户对更好品质内容消费的需求是短视频产品形态调整的战略选择。"在用户增长触顶、流量红利减弱的背景下，短视频行业在进一步激发用户内容生产积极性、营造健康可持续的内容生产链条方面仍有很大探索空间。如何在商业变现模式、内容审核、垂直领域、分发渠道等领域更为成熟，成为短视频行业未来发展的新目标。③

1.1.3   短视频的发展动因

当下，我国短视频行业用户规模持续增长，内容发展更加多元，短视频仍处于风口。短视频的兴起与走红并非偶然，这与短视频形态对新的媒介场景的契合、用户偏好的转向以及资本的助力息息相关，多重原因合力驱动短视频驶入快速增长的流量场。

1. 选择或然率公式下用户的媒介转向

施拉姆的选择或然率公式认为，影响受众对媒介的选择因素主要有两点：一是报偿的保证，指的是传播内容满足选择者的需要的程度；二是费力的程度，即得到这则内容和使用传播途径的难易状况。一方面，短视频丰富且精准的内容满足了用户的多样化的需求；另一方面，相比于文字、图片和长视频而言，短视频具有"短、平、快"的特征，用户可以随时随地以最小的时间成本获取海量内容，并即时上传发布作品，社交需求可以快速响应。

2. 契合用户移动化、碎片化的观看习惯

移动短视频时代，注意力稀缺和碎片化阅读是两大主要特征，信息需要在极短的时间内吸引用户眼球，从海量内容中实现对用户的注意力"抢夺"。而短视频短小精悍的内容传播

---

① 艾媒咨询. 2020—2021 年中国短视频头部市场竞争状况专题研究报告，2021.
② 中国互联网信息中心. 第 48 次中国互联网络发展状况统计报告，2021.
③ 搜狐网.短视频发展遇瓶颈，快手、抖音双双延长短视频求破局，2019.

形态,契合了用户移动化观看习惯,尤为适应紧张忙碌的生活节奏下信息消费场景的碎片化,也满足了用户快速获取信息、节约信息获取成本的需求。

3. 情感唤起激发用户共鸣

美国学者保罗·莱文森在他的著作《数字麦克卢汉》中提出了"补偿性媒介"理论,该理论认为,"人们之所以选择后一种媒介,是对先前的某种媒介先天功能不足的一种补偿,是一种补救的措施。"[①]图文表达重视理性,呈现内容更为宏观、抽象,视频表达更注重感性,呈现内容直接、形象、细节,可以更好地表达内容传递的情感力量,进而引发受众情感共鸣。深谙用户心理的短视频博主,极尽视听元素之能事,以快节奏、重悬念、强冲突、多反转的风格,牢牢抓住用户眼球,通过唤起用户情感、激发共鸣、戳中用户痛点等手段吸引流量。

4. 社交资本的积累

传播信息、联系社会是包括原始媒介在内的所有媒介的共同目标。[②] 移动短视频不仅是强大的内容生产传播平台,更是浩瀚的社交场域。短视频强大的互动功能带来极强的平台用户黏性,用户可以一键点赞、关注、分享、转发,进行自如的情感表达和交流互动,满足社交需求。与此同时,随着短视频内容的超载,平台不断进行信息分发路径的优化,在信息爆炸的时代短视频借助算法进行个性化内容推荐,大大提升了用户社交资本的积累效率。

5. 资本介入助推行业起飞

短视频从 2016 年被推上"风口"至今,资本市场仍保持异常活跃状态。一方面,短视频作为底层介质赋能多元行业,推动行业经济的持续快速发展。京东、淘宝等电商平台通过商品展示的短视频化搭建"短视频＋电商"生态;知乎上线短视频问答社区,豆瓣上线短视频小组,"短视频＋社区"内容生态雏形显现,AR/VR 技术的赋能革新了短视频呈现形式,全景可交互的沉浸式生态使得短视频与智能家居行业融合成为可能;另一方面,短视频平台资本市场表现突出,国内外各大投资公司纷纷在这一领域布局,加大投资力度,短视频平台融资效果良好。资本的大力注入带动了短视频行业的规模化发展,进一步打通内容到产业的经济循环,为行业持续发展提供经济底气。

1.1.4　短视频的特征

短视频作为移动互联网时代一种新的文本表达和沟通方式,带有浓厚的互联网基因,具有以下 6 个鲜明的特点。

1. 生产门槛低

与传统的长视频相比,短视频的第一大特征是生产门槛低。长视频拍摄与制作往往需要专业的摄影设备、摄像师及后期剪辑人员,生产周期长且生产成本高,普通的用户被隔绝

---

① 保罗·莱文森.数字麦克卢汉[M].北京:社会科学文献出版社,2001.
② 郭致杰.移动短视频的媒介演化与传播机制——基于保罗·莱文森媒介进化论的反思[J].青年记者,2020(30):35-36.

在专业视频的生产外。而短视频的诞生与智能手机的普及密切相关,短视频的拍摄与制作突破了专业设备的束缚,成为平民化的权利。同时,VUE、小影、剪映等可便捷操作的手机剪辑软件的涌现,进一步降低了短视频生产门槛,大大提升了短视频制作的效率。

短视频生产门槛的降低使得普通人能够成为视频的生产者,随时展现自己的生活片段并发表自己的观点。例如,以往乡村教师在电视新闻报道中不常出现,但是凭借短视频的助推作用,由普通乡村教师所发布的《关注乡村教育 关注留守儿童》《期末考试动员大会》等视频都获得了百万播放。这些短视频以乡村教师视频日记的方式,记录了其在乡村支教的过程中与学生的相处日常。这些生活片段都是运用简单的拍摄手法和剪辑软件进行生产的,并没有太多复杂的技巧性的运镜和专业化的剪辑手法,但是却能够将核心价值观融入每个视频当中。创作者通过短视频的方式展现真实的乡村情况,从亲历者的角度对于国家乡村建设以及乡村现实问题提出自己的观点和见解,呼吁大家关注乡村教育和留守儿童,在收获大量关注的同时也能够为整个社会埋下一颗善良的种子。

2. 草根化

短视频的第二个特征是创作主体和内容的草根化。短视频打破了传统媒体的中心化结构,为用户实现自我赋权提供了机会,使草根群体进入主流视野成为可能。无论是普通农民或小镇青年,还是高知分子或精英人士,人人都可以成为短视频创作者,自由地进行观点表达、生活分享。例如,以"记录世界记录你"为标语的快手 App,就是草根文化发展的典型代表。在快手平台上,用户们以"老铁""家人"相称,他们拍摄的视频内容也都是我们身边发生的事,真实反映草根阶级的生活状态,更贴近生活,容易让人产生共鸣。

抖音、快手等视频平台存在大量草根化的视频创作者,他们的视频并没有太多精致的场景和剪辑技术,但是却展现了其在日常生活中的真实状态和乡村烟火气息。他们创作的短视频最大的特点就是真实性,更加容易引起同圈层用户的共鸣和理解,引起了社会广泛关注和重视。例如"张同学"发布的《消防安全 平安万家》记录了消防员上门检查室内用火安全的全过程,展现了一些在农村常见但是却隐含消防隐患的行为,并在视频中科普火灾发生原因和解决处理办法,获得了百万播放量。这说明草根化的创作者并不仅仅是展现自己的生活状态,也渐渐成为教育科普宣传的重要声音和力量。

3. 传播内容多样化

短视频的第三个特征是传播内容多样化。一方面,从媒介性质来看,短视频集合文字、图片、声音于一体,进行即时的复合信息传播,信息海量且丰富;另一方面,从用户视角出发,短视频创作主体的草根特质大大丰富了平台内容生态。在新媒体赋权的情况下,草根群体得到了越来越多自我呈现的机会。他们通过短视频平台走进公众视野,进行丰富多元的内容创作。从最初的视频日志(Vlog)、搞笑段子、美食分享等娱乐消遣为导向的内容类型,到融合资讯、知识、评论的科普分享型内容,短视频传播的内容趋向精细化、多元化。同时,草根群体创作的内容更贴近生活,更容易与大众产生共鸣,使得用户得到精神满足,这不仅增强了短视频平台的用户黏性,也在无形中吸引着更多用户群体进行内容创作,形成内容生产与传播的正向循环。

4. 传播效率高

短视频的第四个特征是传播效率高。4G、5G 技术的赋能使得短视频传播突破了时空限制，用户短视频内容可以实现即拍即发，传播速度大大提升。在 Web 2.0 时代，各大社交媒体实现互联互通，短视频跨平台传播和实时互动成为可能。用户发布的短视频内容可以在极短的时间内传递给基数极大互联网用户，传播效率进一步提升。

由于短视频传播效率高的特点，大量传统媒体涌入短视频平台，通过语态的转变和内容形式的融合，拉近与受众之间的距离，探索出成功的媒介融合范式。例如"四川观察"作为四川广播电视台的新媒体账号，入驻各类短视频平台广受关注，仅仅是抖音平台的粉丝数量就已经超过 4000 万，成功实现由电视媒体到新媒体的转型。"四川观察"十分注重互联网语境下的创新表达和多渠道整合传播，以"观观"的身份与受众进行亲切互动，凭借质量、速度、网感不断加强用户黏性，多个内容产品成为全网"爆款"，获得中国新闻奖、四川新闻奖等各奖项十余个。可见，传统媒体可依托于短视频平台巨大的用户基数和高传播效率，发挥自身的专业内容制作优势，在短视频平台中打造融媒体特色内容，以增强专业媒体的关注度、公信力和影响力。

5. 社交属性强

短视频的第五个特征是社交属性强。马修·利伯曼曾说"我们天生就是爱社交的社会动物"，社交是人类的天性。[①] 用户期望利用短视频满足社会交往的需求，这就决定了短视频具备一个天然属性——社交性。我们所处的社会网络是一个强弱人际关系共存的结构，强关系是基于现实生活关系而形成的信任度比较高的熟人关系，弱关系是建立在共同兴趣和爱好等信息内容的基础上，身份属性差别较大。

在作为兴趣社区的短视频平台中，用户可以实现真实社会所不具备的跨界互动及隔空交往。平台营造的"去中心化""去空间化""去时间化"的移动社交场景使得用户可以多角色参与虚拟互动，满足自由交往的需求。与此同时，平台通过算法实现用户"聚类化"连接，具有相似爱好和需求的用户可以自如地建立兴趣社群，强化身份认同，打造专属社交基地。例如，当前短视频领域两大超头部平台抖音、快手均设置一键关注、点赞、评论、私信、分享等互动功能，用户对引发自己共鸣的内容可以实现及时的反馈。随着短视频平台用户交互需求的升级，打赏、加"粉丝团""同城""连线""一起拍"等更为亲密的新型互动功能也逐一上线。

6. 内容分发精准化

短视频最后一个特征是内容分发精准化。短视频的高速发展与算法推荐技术的进步息息相关，短视频信息接受模式由最初的用户把关到"算法＋人"共同把关。前台用户进行内容观看，后台算法进行数据读取，用户在平台进行的一举一动，都转化为可被算法计算识别的行为数据，用户的特征和喜好被算法精确"锁定"。用户暴露的行为数据越多，大数据后台算法形成的用户画像越精准。通过用户画像的聚合，最终实现用户前台个性化内容的推送，"千人千面"由此诞生，内容精准分发的目的达成。

---

① 　马修·利伯曼.社交天性：人类社交的三大驱动力[M].杭州：浙江人民出版社，2016.

◆ 1.2 短视频的类型

在了解了短视频的概念、行业发展现状及其发展成因、发展特点后,我们将具体学习短视频的类型。在划分标准上,短视频可以按照视频生产方式分类,也可以按照渠道类型分类,还可以按照内容类型分类。本节逐一介绍不同分类方式下的短视频类型。

1.2.1 按短视频生产主体分类

首先,按照短视频不同主体生产方式进行分类,可以把短视频分为 UGC、PGC、PUGC、MCN 四种类型。

1. UGC 类型

UGC(User Generated Content),即用户生产内容。在这一模式中,每个用户都可以参与短视频生产及分发。这一内容生产方式打破了旧有的传播过程,使得用户实现传者和受者地位自如切换,降低了短视频生产的门槛,同时极大地丰富互联网内容,进一步激发内容生产活力。UGC 模式低成本、强社交的天然优势使得它成为当前短视频领域最为广泛的内容生产类型。目前,抖音、快手、西瓜视频、小红书等都是 UGC 模式的典型代表平台。

"垫底辣孩"的走红就说明了 UGC 强大的创作力和创新性,他的视频以"华丽变装"为主,强烈的视觉冲击力能够迅速吸引受众的注意力。他推出的"体验成为国风少年"系列视频(图 1.2),在变装的基础上弘扬中国传统文化,以快节奏的剪辑风格全方位塑造了一位处于中国乡野田间的国风少年,极大地增强了受众的民族自尊心和自信心。除此之外,他的视频中既包含令人向往烟雨江南、茂林修竹、亭台楼阁等带有浓郁中国风情的背景,又呈现了研墨、柳编、水墨画、灯笼、油纸伞等中国传统技艺。同时每个视频以中国传统文化为落点,包括诗词、戏曲以及民俗故事等,例如《霸王别姬》《红豆》《白蛇传》都出现在他的视频中,有效地营造了中国古典的文化意境,这些内容使他的作品不仅在国内获得了大量关注,也在国外引起了广泛的关注和赞叹,有力地输出了中国文化。

图 1.2 抖音视频创作者"垫底辣孩"的国风系列作品

2. PGC 类型

PGC(Professional Generated Content),即专业生产内容。PGC 模式由一个或多个专业制作机构进行内容的精心策划、生产、分发,主张短视频制作的"精品化"。PGC 类型短视频对专业和技术要求较高,需要内容生产者进行大量且持续的人力、物力、财力来维持内容的长期运营,以此来获取用户的关注。

在拥有一定量的粉丝后,内容生产者可以进行内容变现,进行广告推广等商业行为,同时,账号的优质流量会吸引投资者的关注,或者内外部的商业投入,以此达到账号的盈利目的。因此,该模式下生产出的短视频内容具备专业性的同时也拥有较强的市场属性。

"一条""二更""梨视频""我们视频"都是 PGC 模式的代表。例如,"我们视频"诞生于 2016 年 9 月 11 日,是由新京报和腾讯联合打造的移动端视频新闻生产平台。依托新京报专业内容采编能力,整合腾讯流量平台内容分发优势,"我们视频"立足于流量蓝海——新闻赛道,强调视频的信息价值、视觉价值、热点价值、故事价值,平台从上线到播放量破亿仅仅用了 8 个月,成为新闻视频化转型的优秀典型。《世间》《局面》《紧急呼叫》等广受用户喜爱的系列视频均为"我们视频"旗下栏目。

3. PUGC 类型

PUGC(Professional User Generated Content),即专业用户生产内容。该种内容生产模式以 UGC 的形式产出相对接近 PGC 的专业内容,是伴随着短视频领域深入发展而衍生出的一种新类型。UGC 提供大量具有灵感、创意的原创内容,赋予源源不断的特色内容,而 PGC 则发挥其专业内容制作水平和运营能力的优势,通过对 UGC 原生内容的二次加工,赋予短视频的商业价值和持久生命力。

可以说,这种内容生产模式集合了 UGC 和 PGC 两种模型的优势,一方面保留了 UGC 模式应有的高用户参与度和强社交属性;另一方面与 PGC 模式相比,可以用相对较低的成本带来较高的商业价值。例如,短视频平台纷纷涌现的网红博主就是 PUGC 内容生产方式下的产物。短视频网红是在短视频场域中以"自组织"式的内容与生产与传播形式形成一定话语权力中心的内容生产者。

4. MCN 模式

MCN(Multi-Channel Network),直译为多频道网络,是短视频商业化进程中的一个阶段性产物,其内容生产形式颇似"视频代理"中介,对用户上传的视频作品进行批量专业内容生产及精准输送,从而达到盈利目的。MCN 的本质是连接内容生产者、平台方与广告方的中介组织和多渠道网络的内容生产、运营中心,资本与组织机构。在短视频行业竞争激烈的今天,该模式具备极强的资源整合、内容分发优势。数据显示,截至 2020 年年底,短视频 MCN 超过 20 000 家[①],且仍保持高速增长的状态。

随着用户对专业内容需求的旺盛及网红经济的崛起,MCN 市场发展迅速。例如,papitube 就是 MCN 模式下的代表机构。papitube 是"papi 酱"于 2016 年 4 月成立的短视频 MCN 机构,该机构主要进行网红签约及网红孵化营销。截至 2022 年 2 月,papitube 涵盖泛娱乐、生活评测、影视等垂直领域的 150 多位博主,全网粉丝超 5 亿。

作为 PUGC 模式的进阶版,MCN 模式虽然保证了平台的活力和内容质量,但由于其内容"中介"的性质,无法避免地存在内容生产者与平台对接不畅的问题。此外,由于 MCN 内容制作和审核能力不一,内容成品水平参差不齐,这也导致其变现能力极不稳定。面对日趋激烈的竞争市场下流量成本的上升、孵化机制的不稳定等问题,MCN 模式想要保持稳定持

---

① 克劳锐.MCN 内容机构行业发展白皮书,2021.

续的发展，仍需要在打通上下游产业链和优质内容生产层面下工夫。

1.2.2　按短视频渠道类型分类

如表 1.1 所示，根据播放渠道的不同，短视频还可以分为资讯客户端、网络视频、专业短视频、社交媒体、电商 5 种渠道类型。在每一种渠道类型中，短视频都发挥着越来越重要的作用。

表 1.1　按渠道类型分类的短视频

类　　目	典　型　例　子
资讯客户端渠道	包括今日头条、百家号、一点资讯、梨视频、企鹅媒体平台（天天快报、腾讯新闻）等
网络视频渠道	包括大鱼号、搜狐视频、爱奇艺、腾讯视频、第一视频、爆米花视频等
专业短视频 App 渠道	包括抖音、快手、秒拍、美拍、微视、火山小视频、西瓜视频、暴风短视频等
社交媒体渠道	包括微博、微信、QQ 空间等
电商渠道	包括淘宝、京东、蘑菇街、唯品会等

资讯客户端渠道短视频生产模式以 PGC 为主，如今日头条、百家号、一点资讯、梨视频等；网络视频渠道短视频的代表有大鱼号、搜狐视频、爱奇艺、腾讯视频等；专业短视频 App 渠道代表有抖音、快手、秒拍、美拍、微视等，这是当前行业内容覆盖范围最广的渠道；社交媒体渠道代表有微博、微信、QQ 空间等；电商渠道代表有淘宝、京东、蘑菇街、唯品会等。

1.2.3　按短视频内容类型分类

短视频平台内容非常多元，在用户需求的驱动下垂类内容日趋丰富。根据中国广视索福瑞媒介研究（CSM）短视频行业调查数据显示（图 1.3），当前短视频内容类型根据用户关注比例由高到低，可以分为如下类型：生活技巧/知识科普类、生活/社会记录类、个人秀类、

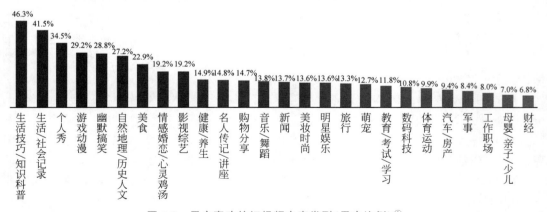

图 1.3　用户喜欢的短视频内容类型（用户比例）①

---

①　中国广视索福瑞媒介研究（CSM）. 2021 年短视频用户价值研究报告.

游戏动漫类、幽默搞笑类、自然地理/历史人文类、美食类、情感婚恋/心灵鸡汤类、影视综艺类、健康/养生类、名人传记/讲座类、购物分享类、音乐/舞蹈类、新闻类、美妆时尚类、明星娱乐类、旅行类、萌宠类、教育/考试/学习类、数码科技类、体育运动类、汽车/房产类、军事类、工作职场类、母婴/亲子/少儿类、财经类等。

　　随着时代的发展,用户需求的不断变化,短视频作为用户洞察世界、窥见广袤社会的窗口,其内容类型也会相应得到更新。

认识短视频

◇　1.3　短视频平台的发展

　　在移动互联网时代,短视频平台竞争日趋白热化且呈现出鲜明的派系特点。本节将首先对短视频平台现状进行分析,其次对当前领域三大主流短视频平台——抖音、快手、微信视频号逐一进行分析,以期更精准地了解当前短视频行业的发展状况和用户需求。

1.3.1　短视频平台发展格局

　　随着短视频行业进入成熟稳定的发展时期,至 2020 年,"两超多强"的竞争格局基本稳定。"两超"即抖音、快手两大超头部平台,"多强"指众多短视频平台融合成的第三梯队(图 1.4),第一梯队包括抖音、快手,两者活跃用户规模约占整体的 56.7%;第二梯队包括西瓜视频、微视、好看视频、抖音火山版、快手极速版,活跃用户规模约占整体的 24.9%;第三梯队包括爱奇艺随刻、波波视频、刷宝、优喱视频等。[①]

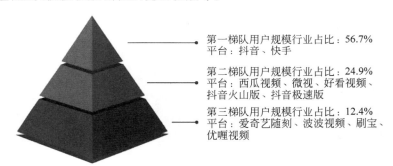

第一梯队用户规模行业占比：56.7%
平台：抖音、快手

第二梯队用户规模行业占比：24.9%
平台：西瓜视频、微视、好看视频、抖音火山版、抖音极速版

第三梯队用户规模行业占比：12.4%
平台：爱奇艺随刻、波波视频、刷宝、优喱视频

图 1.4　2020 年中国短视频平台梯队分布

　　截至 2021 年 9 月,抖音平台 MAU(即月活跃用户)人数突破 10 亿,DAU(即日活跃用户)突破 6 亿;快手平台 MAU 达 5.729 亿,DAU 达 3.204 亿。[②] 两大超头部平台除了拥有无可比拟的用户优势外,在商业化、内容多元化等方面都处于行业领先水平,头部平台的规模优势愈发明显。

　　此外,值得注意的是,2020 年年底,微信"视频号"强势入局短视频领域。依托于"国民App"微信,微信"视频号"一年内即达成 2.8 亿 DAU,至 2021 年春节期间峰值达到 4 亿,并且至今仍保持高速的用户增长率。微信视频号已成为创作者开展私域流量经营的标配,未

　　①　中商产业研究院.2020 年短视频行业产业链图谱上中下游深度剖析,2020.
　　②　极光大数据.2021 年 Q3 移动互联网行业数据研究报告,2021.

来有望打破当前短视频领域"二超"局面,发展潜力不容小觑。

1.3.2　短视频平台分析

1. 抖音

抖音于 2016 年 9 月 20 日上线,是字节跳动旗下的一款音乐创意短视频社交软件。抖音一经推出就凭借独特的冷启动[①]机制、沉浸式全屏自动播放的产品交互界面颠覆了原有短视频应用的横屏展示功能,成为"竖屏时代"的先锋产品。

此外,抖音创始团队核心成员多为内容运营及主播,因此应用上线初期,抖音对于新潮、好玩内容的探索达到了极致。其定位为面向年轻群体的音乐短视频社区,宣传语为"让崇拜从这里开始",确定了年轻化的应用风格,给予年轻群体充分的自我表达的机会。2018 年 3 月,抖音提出新标语"记录美好生活",补充"记录"属性,突出"美好"属性,鼓励所有用户群体内容创作。至此,从平台层出发,抖音的受众群体开启了从年轻群体向全年龄段群体的转变。

抖音平台具有如下两个特点。

1)个性化推荐

抖音通过大数据技术、信息流推荐算法技术,给前台用户呈现个性化的视频推荐流。用户进入抖音主页后,无须进行内容选择,平台会根据大数据后台用户画像推荐符合用户兴趣爱好的短视频内容。同时,平台会根据用户观看短视频的停留时长、点赞、收藏、评论等互动行为实时更新用户画像,调整推荐内容,以更好地把握用户潜在的内容喜好,长此以往,打造用户专属的推荐流。

2)中心化的流量分发机制

首先,抖音使用多级流量池分级推荐,更加注重头部、精品和热点。抖音算法会将用户发布的短视频作品先向 200～300 名用户初级流量池投送,进行小范围内容传播效果测试,然后根据用户点赞、评论、转发等反馈效果判断内容是否优质,是否具备二次传播甚至破圈传播的潜力。若数据表现良好则进行二次推荐,向更高等级流量池进行推荐,如此层层叠加推荐,也就是短视频内容流行度是依据用户反馈决定的。

其次,作为重运营的短视频社交平台,抖音会进行自上而下的议程设置引导。议程设置理论认为,大众媒体对某一问题强调得越多,公众对该问题的重视程度也越高。新闻媒体的报道内容成为了公众议程的主要来源,它们"促使公众关注并回应某些议题,因而抑制了对其他议题的关注"。抖音平台通过官方发布挑战和话题,并对参与视频挑战和话题挑战的用户进行流量扶持,鼓励用户参与该话题内容创作,以此达到对平台内容、流量的控制。

2. 快手

快手诞生于 2011 年,最初名为"GIF 快手",作为一款 GIF 动图的工具型应用问世,为用户提供丰富的 GIF 图片和表情包制作功能,以满足用户的社交、娱乐等需求。

---

① 冷启动是数据挖掘领域的一个专业术语,指数据挖掘需要数据的积累,而平台初期数据为空或数据量太少导致所需数据量不达标,冷启动是积累第一批种子用户的过程。

2012 年 11 月，快手开始尝试从纯粹的工具型应用向短视频应用转型，增加了短视频制作与上传的功能。2013 年，快手引入分享功能，正式转型为短视频社交平台。依托"普惠公平"的底层价值观和"去中心化"的分发逻辑，快手诞生之初就坚持流量普惠原则，鼓励全体用户进行内容创作。2020 年 11 月，快手定位为"基于短视频和直播的内容社区和社交平台"，宣传语自 8.0 版本起更新为"拥抱每一种生活"，鼓励大众分享日常内容，主张"每个人的生活都值得记录"。

快手平台具有如下三个特点。

1）自主选择与平台推荐相结合的播放模式

与抖音单一的"全面屏自动播放"模式不同，快手平台内容播放模式为自主选择与平台推荐相结合。在浏览短视频时，用户可以根据自己的使用习惯进行模式切换。

（1）自主选择模式。在"关注"和"发现"Tab 中，平台内容呈现为双列卡片流模式（图 1.5），即用户可以看到多条视频封面信息，可以根据自己当下的喜好自由地点击视频观看，给予用户较强的自主选择权。

（2）平台推荐模式。和抖音的"全屏自动播放"一致，用户进入快手推荐页后，短视频会根据算法推荐系统自动全屏播放，用户可以按照平台推送的顺序浏览短视频，通过向上向下滑动手机屏幕来切换短视频。该种模式内容分发效率更高。

通过两种模式的结合，快手平台进一步强化用户与平台的亲密关系，增强了用户黏性。

2）"普惠式"运营理念

快手从确定由工具型应用向短视频社交型应用转型时，就确定了"关注普通人"的产品定位，坚持用户平等的运营观念。这种"普惠式"的运营理念，也塑造了快手平台"真实、多元、信任"的特点。

创作者与用户之间呈现高互动、高信任、高黏性特点，这种特点也塑造形成了快手特殊的"老铁文化"，[①]在平台用户规模持续扩张过程中，也使得快手形成一个又一个亚文化圈层的子社区。如图 1.6 所示，快手六大核心家族粉丝数超 7 亿。

图 1.5　快手双列卡片流内容呈现模式

3）"去中心化"流量分发模式

与抖音平台中心化的流量分发模式不同的是，快手的流量分发呈现出"去中心化"的特点。快手算法与经济学理论中的"基尼系数"原理类似，当系统内的基尼系数到达了一个阈值，算法就会自动开始抑制头部内容的曝光度，以避免社区生态形成流量两极分化、头部流量过于集中的情况，从而达到流量的平衡分配。具体的算法衡量指标包括短视频播放量、关

---

① 老铁文化：来源于东北方言"铁哥们"的简称，用于网络用语，形容亲近、牢靠、值得信任、像铁一样坚固的关系。

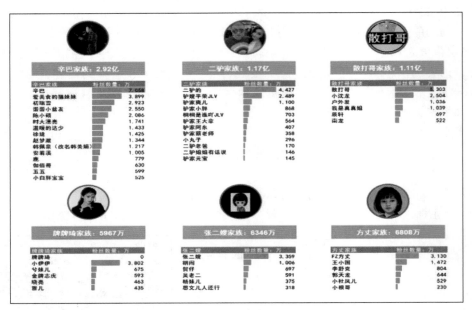

图 1.6　快手六大家族及核心主播粉丝数量（粉丝数量截至 2021 年 1 月）①

注、点赞等互动效果等，这些指标都被类似于基尼系数的机制所约束。因此，任何内容都不会获得平台公域绝对的流量支持，关键意见领袖更倾向于创立"人设"和加入"家族"来吸引和加固粉丝，成立粉丝互动社群来维持粉丝忠诚度及账号私域流量的稳定及扩张。

这种特殊的流量分发机制虽然一定程度上限制了内容的传播范围，但长期来看有利于加深短视频账号与用户之间的联系，与用户形成信任度较高的"老铁关系"。

3. 微信视频号

微信视频号于 2020 年 1 月诞生，定位为微信场景的连接器，其宣传语为"被看见是一种力量"和"记录真实生活"。视频号拥有微信 10 亿级活跃用户，强调降低内容创作门槛，构筑平等开放内容生态，鼓励每个人通过视频号表达自己。如微信好友视频号内对视频进行点赞，其头像便会出现在视频号入口，视频号前期的快速用户收割得益于该功能。视频号在社交关系的加持下，将熟人社交引入到视频内容，实现了"社交＋视频内容"的传播生态，而非抖音、快手以内容消费及娱乐为主要场景的平台。

视频号具有如下两个特点。

1）多流量入口积累用户

微信通过公域和私域流量多触点的结合，助力视频号成为新的流量枢纽（图1.7）。一方面，微信通过发现页的"视频号""附近的直播和人"和"搜一搜"为视频号开放了公域集中流量入口；另一方面又通过企业微信、小程序、公众号等渠道为视频号提供了大量私域流量去中心化入口。

---

①　中信证券.短视频行业深度研究系列：快手、抖音、视频号对比，竞争趋紧，运营体系成关键,2021.

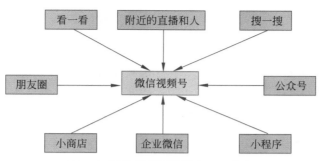

图 1.7　微信视频号流量入口一览图

2）独特的社交流量分发机制

区别于其他短视频平台的算法推荐机制,微信视频号通过"朋友"标签建立起视频与社交的联系。用户上传视频内容至视频号后,冷启动期的流量主要来源为微信好友的点赞。视频内容的呈现排序与朋友"赞过"顺序一致。对于热门内容的分发也与其他短视频平台完全不同,视频号按照"多位朋友"看过的形式标注推荐理由,进一步加强了社交关系的权重(图 1.8)。

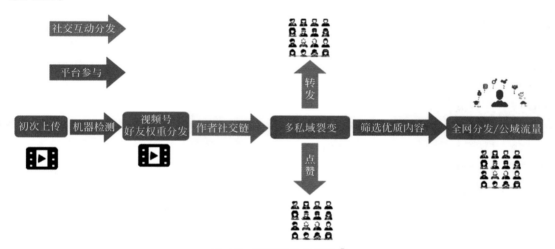

图 1.8　视频号分发逻辑①

在这种模式下,视频号的内容传播虽然有一定的圈层局限性,但相比中心化流量分发机制下头部内容流量的集中,该模式为中长尾内容提供了更多流量曝光机会,也为私域流量的拓宽和全域流量商业化奠定基础。

◆ 1.4　短视频行业存在的问题

伴随着大数据、人工智能以及 5G 技术进步的强驱动,短视频驶入高速发展的黄金赛道。然而,行业的纵深发展带来的内容失范、技术失控、平台失调等问题层出不穷,乱象频

---

① 中信证券.短视频行业深度研究系列:快手、抖音、视频号对比,竞争趋紧,运营体系成关键,2021.

出。本节对短视频行业存在的问题进行探讨。

1.4.1　创作盲目跟风，侵权事件频出

短视频行业飞速发展的同时，内容创作模仿、搬运成为常态，内容生产存在严重的同质化现象，短视频作品的版权遭受重创。一方面，部分用户将他人原创内容通过粗暴、直接的搬运、剪辑，严重损害了原创者利益；另一方面，内容创作者一味追求流量，缺乏深度思考和理性判断，实施"拿来主义"，复制生产大量"快消品"内容，最终短视频用户和短视频行业都将受损。

据《2020 中国网络短视频版权监测报告》显示，在 2019 年—2020 年 10 月，12426 版权监测中心针对十多万名原创短视频作者的 1000 多万件短视频样本进行了网络版权监测，累计监测疑似侵权链接 1602.69 万条。监测数据显示，独家原创作者被侵权率高达 92.9%，平均每件独家原创短视频作品被搬运侵权 5 次；非独家作者疑似被侵权率高达 65.7%。[①] 要有效解决短视频侵权问题任重而道远。

1.4.2　强调感官刺激，存在低俗不良内容

梅尔文·德弗勒在其趣味理论中曾经把内容分为三部分，分别是高级趣味内容、低级趣味内容、无争议内容，其中传播面最广的为低级趣味内容。低俗内容的低生产成本、高感官刺激导致部分内容生产者走上低俗之路。同时，由于平台算法的功利性及人工审核的局限性，短视频低俗内容层出不穷。低俗的流行一方面使得用户理性思考能力逐步缺失，成为娱乐至死社会下单向度的人；另一方面，低俗内容与主流文化相背离，不利于短视频内容生态的健康有序发展。

2021 年 12 月 15 日，中国网络视听节目服务协会发布《网络短视频内容审核标准细则》(2021)，其中包括 100 条短视频不良内容的界定标准，例如不得出现如下内容：展示淫秽色情，渲染庸俗低级趣味，宣扬不健康和非主流的婚恋观的内容；渲染暴力血腥、展示丑恶行为和惊悚情景的内容；违规开展涉及政治、经济、军事、外交，重大社会、文化以及其他重要敏感活动、事件的新闻采编与传播等内容。[②]

国家对短视频平台的内容监管在一定程度上缓解了低俗不良内容泛滥的问题，推动其在法治轨道上健康发展。但由于当前短视频平台的审核机制尚不完善，很多创作者利用审核系统漏洞频打"擦边球"，目前短视频行业仍不乏低俗、肤浅、媚俗的信息内容。对于短视频平台和创作者而言，既要讲效益，也要讲责任，才能长远发展。

1.4.3　营造沉浸媒介环境，出现上瘾效应

短视频将速食文化和娱乐文化结合到一起，片刻间就可以让用户感到满足，加之信息流的内容呈现形式，短视频平台轻易就可以营造出一种对时间失去概念的沉浸媒介环境，让很多用户出现上瘾问题。

使用与满足理论认为，受众对大众传播媒介的使用是由目标导向的，个体根据自己的需

---

① 　12426 版权监测中心.2020 中国网络短视频版权监测报告,2020.
② 　《网络短视频内容审核标准细则》(2021).

要而去选择媒介。但在消费社会中,大众媒介不仅仅是以需求为导向,而是在满足用户需求的同时,期待能养成用户使用媒介的惯性和惰性,并最终养成用户的依赖习惯,从而谋取利益。在流量经济时代,用户注意力成为稀缺资源,内容生产强调效率至上、利益至上。资本与技术牢牢抓住了人类对于快感的本能渴求,用户被浅薄的视觉文化牢牢吸引住,欲罢不能。表象的背后是现代化转型过程中用户焦虑感、群体性孤独以及身份建构等情感需求得不到满足的社会性问题。

目前,抖音已经意识到用户上瘾现象的危害性,并于 2018 年 4 月 10 日正式上线"反沉迷系统",设置了 90 分钟提示和 120 分钟密码锁开启功能。2021 年 9 月,抖音宣布 14 岁以下实名认证用户,打开抖音就会自动进入青少年模式,在该模式下,每天只能使用 40 分钟,且在晚上 10 点至次日 6 点之间无法使用。该举动不仅是对《未成年保护法》政策的落实,还为整个短视频行业起到示范作用。可见,平台责任先行,进而带动全行业形成统一的标准和规范,才能合力推动短视频行业的健康、可持续发展。

1.4.4　"泛娱乐化"现象严重

当前媒介环境下,娱乐消遣仍是用户使用短视频的主要原因之一,短视频内容"泛娱乐化"十分严重,主要表现为短视频娱乐主体、客体、娱乐形式的泛化。首先,短视频平台实现了用户主体的开放化和去中心化,人人可以参与到娱乐生活中,部分用户片面追求短暂的快感,丧失理性思考能力,沉溺于过度娱乐的狂欢中。其次,短视频行业娱乐客体泛化严重,严肃新闻的娱乐化、人类情感的虚拟化以及主流审美的单一化等都是客体泛化的表现。[1] 最后,内容生产者、平台从"娱乐至上"的视角出发,通过强化视听体验,例如实时更新浅薄化表情包、情绪化特效等视听效果,不断刺激用户感官体验。短视频的过度"泛娱乐化"冲破正常娱乐的界限,对用户尤其是青少年人生观、世界观、价值观均会产生不良影响。

1.4.5　算法推荐造成的"信息偏食"

哈佛大学法学院教授凯斯·R.桑斯坦(Cass R. Sunstein)在《信息乌托邦》一书中指出,"公众对信息需求并非全方位的,公众只关注自己选择的东西和使自己愉悦的领域,久而久之将自身桎梏于像蚕茧一般的'信息茧房'(information cocoon)之中。"[2]

一方面,用户在观看短视频时存在强烈的选择性心理,往往会根据自己的喜好和习惯对内容进行挑选,对自己不感兴趣的内容则选择"快速划走";另一方面,短视频平台的算法推荐机制及时地捕捉用户行为,"投其所好"地对用户进行内容推荐。长此以往,用户接受的信息变得窄化、片面化,从而封闭在自我的"信息茧房"中。

在这样的"信息偏食"环境下,用户的信息依赖感被放大,平台持续性的相似内容推送可能会强化部分用户的极群思想,从而产生强烈的排他心理,不利于用户独立人格的形成。社会学功能主义认为,媒体除了提供信息外,还肩负着社会连接的功能,通过同一个媒体,社会公众因此获得公共空间,从而获得了共同认知。而"信息偏食"使得同质人群容易形成共同社交圈,圈层边界更加清晰,信息获取方式趋于单一,不利于健康公共空间的形成。

---

[1]　胡正荣,王天瑞.新传播环境中的泛娱乐化现象与破解[J].青年记者,2021(23):9-11.
[2]　桑斯坦.信息乌托邦[M].北京:法律出版社,2008.

　　总体来看,短视频在经过几年的野蛮生长后,国家、社会和网民个人已经意识到了短视频行业乱象所带来的危害,尤其是短视频对于公民特别是青少年的价值观的塑造和引导有着不可估量的效果,故而对于短视频价值的引导成为短视频行业进入"下半场"的重中之重。短视频行业大多遵循着"流量至上"的创作逻辑,视频创作者为了追求注意力和流量往往会忽视视频质量而寻求有话题和争议性的内容来生产作品,整个行业充斥着浮躁、对立以及泛娱乐化的话语,这无疑是短视频行业持续健康发展所面临的最大的问题。解决这些问题就需要国家、短视频平台和用户之间齐心协力,无论在任何时代,无论媒介的场域规则如何变化,正确的价值观和意识形态导向都是媒体所要坚持的。

短视频行业
存在的问题

◆ 1.5　本章小结

　　尽管我国短视频行业发展不过十余年,但其发展速度非常迅猛。移动互联网的发展下智能手机的普及、网络资费的降低以及拍摄、剪辑等硬件技术的提升催生了短视频这种颠覆式的新媒体形式,而内生的强情感资本、社交化的视听场景、精准化个性化的推送助力短视频破圈传播,使其成为当前最热门的媒介形式。通过对短视频发展历程的梳理和发展现状的分析,发现当前的竞争格局中,抖音、快手是行业两大超头部平台,腾讯视频号高位入局,越来越多小而美的垂类短视频平台诞生,短视频行业百花齐放、千舸争流。

　　随着5G、人工智能、大数据等技术的发展,短视频作为时代技术,个体、媒介的连接点,仍会是重要的互联网流量入口。未来已来,新的时代背景下,短视频平台的互联网治理面临新的挑战,如何构建更为健康、有序、多元的短视频内容生态体系,助力媒体融合向纵深发展,仍是全行业需要持续探索的问题。

◆ 习　题　1

　　1. 短视频行业热度不减,结合短视频发展动因谈谈短视频未来发展方向和路径。

　　2. 思考一下近几年比较有影响力的短视频内容和创作者,说一说如何利用短视频做好思政引领和主流文化输出。

　　3. 短视频的负面影响有哪些? 你认为应该如何规制短视频乱象?

短视频垂直领域

什么是垂直？垂直指的是纵向延伸，而不是横向扩展。一个大的产业必然会向边缘扩散发展，这是横向分布的，其发展方向是大而全。所谓垂直领域，就是在一个大领域下细分出的小领域，通俗理解就是一个个的专业领域，它是纵向分布的，其发展在于小而精。

短视频的垂直领域就意味着要将视频内容根据人的需求划分开，从而形成各具特色的内容蓝海。在这些垂直领域中不仅包括剧情类、纪录类、音乐类等传统主流类型，还包括几类非常受用户欢迎且极具代表性的内容类型，例如知识类、视频日志（Vlog）类、新闻类、搞笑类和美食类，本章将对这 5 个领域进行深入的学习和剖析。每个领域的梳理一般从该类视频的基本概念开始，再结合当下典型的短视频案例，总结该领域短视频内容的类型和特征，探究该类视频的发展方向和创作技巧。

◆ 2.1 知识类短视频

2.1.1 知识类短视频的概念

移动互联网的普及让知识的传播渠道日益多元，社会化媒体的快速迭代和发展也促使知识传播不断衍生出新的模式。短视频制作简便、趣味性强、受众广泛，还能够随时随地利用碎片化时间进行观看，满足了人们日常生活中的好奇心和求知欲，为观众搭建了一个闲暇之余的学习渠道。如今，借助抖音等短视频平台进行知识传播已成为一种新兴的传播形式。

知识类短视频，一般是指包含某些有价值的知识内容的短视频。知识类短视频的创作以知识生产为导向，力图通过简短的视频内容向观看者传递尽可能多的知识信息。2020 年 1 月 6 日抖音发布了《2019 抖音数据报告》，报告内容指出：2019 年抖音利用平台优势，为传播知识、艺术和非遗做出巨大贡献，称得上是"视频版的百科全书"。[1] 2021 年 1 月 5 日，抖音再度发布的《2020 抖音数据报告》中也总结到：在 2020 年新冠肺炎疫情期间，抖音上总共进行了 99 场一线专家直播，最多有 1601 万人在线学习疫情知识，医生和护士在抖音上获赞超过 10 亿次。[2] 2022 年 4 月 28 日快手大数据研究院联合快手新知共同发布的《2022 快手泛知识

---

① 孙茹茹.抖音短视频的知识生产与传播研究[D].山西大学,2020：1.
② 字节跳动.2020 抖音数据报告,2020.

内容生态报告》指出,2021 年快手泛知识内容播放量同比增长 58.11%,平台全年有超过 3300 万场泛知识直播。[①] 通过这些数据报告可以看出,在以抖音为代表的短视频平台上知识类短视频的流量在不断增加,知识类短视频已经逐渐成为平台中的流量新星。

知识类短视频综合运用语音、文字、画面、音乐等要素进行知识传播,使得知识传播的形式越加丰富和立体。其涉及的内容上至天文下至地理,还有很多人文、科普、职场和生活知识,给社会释放出巨大的知识红利。这些优质的内容供给填补了人们在高度碎片化、娱乐化的观看环境中产生的空虚感和审美疲劳,知识类作者也正在成为新的"网红"及平台的"流量担当"。

例如,央视《百家讲坛》主讲人赵玉平老师,就在抖音平台开设了自己的短视频账号(如图 2.1),他以历史典故结合实际案例的方式,将经典文学中蕴含的人生哲学和管理智慧,深入浅出地展现给大家。截至 2023 年 4 月,他在抖音上共收获了逾 451.7 万的粉丝。

赵玉平老师的短视频之所以成功,大致有以下几个原因。第一,赵玉平老师具备较强的名人效应,他在百家讲坛主讲的《向诸葛亮借智慧》节目为大众所熟悉,借助其作为名人的影响力,其账号自然能顺利吸引大批用户;第二,视频皆选取了轻量、有趣的话题,例如"孔子当领导的秘籍——先之劳之无倦!""好吃懒做的猪八戒,在现代职场会怎样?"(如图 2.2)等内容,并搭配其"先设问再回答"的方式提起观看者的兴趣,促进了视频的广泛传播;第三,在表达方式上,赵玉平老师会使用通俗易懂的大白话,结合管理学、心理学以及博弈论解读传统名著,其表达方式和分享的内容都十分有趣。因此,赵玉平老师开设的视频账号可以说是知识类短视频的优秀代表。

图 2.1　赵玉平老师的抖音账号截图

图 2.2　赵玉平老师的视频截图

①　快手大数据研究院. 2022 快手泛知识内容生态报告,2022.

2.1.2　知识类短视频的分类

根据清华大学新闻与传播学院和字节跳动官方在 2019 年 1 月发布的知识类短视频研究报告——《知识的普惠——短视频与知识传播研究报告》,参照其中的分类方式我们可以将知识类短视频分为以下六个大类[①](表 2.1)。这些类型均是平台上较受欢迎的知识类短视频内容,表中也提供了每种类型的代表性账号以供学习。

表 2.1　知识类短视频分类

类型	内　　容	抖音平台代表账号
科普类	自然科学、人文科普、健康科普、安全科普、法律科普、传统文化等	只露声音的宫殿君、人类知识采集员
考学类	K12 教育、本科教育、研究生教育、职业证书考取、公务员考试等	留学 Tube 短视频、北大丁教授、晓艳考研
才艺类	声乐教学、书法教学、舞蹈教学、手工教程、画画教程、摄影教程等	绘画笔迹、钟小楳、舞林一分钟
职场类	自我成长、职业技能、处世哲学、理财知识等	崔磊说、曹小派
生活类	生活窍门、美食教程、健身知识、妆搭知识、萌宠知识、家装常识、园艺知识等	阿雅小厨、麻辣德子、麻豆爱健身
母婴类	备孕知识、育儿常识、早教知识、亲子教育等	十月呵护、宝妈享食记

2.1.3　知识类短视频的特征

什么样的知识短视频才能得到用户的喜爱,从而在网络上广泛传播呢?我们可以将成功的知识类短视频的特征总结为以下几点:传播话题的轻量化、传播形式的生动化、传播主体的网红化、传播内容的实用化、传播话语的通俗化。

1. 传播话题的轻量化

知识类短视频在内容话题上是"轻"的。它们会聚焦于某一个知识点,在视频开头就迅速传达核心知识,以引发观看者的兴趣继续观看。短视频话题选择的轻量化,能够将小而美的知识点讲述给大家,每个视频的时间不至于过长,也能够保证视频的完播率。

知识类短视频《教你通过心理学 15 秒看穿一个人》(图 2.3)传播效果较好,达到了 200 万以上的点赞量。这类内容的走红也并不是偶然,我们首先能感受到的就是它吸引人的标题,即我们普通人也可以懂心理学的知识

图 2.3　《教你通过心理学
15 秒看穿一个人》

---

① 　清华大学新闻与传播学院,字节跳动.知识的普惠——短视频与知识传播研究报告,2019.

且需耗费的时间并不多，只需要 15 秒。其次，视频选取的心理学理论和生活现象的对应非常精准，具有较强的说服力，例如其提到的"多听少说的人才是真正的聪明人""爱说脏话的人内心其实是恐惧的"等结论，我们大多数人都会赞同。最关键的是，其内容的选取非常轻量化，不会给用户产生时间上的负担。用户每天都可以学到一个小而美的心理学知识，何乐而不为呢？

2. 传播形式的生动化

较之于书籍、报刊、广播等传播形式，短视频提供了一种更加生动的形式去传播内容，让以往难以显性传达的知识变得更加形象。在知识类短视频中，制作者可能会用动画等形象的方式为我们展现知识，也可能直接"示范"，让人们更轻松地掌握那些更为艰涩的知识。

以"钟小棵"发布的视频《干货：换个角度 照片更漂亮》为例（图 2.4），其成功的原因包

图 2.4 "钟小棵"发布的视频截图

括以下几个方面：首先，该视频采用了"先设置情景，再解决问题"的方式。开头先为我们展示了一个拍摄楼梯上的古装女性的场景，但是遇到了背景太乱的问题，进而为大家提供他的解决方法——低角度拍摄；其次，鲜明的对比增强了其教学的可信性。错误拍摄方式与正确的拍摄方式对比下，拍出来的两张照片是截然不同的，将两张照片直接展示在视频中，其摄影教学的效果不证自明。当然，这个视频最重要的是采用了直接示范的方法，不只是停留于书面教学，而是实地教学，大大提升了观看者实践的可操作性。

短视频能让看似与生活距离遥远的非遗生动地呈现在观众面前，将传统文化与其中蕴含的历史记忆展现出鲜活的时代感。由眉山市文化广播电视和旅游局指导创作，眉山市非物质文化遗产保护中心组织拍摄的非遗短视频《遇见非遗之丹棱冻粑制作技艺》（图 2.5）被评为 2020 年度网络视听作品推选活动优秀作品。该视频以"大米姑娘"的第一人称视角讲述，详细介绍了四川省非物质文化遗产"丹棱冻粑"的制作工艺和制作过程。通过短短两分钟的视频，将非遗文化最真实、最吸引人的一面生动地展现在观众面前，对于非遗来说，通过短视频"被看见"也是一种保护和传承。

无独有偶，浙江省温州市也打造了"让世界看见温州非遗"系列短视频，介绍了永嘉昆曲、瑞安东源木活字印刷术、发绣、泰顺廊桥（图 2.6）等温州市非物质文化遗产。这一系列节目由外国嘉宾出镜介绍，亲身探索和体验非遗，制作双语版将非遗生动地呈现给国内外的观众，推动了温州传统非遗文化的出海。短视频能够生动展现非遗文化，为非遗的"出圈"提供了新的渠道。

图 2.5　《遇见非遗之丹棱冻粑制作技艺》
视频截图

图 2.6　尼日利亚姑娘带你《圆梦廊桥》
视频截图

3. 传播主体的网红化

知识类的意见领袖逐渐在社交媒体上走红,成为了一批具有高知识、高素养的新的"网红"群体。那些在传播上比较成功的短视频,它的主人公往往具有很强的人格魅力,是观看者非常信任的高水准"网红"。在这一群体中,可能有善于谆谆教导的职业教师,也可能有掌握某方面技能的普通人。总之,只要你具备一技之长,就可能成为新的知识类大 V。

毕业于北京邮电大学的何同学已经是 B 站知名 UP 主,2019 年何同学发布关于 5G 的视频《有多快?5G 在日常使用中的真实体验》(图 2.7),在视频中,何同学亲身体验 5G 网速,用通俗易懂的语言解释了人们普遍关心的问题:5G 到底有多快?5G 有什么用?在 5G 正在推广的背景下,该视频的快速火热,也让何同学"出圈",成为备受用户喜爱的网红 UP 主。除了传播知识外,何同学的视频带有鲜明的个人特色,如在这条视频中,他通过对比 4G 刚出现时的情境,用简单易懂的逻辑说明了 5G 的革命性意义。何同学视频中所体现出来的对时代的思考、出色的故事讲述能力,都是他自身人格魅力的体现。

图 2.7　《有多快?5G 在日常使用中的真实体验》视频截图

再以华中师范大学的戴建业教授为例,其高校网红教师的形象树立有多方面的助力。首先,信息源的权威性助推了戴建业教授的走红。在最初,并非是戴建业教授自己在网络上分享自己讲课片段的,而是通过超星网课平台官方抖音账号的助推,进而为大家熟悉并被一些媒体报道的。超星网课平台汇聚了大量优质的高校课程,有了官方的助推自然吸引了更多的人去观看戴建业老师的完整课程。其次,高校网红教师要有过硬的知识储备。戴建业教授走红后,也创立了他自己的抖音短视频账号。在账号中戴建业教授会定期更新一些讲课片段,也会分享自己对于人生、理想的看法,评论区许多网友都表示受益匪浅。当然,戴建业老师高校网红教师形象的树立更与其人格魅力分不开。在视频《李白、杜甫、高适三个人的旅行》(图2.8)中,他在讲授李白、杜甫、高适三人求仙修道的经历时,将其解读为三个人一起"找仙人、采仙草、炼仙丹",即根据自己的理解将知识风趣地讲出来。风趣的讲授方式、花白的头发、名校的三尺讲台,这些要素奇妙地结合在一起后使得戴建业老师的人格魅力如此明显,让平民化的视频观看者对戴建业老师不由得产生敬佩。

4. 传播内容的实用化

知识类短视频的内容一般有较高的实用性,能够满足人们的一些刚性知识需求。有学者曾对抖音平台上与"科普"相关的短视频进行了文本描述和视频类别的分析,研究发现,在5743条短视频中,"生活知识"类别的短视频比例最高,占视频总量的52.48%。这一类的短视频讨论的多是日常生活中所涉及的知识,例如生活常识、生活小窍门、美食知识、宠物喂养等。[①] 有需求才会有生产,体量较大的"生活知识"类短视频的存在直接表明了受众对实用性内容的需求。

图 2.8　戴建业老师的视频截图

5. 传播话语的通俗化

传播话语的通俗化是指在知识类短视频中,视频制作者往往会将较难理解的知识通过通俗易懂的语言表达出来,让普通的观看者较快理解其讲解的内容。例如将抽象的概念在实际场景中去还原,从而实现概念的具体化。又或是将严肃内容娱乐化,营造出轻松娱乐的氛围,让观看者既掌握了知识又收获了快乐。

以《每天都晚睡晚起算不算熬夜?》(图2.9)这个科普短视频为例,我们可以看出此类视频具有鲜明的特色。首先是平面知识的立体化,在这个视频中,制作者通过"有声有色"的形式,将知识形象生动地呈现给用户。例如谈到睡眠时间不足的影响时,每种可能产生的后果都用了卡通图的方式呈现,让我们直观认识这些不良影响。其次是"严肃"知识的趣味化。在该视频开头就引入说"点进来的都是老熬夜选手了吧",以趣味化的方式引入,而不是刻板的教育风格;在谈到熬夜的致癌风险时,制作者又以幽默搞笑的画面还原我们的生活场景,表示"只熬夜并没有那么高的致癌风险,但是和抽烟、喝酒等事情一起可就说不定了"。而这种趣味化的科普方式显然更容易被大家接受和喜欢。

三星堆文化遗址的挖掘备受关注,而其中最受欢迎的出土文物莫过于三星堆黄金面具。央视网发布短视频《"三星堆黄金面具"咋搞出来的》进行了一次有趣的科普:古代黄金非常稀有,黄金面具到底是怎么来的? 在视频中应用了手绘漫画,并把青铜和黄金拟人化进行对话,设置了诸如"小金,你不行啊"这样幽默的话语,使得科普视频的可看性更强,视频还利用

手绘动画还原了黄金面具的制作过程。这个视频以社会热点为话题,进行相关历史知识的普及,将严肃的科学知识转化为"有趣"又"有料"的短视频,将短视频的娱乐性与硬核、实用的知识相结合,并用通俗化的语言表达出来,受众既能够学到新知识,又能实现刷短视频的娱乐需求。在泛知识化的浪潮下,各种有趣的小知识正在随着短视频以通俗易懂的方式被更多人所接收,枯燥的科学知识化身生动通俗的故事,知识类短视频正成为人们工作和学习之余的一种"养分"补充,这也激发了公众在闲暇时间的学习热情,知识在社会中更充分地流动起来。

图 2.9　《每天都晚睡晚起算不算熬夜?》的视频截图

知识类短视频
的创作技巧

◈ 2.2　视频日志类短视频

随着短视频的普及,每个人都可以在视频平台上发出自己的声音、记录自己的生活,视频日志(Vlog)的内容形式也就应运而生。这种类型的短视频强调个体的独特性和生活的真实性,逐渐成为年轻人青睐的短视频内容。

2.2.1　视频日志的概念

Vlog 即 Video Blog,也就是视频博客。Vlog 是专业或非专业的视频制作者,通过视频的内容形态将自己的生活记录下来,通过后期剪辑,制作成具有个人鲜明特色的视频生活记录并放置在社交网站或视频平台上。

2.2.2　视频日志的特点

1. 非虚构的记录方式

Vlog 的首要特点就是非虚构,强调的是"记录"和"个人",视频主角是视频博主(Vlogger)本人,一般记录的是自己真实的生活而不是过度渲染过的故事。即使会存在一定的剪辑加工,但也都是服从于真实的内容。

在 Vlog 拍摄大军中,明星群体是比较活跃的,很多明星会拍摄自己的日常生活,满足粉丝对其日常的好奇,这些日常也都是真实记录的。在 Vlog《奇妙生命》中,博主真实记录了他的妻子从产前到产后完整的历程。

首先,这支 Vlog 在主题的选择上是具有生活贴近性且能引人深入思考的。博主选择了通过 Vlog 真实记录妻子的生产经历，想通过影像表达出对生命诞生的敬畏、对妻子辛苦生育的疼惜。这样的经历是大多数人会在生活中体验的，更能引发观看者的共鸣。其次，Vlog 的情景选择也非常关键。开头是他在家中和妻子准备去医院的场景，紧接着就是推产妇进手术室、等待手术结束、产后在病房休息等关键场景。选取这些场景能客观地交代 Vlog 事件、人物的背景资料，在适当时候博主还会解说现场的情况，增加画面的信息量并使 Vlog 保持逻辑上的连贯性。在这支 Vlog 中，人物采访也起到了辅助作用。制作者并不是单纯从自己的视角看问题，也会经常询问和采访妻子的感受，除了会展示妻子的"碎碎念"，还会以采访的形式有目的性地让她说一些自己的感想。例如去医院生产前问"紧不紧张"、生产后问太太"你在干嘛"等，还拍摄了妻子为新生宝宝唱歌等感人情景。这样的人物述说能表述出视频画面所无法表现的内容。除去以上优点，这支 Vlog 的剪辑中使用了一些俏皮的字幕和贴纸元素，在转场时会配上与场景匹配的音乐。例如说孩子出生时的啼哭声、在视频末尾给孩子哼歌的声音等，这些都起到了很好的调动情绪的作用，让人觉得满满的感动。

《武汉：我的战"疫"日记》是由中央广播电视总台影视剧纪录片中心纪录频道推出的融媒体系列短视频，共 33 集，以 Vlog 日记的形式，分别由医护人员、武汉市民、快车司机、志愿者、支援医疗队等在武汉的不同主体的视角讲述了武汉 2020 年社会各方为抗击疫情所做出的努力，记录了武汉从疫情暴发到复工复产的全过程。

Vlog 的形式能够真实记录武汉市内的情况——疫情中的困难、守望相助的温暖和最后复工复产的喜悦，这些在封城期间不同视角的景象一一呈现在观众面前，既能够以第一人称视角传递城内的信息，也能够用每天抗疫的进展和充满温情的故事给全国人民更多抗疫的决心和信心。

利用 Vlog 这种个性化的视频表达方式，《武汉：我的战"疫"日记》将 Vlog 的形式与社会新闻事件相结合，通过央视专业的剪辑，兼具高效性和专业性，做到了场景和事件的真实呈现，成为疫情初期的重要社会记录材料。

2. 准社会交往下的新型网络关系

准社会交往（ParaSocial Interaction，PSI），也称为"类社会交往"或"拟社会互动"，由心理学家霍顿（Horton）和沃尔（Wohl）于 1956 年提出，用来描述电视、广播及电影受众与媒介人物发展出的单向关系，特别是电视观众往往会对其喜爱的电视人物或角色产生某种依恋，把他们当作真实人物并做出反应，进而发展出一种想象的人际交往关系，与真实社会交往具有一定的相似性。[①]

Vlog 本身是非虚构、真实的，因此观看者就会不自觉地将 Vlogger 当作自己身边的朋友，觉得自己在参与 Vlogger 的个人生活。很多 Vlog 的创作者拥有强烈的自我标签，吸引了许多认同其生活方式、价值观的用户观看，用户愈来愈认为自己在和 Vlogger 产生某种情感关联。这其实也是一种新的网络关系的形成，即我关注你的生活，但不会打搅你；我们是网络上产生共鸣的朋友，但除此之外不会有更多交集。

---

① 汪雅倩，杨莉明.短视频平台准社会交往影响因素模型——基于扎根理论的研究发现[J].新闻记者，2019(11)：48-59.

央视在微博注册"大国外交最前线"账号,以康辉的 Vlog 系列短视频介绍了我国的多个外交场景。新闻主播康辉通过 Vlog 的形式记录了他在境外报道外交工作的日常,视频中还有大量在新闻节目中无法看到的现场细节和幕后故事,康辉也一改往日严肃的形象,自称"自拍菜鸟"与用户积极互动,Vlog 吸引了用户的关注和点赞。在观众的评论中,人们给康辉起了"康帅"等昵称,观众还在评论区表示"坐等更新""打卡"等追星式的话语。康辉与受众之间建立起以 Vlog 为连接的准社会互动关系。

互联网时代,每个人之间都被连接,央视正是利用这一机遇,将新闻主播的形象变得亲民,拉进了与观众的距离,主流话语以日常交流的形式进入了用户的生活之中,在此基础上,观众对于账号发布的主要内容——大国外交的关注度和好感度也更高了。

3. "松圈主义"的社交倾向

一项名为"90 后文化检测"的调查显示,90 后在社会关系的处理上遵循这样的"松圈主义"原则:对社交圈子既不亲近,也不疏离,他们懂得圈子保持关系的重要性,也很会组建圈子,以获得更多资源,同时又绝不接受圈子的束缚。[①] 也就是说,"90 后"热爱圈子但又不拘束于所在组织。

Vlog 恰巧能满足年轻人这种"松圈主义"的社交倾向。一方面,年轻人希望借助于社交媒体或短视频平台展现自己、表达自己的个性,形成一个能满足自身展示需求的弱关系社交圈;但另一方面他们又不希望在这个圈子中被无谓的强关系束缚和捆绑。在这样的心理驱动下,年轻群体会想要借助 Vlog 展示自己、增加和陌生人的互动。在这个互动中 Vlogger 能得到他人的认可,观看者又不会打搅他们的真实生活,双方就会形成一种比较松弛的社交关系。

4. 理想生活的镜像呈现

"镜像理论"是由法国精神分析学家雅克·拉康提出的,是指将一切混淆了现实与想象的情景意识称为镜像体验的理论。简而言之,就是照镜子的体验创造了新的意识和行动,用想象模糊了现实。主要描述人类通过错误的自我认同逐渐失去真实自我的过程。[②]

在 Vlog 中,观众就会通过分析视频中 Vlogger 的人设来进一步重塑自己的形象或性格,沉浸在寻找自我认同的梦境中。Vlog 是记录者自己对生活经历的再加工,这就意味着记录者一般会倾向于记录那些美好生活和瞬间,从而营造出一种大众羡慕的理想化生活。在观看他人的 Vlog 时,我们看到的是镜子里他人的形象,但这种形象又会进一步转化成我们对自己的期待。

以《用一天假期好好爱自己》Vlog 为例(图 2.10),该视频在一定程度上就描绘了一个理想的自我或一种理想的生活状态,是一种经过包装的适度真实。视频制作者以书中的观点为引,提出女人每个月要给自己一个"自我宠爱日",对自己进行一套全身心的呵护。紧接着在 Vlog 中展示了应该如何进行这种"自我宠爱",制作者对自己品茶、看书、插花、进行 SPA 泡浴等自我宠爱行为进行了呈现。一整套的流程下来让观看者感受到 Vlogger 生活中满满

①　郑满宁.短视频时代 Vlog 的价值、困境与创新[J].中国出版,2019(19):59-62.
②　张璐,郑冰洁.拉康镜像理论下短视频低俗化现象受众心理分析[J].新闻文化建设,2020(07):91-93.

的仪式感,还会有不少网友在其视频下评论说"理想的生活!""好羡慕!"等,这实际上就是观众在观看他人镜像过程中,渴望自己也能如此理想地生活。

视频日志类短视频创作技巧

图 2.10 《用一天假期好好爱自己》视频截图

再以《深深扎根在中华土地上,历久弥新的茶文化》为例,视频中,博主通过采茶、炒茶、降温、揉茶、碎茶筛除、品茶等行动过程,展现了乡村茶园、茶叶以及慢节奏、充满仪式感的农家生活场景。视频中没有复杂的场景和解说,而是以美食、工艺品手工制作的过程为基础,描绘精致舒适的田园生活,勾画出中国乡村的美好画面,这些乌托邦式的乡村田园生活是通过短视频的拍摄、剪辑和美化进行构建的,成为受众心目中向往的生活。

◇ 2.3 新闻类短视频

社交媒体的迅速发展也给传统的新闻传播行业带来了巨大影响,促进了新闻传播领域的纵深化发展。从 2016 年的"两会"开始,越来越多的主流媒体使用短视频这种形式报道新闻,这种新的形式也为媒体进行有效议程设置做出了较大贡献,短视频运营也逐渐成为新闻工作者的必备技能。因此,有必要对其发展、特征和出现的问题予以关注。

2.3.1 新闻短视频的概念及发展历程

新闻短视频是指这样一种形式,即媒体机构或平台用户将具有时新性、重要性的新闻消息制作成 3 分钟以内的视频,最后呈现在具有社交属性的移动平台上。

在国外,早在 2013 年,就有一名土耳其记者在 NOW THIS 新闻平台上传了一段爆炸袭击的短视频,这段具有视听轰炸性的短视频在该平台得到了广泛的传播,开启了国外媒体的首次新闻短视频传播。[①]

在国内,短视频是在 2014 年兴起的,而后众多新闻自媒体和主流媒体才逐渐开始进入

---

① 殷俊,刘瑶.我国新闻短视频的创新模式及对策研究[J].新闻界,2017(12):34-38.

新闻短视频的领域。2016 年可以被称作中国新闻短视频的"元年":2016 年 4 月,前《三联生活周刊》副主编苗炜推出了"刻画视频";在这一年"梨视频""北京时间"也第一次上线;前《外滩画报》主编徐沪生创办垂直短视频平台"一条",成为国内首个粉丝数突破千万的原创号。除此之外,主流媒体也开始蓄力加入。2016 年 10 月,《新京报》与腾讯联合推出新闻视频栏目"我们视频",《南方日报》成立视频制作公司南瓜视业。2016 年 12 月,《浙江日报》上线"辣焦视频"的微信公众号。①

2017 年 1 月,澎湃新闻加入了短视频新闻报道的队伍,新华社、人民日报等传统媒体也开始在微博、微信和客户端分别布局短视频。到 2018 年两会期间,主流媒体在移动端进行新闻短视频的发布成为常态,移动优先、快速传播成为媒体短视频新闻生产的准则。现在,也有越来越多的媒体机构入驻到抖音、快手等短视频平台,将每日的新闻以视频形式在平台上及时更新,更是收获了大量的关注者。

2.3.2　新闻短视频的传播特征

1. 新闻视频话语权的下移

法国哲学家米歇尔·福柯(Michel Foucault)认为,权力体现在我们日常生活的每个方面,话语也不例外。权力融于话语之中,使得话语不仅仅是一种用于日常生活交流的符号,更是一种权力,即"话语权"。掌握这种话语权可以影响他人的意见,进而可以改变公共舆论的方向。而没有话语权的人只能作为被动的接受者,由于其发表的意见得不到他人的关注,只能沦为"沉默的大多数"。② 因此,话语权的定义是:在言语交际中,言语表达者拥有的以话语为媒介,以获得现实影响力或其他利益为目标的表达机会。③

在短视频平台出现之前,微博是具有划时代意义的提升平民话语权的社交平台。然而,微博特有的转发裂变式的传播机制会导致粉丝越多的博主话语权也就更大,最后仍然会使得"沉默的大多数"出现。而短视频平台则不同,只要你发布的内容为大家所关心,你就有可能被更多的人看到,发布者的话语表达权力能得到比微博平台更大的保障。尤其是在新闻事件之中,不再只有媒体主导新闻内容的报道,新闻话语权正在迅速下移。倘若你在事件发生的现场,你就完全可以即拍即传,你所拍摄的内容也可能成为媒体新闻报道的重要来源。例如,2019 年各大媒体对无锡高架桥垮塌事件的视频报道,视频素材就有绝大部分来自普通网民在现场的即时拍摄。

短视频《最美的平凡 最深的感动——普通人逆行一线抗疫纪实采访》展现了"网红"医生余昌平、"逆行"护士刘海燕、成都捐款老人李学明、高速检疫人员戴文豪、武汉义务送药人吴悠等奋战在抗疫一线的平凡英雄和感人事迹。这一纪实采访短视频中不仅包含专业媒体连线并采访这些抗疫"逆行者"的片段,也包含被采访人员自己发布在短视频平台的片段。这些"逆行者"用一个个短视频片段记录下了其抗击疫情的感受与现场片段,成为媒体获取抗击疫情现场信息的重要来源,也以短视频的形式展现了抗击疫情下的亲情、爱情、友情,以小视角展现了一个个普通人的大爱与贡献,以自身行动诠释了"生命至上,举国同心,舍生忘

---

① 梁婷,邓绍根.论新闻短视频生产存在的问题与解决之道[J].教育传媒研究,2018(03):79-82.

② 福柯.福柯说权力与话语[M].武汉:华中科技大学出版社,2017.

③ 周奂.民众网络话语权探析[D].广州:华南理工大学,2013.

死,尊重科学,命运与共"的抗疫精神。新闻事件中短视频的存在,可以帮助人们更快地触达新闻现场,获取更多视角、更加全面的新闻信息,听见更多立场的声音,对于提升新闻采编播速度、平衡事实各方在报道中的声量、保证新闻信息的客观公正具有重要意义。另外,新闻视频话语权的下放也使得更多普通用户可以利用短视频平台发声,利用网络舆论的力量保障自身权益。

2. 社交加持下的病毒性传播

国外学者阿尔哈巴什(Alhabash)将病毒式传播定义为"用户对说服性强的信息进行传播、分享的交互行为"。国内学者则普遍认为,病毒性传播具有信息传播速度快、传播范围广、受众积极参与传播等特征。①

爆款新闻短视频的传播就像是病毒式传播一样,可能会在极短时间内传播到较大规模的受众当中,这种爆款内容的传播往往离不开社交媒体平台的社交加持。一方面短视频新闻可以嵌入到其他社交平台,实现二次传播;另一方面,在每条短视频的评论区,也会聚集不同的言论内容,激发社会性的讨论,从而调动用户的互动积极性。

新闻短视频在社交加持下的病毒式传播给新闻工作带来了新的机遇与挑战。信息的病毒性传播既可以提升新闻的传播力、引导力、影响力,也有可能导致流言四起、谣言肆谑。因此,新闻短视频创作者既要主动适应媒介融合发展大势,努力创新表现手段,生产适应短视频传播规律的新闻作品,又要坚守新闻传播底线,生产真实、准确、有温度、有时效性的新闻短视频作品。对此,新闻短视频创作者需要不断提升专业素养,加强新闻短视频创作水平与能力,生产具有传播力、引导力、影响力和公信力的新闻短视频作品。

3. 通俗化的内容编码

英国社会学教授斯图亚特·霍尔(Stuart Hall)认为,电视传播过程中的事件和信息并不是未经加工的,而是受到语言规则、表征方式的制约与加工后形成的符号②,即传播者会对内容进行编码。

由于短视频新闻的传播平台的门槛较低,需要媒体工作者考虑到视频平台大部分用户的接受程度,即考虑到绝大多数文化水平不够高的观看者。因此,媒体所制作的短视频新闻往往因袭了微博传播的微型化、通俗化特征,传播者会使用最精简的语言概括新闻中最重点的内容,并且将其进行通俗化的内容编码。

例如,央视新闻的《主播说联播》系列短视频中(图2.11),主持人就对新闻内容进行了通俗化编码。其表现有以下几个方面:第一,放低节目姿态,用平民化话语解读严肃新闻。主持人运用肢体、手势和表情等体态语言,并用日常化、亲民化的语言与观众"对话",拉近节目与观众之间的心理距离。第二,转换节目切入视角,将观众最关注的主题作为自己的选题依据。《主播说联播》的内容不再是"大而全"的宏观叙事,而是关注"小而精"的社会热议话题,即将一个话题中观众最关切的侧面选取出来进行解读和评论,真正做到突出观众本位,从小视角关切大事件。第三,加快节目节奏,丰富信息密度和传播符号。由于短视频时长限制,

① 赵志真. 基于社会网络分析的微博病毒式传播研究[D].大连:大连理工大学,2016:14-15.

② 霍尔,肖爽.电视话语中的编码与解码[J].上海文化,2018(02):1.

主播不能将事件娓娓道来,而是把内容压缩在一分钟左右,更多利用关键词、网络流行语、大字幕、强节奏音乐来抓住观众眼球,带给观众全新的视听体验。

图 2.11　《主播说联播》中"电子医保凭证"的新闻视频截图

新闻短视频对于新闻内容的通俗编码有利于贯彻落实新闻内容"贴近实际、贴近生活、贴近群众"的三贴近方针,对于促进新闻传播、简化观看者理解、最大程度发挥新闻和传播的影响力等方面皆具有重要意义。新闻短视频的通俗化编码拉近了宏大叙事、严肃话题与受众的距离,便于满足受众对于各方面信息的需求。但是,新闻短视频创作者应明确的是,"通俗化"并不等同于"低俗化",创作者在对新闻内容编码时,应继续秉持专业立场,对新闻内容进行"通俗化"转化,使用轻松、通俗、受众喜闻乐见的语言来进行内容表达,方便用户摄取关键信息,拉近与用户的距离。

4. 碎片化传播与快节奏接收

短视频平台的娱乐导向,使得新闻类的严肃信息难以获得较多关注,因此以短小精悍的形式进行碎片化传播就非常必要。轻量化的新闻视频内容可以促使用户在短时间内找到新闻的重点,抓住新闻的核心主题。这样碎片化的传播方式又对应着受众端的快节奏吸收。

近些年走红的"四川观察"账号,就体现了短视频新闻的碎片化传播与用户的快节奏接收(图 2.12 和图 2.13)。"四川观察"抖音号注册于 2018 年,是四川广播电视台旗下注册运营的新媒体账号,因高频率发布新闻视频而为大众所知。为了取得第一手新闻素材,四川广电新闻中心专门派记者驻守武汉一个多月进行采访,实时播报国内外疫情热点等,每天更新视频高达 20 多条。[①] 纵使如此高频率更新,仍有不少用户在评论区催官方更新内容,可见用户的接收节奏之快。

①　石雨廷."四川观察"抖音号爆红的原因探究[J].新闻研究导刊,2020,11(22):64-65.

图 2.12　抖音账号"四川观察"的截图一　　　　图 2.13　抖音账号"四川观察"的截图二

2.3.3　新闻短视频存在的问题

1. 新闻视频内容同质化

新闻内容的同质化是新闻业发展过程中的老问题。以前是不同的互联网网站、资讯平台对同样的内容进行反复报道，现在则变成了对新闻短视频的重复分发与报道。例如，会有一些未经加工的电视新闻片段，原封不动地放到短视频平台上。

2018 年"两会"期间，微博上就涌现了很多极其相似"委员通道"采访短视频。这些视频大多都是央视直播的原视频或者不同媒体拍摄的视频，为了一味地追求时效性，直接把未加工的原视频片段放出来。[①]　而这种同质化、无创新的内容是很难得到用户的关注的，赢得的只不过是发布量上的增加。

2. 资质审查与把关审核的欠缺

互联网的低门槛使得各类传播主体都能进入到舆论场中，除去主流媒体外，有很多自媒体也想要分新闻短视频的一杯羹。因此，在新闻视频报道中就出现了不少鱼龙混杂的"假报道"，导致了一些重大的舆情事故的发生。在对把关和资质的审查上，"梨视频"在 2017 年 2月就因未取得互联网视听节目服务资质等原因，被责令整改。此后，"梨视频"从主打时政报道转向生活方式内容生产。[②]

---

① 夏静怡.新闻类网络短视频的编辑方法与创新[J].河北能源职业技术学院学报,2019,19(01)：70-72＋76.

② 梁婷,邓绍根.论新闻短视频生产存在的问题与解决之道[J].教育传媒研究,2018(03)：79-82.

此外,把关审核的欠缺也导致反转新闻频发。反转新闻是指媒体最初报道的新闻向相反的方向转变,随着新闻报道不断深入,事实真相被更加客观全面地呈现在读者面前,读者立场急剧逆转并表现出与之前截然相反的态度。[①] 新媒体"短平快"的节奏下媒体往往急于"抢新闻",尤其在视频平台上,有时候晚发几分钟都会产生巨大的流量差异。这就使得很多媒体出现了把关审核疏忽的问题,导致不少的反转新闻出现。

3. 内容深度编辑不足

短视频平台上的信息是海量化的,但是高质量的新闻短视频并不多。很多新闻短视频内容缺乏深度,只是随便进行剪辑,大部分不讲究镜头的逻辑性。甚至部分新闻短视频字幕中会有很多错别字,包装也较为粗糙,解说词甚至有病句。这也是部分小型媒体过于依赖UGC 内容,但缺乏专业人员导致的,这种内容编辑深度的欠缺使得视频内容大多低质量化。

4. 突发报道忽视理性,影响网民认知

20 世纪六七十年代,美国传播学者格伯纳等人进行了一系列有关电视暴力内容的研究。研究的内容之一就是测试电视暴力内容对人们认识社会现实是否有影响,研究结论表明电视节目中充斥的暴力内容增大了人们对现实社会环境危险程度的判断。[②]

在短视频平台,我们有时就会看到一些新闻视频记录突发事件时拍摄的多是残忍、血腥、暴力的画面,使网民在生理和心理上出现不适;还有的短视频新闻会细致地展现受难者的惨状,对灾难现场过分描绘。这样的新闻视频报道首先是忽视理性的,新闻报道的分寸感随即丧失,势必会对受害者产生二次伤害。其次,就像电视暴力内容会对观众认知社会危险程度产生影响,忽视理性、充斥血腥暴力元素的短视频也会影响网民对世界的认知,营造一种危险恐怖的外部环境氛围。

◈ 2.4　搞笑类短视频

大部分网民渴望通过短视频满足自身的娱乐需求,因此搞笑短视频以其平民化的风格和戏谑化的剧情,迅速赢得了受众的青睐和大量粉丝的追捧。像 Papi 酱、陈翔六点半、辣目洋子等人物,都借助短视频平台,迅速从"草根"发展为"网红",搞笑类短视频成为短视频垂直领域中亮眼的一大分支。

2.4.1　搞笑短视频的概念

"搞笑短视频"一般是指由普通个体制作或参与,通过短视频社交平台进行广泛传播的短视频内容,其配有表演、语音、美编等多种方式,能极大调动起用户的喜悦感、畅快感,是一种流行的短视频内容题材。

---

① 石焱,刘冲.逆转新闻的成因及应对策略[J].青年记者,2014(08).
② 郭庆光.传播学教程[M].北京:中国人民大学出版社,2011.

2.4.2 搞笑短视频的类型

1. 视觉奇观类

视觉奇观类的搞笑短视频一般较为夸张、奇特。该类视频往往通过动作、服装等调动观众感官,吸引观看者的眼球,还可以抖出一些"笑点"达到娱乐观众的目的。但是由于偏重视觉效果,视频往往弱化了对故事情节、画面审美等艺术性要求,使得被呈现出来的影像表面热闹内在贫乏,缺少意义和内涵的注入,并最终成为奇观。

例如,在《戏精学院》系列短视频中,有一个关于"微笑"的不同用法的短视频。视频博主"辣目洋子"通过各种有趣的表情营造了视觉奇观,展现了很多生活场景下人们对微笑这个表情的巧妙运用。例如,展现了"当你妈在亲戚面前吹嘘你时""当你没化妆但你的朋友非要跟你自拍时""当你和闺蜜约好减肥却在快餐店偶遇时"等场景,并通过面部表情的改变呈现出每个场景下人们微妙的心理活动。该视频在引发共鸣、激发笑点上是成功的,但明显对故事情节、画面审美等艺术要求弱化,因此也只能短暂地成为人们的搞笑来源,经不住更深层次的分析。

将"奇特""夸张"的短视频风格与"文化宣传"结合,则会弥补视觉奇观类搞笑短视频缺乏文化内涵的缺点,提升其艺术审美价值。例如,央视发布的系列短视频《如果国宝会说话》将文物与动画、方言、重金属音乐等元素相结合,以新奇的特效、幽默的解说多维度地介绍历史文物与其所处时代的技艺、审美、文化和生活方式,展现了文物背后的时代精神、特色审美与中国价值观,弘扬了中国文化。《如果国宝会说话》不仅为历史文化类短视频的创作带来了新的思路,将"搞笑"与"文化""艺术"等元素相结合,使知识传播不再晦涩难懂,而且也打破了类型短视频的桎梏,创新并丰富了短视频的表现方式,启示短视频创作者打破固化思维,创新短视频内容形式。

2. 情景短剧类

情景短剧类搞笑短视频常使用戏仿、拼贴和反讽等叙事技巧和方法,即利用故事化叙事手法,创造戏剧化的日常生活场景。在短视频平台上,这种故事化叙事表现为以闹剧的形式打造娱乐的效果,有些短视频会将平凡的日常生活演绎出戏剧化效果,从而满足观众的娱乐需求。

例如,"陈翔六点半"作为一个深耕迷你喜剧的搞笑短视频自媒体,对故事化的叙事就十分擅长。该账号选择的故事场景非常灵活丰富,视频时长一般在1~7分钟,能匹配度较高地还原生活中一些有趣的场景,从而达到较好的传播效果。在"陈翔六点半"制作的第113集情景短剧《如此敬业的保安,差点玩垮整个公司》(图2.14)中,就将戏剧化的故事叙事应用得十分巧妙。

该短剧首先交代了故事的背景,即主角"蘑菇头"通过亲戚介绍第一天进入某公司当保安,蘑菇头的表舅去吃早饭前叮嘱他好好表现,不要放不认识的人进去。还交待说,如果有人硬要往里闯就用电棍杆他!但是表舅忘记了蘑菇是第一天来上班,公司里的人肯定都不认识,等到表舅吃饭归来,发现地上躺满了被电晕的公司员工。这样的场景我们或许都在生活中设想过,而该短剧则进行了诙谐、生动的演绎。最后,这个情景短剧又设置了将公司的

图 2.14　《如此敬业的保安，差点玩垮整个公司》视频截图

王总和表舅也都电晕了的情节，再一次引发观看者的捧腹大笑。这样戏剧化的情景设置也使得该短剧仅在抖音平台的转发量就高达 14.7 万。

3. 吐槽类

吐槽是指对人或事发出自己的调侃和疑问，往往通过对语言文本的巧妙运用产生出令人捧腹的搞笑效果。

在这类搞笑视频中，比较成功的就是"初代网红"Papi 酱。Papi 酱最初是在微信公众平台火爆起来的，在短视频还未大流行时，她就选择了短视频的方式，通过妙语连珠的语言、一人分饰多角色的巧妙方式，成功在社交媒体上走红。现如今，Papi 酱也仍然会不定期更新自己的账号，但更新的频率比走红初期要少了很多。主要由于其搭建了一个名为 Papitube 的 MCN 网红孵化机构，机构中也有不少搞笑吐槽方向的创作者，例如 B 站的"Bigger 研究所""花逗请说"等，可以说是打造了一大波优秀的搞笑博主。

随着抖音、快手、微信视频号等短视频平台的不断发展，搞笑短视频领域也存在为争夺流量与眼球而媚俗、低俗等乱象，短视频创作陶醉于"愚乐""傻笑""胡作""恶搞"，对于短视频内容行业的持续健康发展具有不良影响。短视频创作如若将消费娱乐诉求凌驾于审美思想诉求之上，过度追求"视觉奇观"与"一笑而过"，则会困于世俗愚乐的沼泽，难以持续打动人、影响人。对此，搞笑短视频创作者与内容生产者应在垂直领域不断深耕，持续输出优质的内容产品，遵循"真、善、美"的创作逻辑，以鲜活的细节吸引人，以正确的观念引导人，提升搞笑短视频的思想内涵与艺术审美价值，追求审美与娱乐的统一。

2.4.3　搞笑短视频代表——Papi 酱视频特点分析

1. 精准的人设和不断重复的个人标签

Papi 酱没有令人惊艳的容貌，但是她却充分利用了自身的形象特点，将自己打造成为一个亲切的邻家女孩形象，讨论的话题也都是人们生活中会遇到的事情。在草根化、去中心化的互联网中，这样的人设反而得到了大规模"草根网友"的青睐。[1]

---

[1]　张子慧.从内容与渠道看短视频时代自媒体 Papi 酱的传播[J].新媒体研究，2016，2(10)：25-26＋31.

此外，在视频及微信推文中，Papi酱不断重复的个人标签是"我是Papi酱，一个集美貌与才华于一身的女子"，不断地强化受众的记忆。只要说到Papi酱，受众自动想到这句口号，便达到了Papi酱想要的效果。

2．生活化的视频选题和场景化的呈现

Papi酱的选题基本都来源于生活，平时也会及时追热点，对网民感兴趣的话题进行搞笑的呈现。例如，在2020年"双十一"购物节前后发布的视频《你也可以成为"被带货女王"》，就对主播带货的夸张洗脑进行了讽刺。此外，对于大部分年轻人关注的内容，Papi酱会创造出一个和生活中非常接近的场景，对想要吐槽的内容进行戏剧化的呈现，以期引发共鸣。

3．吐槽与演绎结合下的媒介奇观

新媒体具备自由、平等、开放等原则，使大众能够凭借奇观实现话语表达，彰显个人生存

图2.15　《Papi酱试喝2019的四杯
白开水》的视频截图

价值。草根阶级不再迷信权威，而是凭借先进的媒介技术开启自我创造的篇章，以一种更为自信、开放的姿态彰显草根文化。[①] Papi酱的搞笑短视频就营造了这样一种草根化的媒介奇观。

所谓吐槽，就是对自己看不惯的事情或者现象的一种发泄。崇尚真实，摒弃虚伪，倡导个体自由，正是年轻一代共同追求的东西，而Papi酱幽默、毒舌、犀利的演绎方式，又使得她的视频表演生动活泼、喜感强、夸张化。这种非常规的表达方式体现了自媒体与受众同向性的传播价值取向，也迎合了年轻人抵抗传统主流观念的心理。

例如，在《Papi酱试喝2019的四杯白开水》（图2.15）的视频中，她字字见血，非常直接和犀利地批判了直播带货主播的"套路话术"。这个视频首先充分体现了她崇尚真实、摒弃虚伪的价值观。其次，通过演绎式的吐槽，满足了人们自己的吐槽愿望，平时经历和对待这样的事情我们自己不知道如何表达和吐槽，也绝不会说出来，但她可以大胆犀利地吐槽，让人们觉得大快人心，满足了现代都市人敢怒不敢言的心理需求。

◇ 2.5　美食类短视频

俗话说得好，民以食为天，这就注定着美食类别的短视频会在用户中获得较多的追捧与欢迎。当下随着人们物质生活条件的提高，对于美食的要求也逐渐多样化，这就促使一大批的美食垂直类短视频出现。不论是吃播秀展示的，还是各种类别美食的技能分享的，都在社

①　陈霖.新媒介空间与青年亚文化传播[J].江苏社会科学,2016(04)：201.

交媒体平台上赢得了大批粉丝。

2.5.1 美食类短视频的概念

美食类短视频通俗理解就是使用短视频的方式,来阐释记录与食物相关的内容,是社交媒体和短视频发展下的产物。在具体的界定上,美食短视频一般指平民化或专业化的生产者制作的,视频时长在 5 分钟以内的与美食相关的视频。[①]

2.5.2 美食类短视频的内容特征

1. 深度垂直的内容分类

1)以展现美食文化为主线

这类视频以"芸廷文化""夏厨陈二十""李子柒"为主要代表,这些短视频专注于展现中国传统的美食文化与地方特色美食文化。"李子柒"通过"山泉""石磨""土灶""菜园"等元素展示了"小桥流水人家"中国式乡村田园生活和民间习俗,其作品《桃花节》中展现了中国人上巳节"骑马踏青、取花为食"的传统,让观看者感受到中国的传统文化与美食的魅力。"夏厨陈二十"则侧重于展现广东特色的美食文化与节日民俗,让观看者通过短视频感受到中国的地方饮食差异与博大精深的饮食文化。

此类作品也包含着对中国传统烹饪技艺和文化的展现与传承,帮助用户理解中国美食制作者的匠心与匠人精神的同时,呼吁更多人加入对中国传统美食技艺和文化的传承行列。例如,"VLIGHT 国际短视频网红大赛"中文化类优秀短视频作品《面塑》展示了中国重要的非物质文化遗产——面塑——的创作过程,制作一个几十厘米的面塑作品需要花费制作者至少一个月,创作过程也包含着创作者对面塑形象注入灵魂、倾入情感的过程,面塑匠人经过长达数年的刻苦训练,通过揉捏篆刻的高超技艺让一个个面人栩栩如生,不仅表现了认真执着的中国匠人精神,也展示了传统面塑文化与技艺才能。随着短视频的不断发展,越来越多的匠人也开始加入短视频的传播行列,以精美的拍摄与精良的剪辑传承中国传统手艺和文化。

2)以故事为主线

这类视频以"一人食""日食记""饭米了没"等账号为代表,此类短视频往往还伴随着一个简单的故事,内容生产者通过这类故事来向受众传递自己的价值观。

"日食记"就是将家庭、宠物、朋友和梦想融入每期内容中,建构了一种理想主义的生活氛围。它的每一期的内容都是以姜老刀烹饪一道菜肴的过程为载体,在烹饪过程中讲述简单质朴的故事或是传递真情实感,从而营造一种安静温暖的氛围,达到抚慰人心的效果。此外,"日食记"的画面都是明快温暖的色调,带有明显的日系风格,有一种文艺小清新的气息,更是吸引了许多文艺小青年。在故事的叙事方式上,"日食记"的主题往往不是通过语言来传达,而是通过字幕或者情感化的元素传达出来,让观众能把注意力更加聚焦在美食制作的过程上。

发布于 B 站的美食系列微纪录片《可以给你做顿饭吗》,以人物刘仪伟的视角记录了 12

---

① 郑钦方.美食短视频的用户运营策略[D].保定:河北大学,2020:10.

位平凡人的不凡故事,"听一段故事,吃一段饭",每一段视频都以"饭桌"这个中国人最常用的聊天场域打开一段故事、讨论一个社会热点话题,其致力于传播有趣、有用、有意义的人文美食短视频。例如,在第一集中,刘仪伟走进了一位陌生的保险业务员家里,用一段饭的时间展示常常被误解、被污名化的保险业务员的日常生活,在切菜、洗菜、做菜的间隙,展现了单亲母亲的不易与母女之间对彼此深深的爱。诸如此类以故事为主线的美食短视频不仅可以传播与记录中国源远流长、博大精深的美食文化,也记录了平凡人生活的百态,并且以独特的方式鼓励了日常独居或者陷入迷茫的观看者以一顿饭作为开始,感受生活,享受生活。

3)以教学为主线

这类视频以账号"迷迭香美食""日日煮"为代表,通过最基本的如何制作美食,达到吸引喜欢自制的吃货们的目的。

此类美食短视频也常常通过挖掘特色地方美食、节日节气美食引发观看者关注。从古至今,中国人就有根据二十四节气安排饮食、养生健体的习惯,是中国美食文化的一大特色。例如,B站UP主"夏厨陈二十"的短视频常常将中国传统节日、节令、地方风俗与广东特色美食相结合,其短视频《清明·艾草》展现了广东地区在清明时节以艾草为原料做成的精美菜肴,既契合了清明节令,又展现了广东特色。B站UP主"芸廷文化"发布的《夏至·绿豆糕》《小满·青梅》等将中国的"节气"与美食制作过程相结合,传播了中国特色的饮食养生文化。此类短视频不仅可以帮助观看者学习美食制作过程,也可以帮助观看者深入了解中国的饮食文化和地方习俗。

4)以明星为看点

这类视频以"锋味厨房""鹦鹉厨房"为代表,它们的内容以展示明星的私房菜为主,用明星效应扛起流量。例如"锋味厨房"就是以谢霆锋为中心,拍摄其自主研发的美味料理,而"鹦鹉厨房"也是每集都会介绍一款来自世界各地不同的美食与烹饪方法。

5)以创意玩法吸引眼球

这类视频的代表有"办公室小野"和"野食小哥"。以"办公室小野"为例,其创作的内容十分有创意,会教大家如何在办公室这样的环境中制作出美味的食物。其发布过的视频就包括:如何在办公室里用饮水机煮火锅、如何用挂烫机蒸包子、如何电熨斗烫肥牛等内容。需要注意的是,虽然此类短视频以其新颖的创意策划吸引了很多粉丝的关注,但是此类创意美食短视频并不等同于专业的教学类美食短视频,如若引发粉丝的盲目模仿与不当操作则容易引发安全问题。创作者应在作品中特别标注安全操作提示,避免用户因模仿行为引发安全问题。

6)以记录吃饭为主题

这类视频以"大胃王密子君""浪味仙""小贝饿了"等账号为代表。这类视频专注于吃播内容,例如著名的"大胃王密子君"凭借超大胃口直播吃各种海量食物,被冠以我国吃界最有名的吃播女博主。她曾经凭借其第一个吃播视频《速食10桶火鸡面用时16分20秒》大火,此视频一度获得了173.4万的高点击量。

2. 场景需求下的美食内容的打造

场景原本是一个影视用语,是指在一定的时间、空间(主要是空间)内发生的一定的任务行动或因人物关系所构成的具体生活画面。换言之,场景是指在一个单独的地点拍摄的一组连续的镜头,而影视作品借助多个场景完成叙事。[①]

　　影视剧中场景的含义和我们所理解的互联网下的场景需求不完全相同,但也有所相似。互联网中的场景需求是指我们处于某一特定的时间、空间下产生的一些精准的需求。学者彭兰也指出,移动传播的本质是基于场景的服务。[②] 当下互联网正在为我们建构一个新的网络社会,我们渴望在线上平台上看到和生活中类似的场景,进而满足自己的需求。这就昭示着美食创作者也要把握互联网用户的场景需求,要努力创设生活化的场景以俘获更多的粉丝,满足粉丝的个性化需求。

　　"办公室小野"就将场景化的思维贯穿到整个账号搭建和内容制作中。首先,其账号的名字就展现出这是一个以办公室场景为依托的短视频账号,其简介"办公室不只有 KPI,还有吃与远方"更是让大家觉得耳目一新。在内容制作上,她也将办公室元素与美食相结合,挖掘出不少具有创意性的美食玩法,与用户的场景需求相匹配。例如其视频《办公室自制,皮薄肉多陕西肉夹馍,对"小"说 no no no》(图 2.16),就切中了许多打工人的需求。平时在公司附近买的肉夹馍可能又贵肉又少,那我们如何在办公室自制皮薄肉多的肉夹馍呢? 该视频就给出了答案。

图 2.16　"办公室小野"的视频截图

3. 视频角色的人格化呈现

　　人格化是将本来不具备人动作和感情的事物变成与人一样具有动作和感情的样子。[③] 人格化的设置可以拉近粉丝与视频中人或物的亲近感,并尽可能提升自身短视频内容的独特性,使用户更好地辨识该账号的内容。

　　"日食记"的创作者姜老刀在评析自己的视频内容时,就认为"人格化"是其内容传播较为成功的重要原因。在每一集的日食记当中,固定角色除了姜老刀之外还有一只白色的流浪猫酥饼(图 2.17)。我们

图 2.17　"日食记"短视频封面截图

①　沈贻伟.影视剧创作[M].杭州:浙江大学出版社,2012.
②　彭兰.场景:移动时代媒体的新要素[J].新闻记者,2015(03).
③　张子慧.从内容与渠道看短视频时代自媒体 papi 酱的传播[J].新媒体研究,2016,2(10):25-26+31.

除了关注美食制作流程外,还会格外关注视频中的流浪猫酥饼,把它当成我们的陪伴者、朋友。现在,酥饼在微博上的粉丝也已经超过了 13 万。此外,"日食记"中还经常穿插一些空镜头,例如风铃、铁轨、水缸、火车等,这些空镜头放在美食类短视频里面就赋予了这个视频一些生活化的气息,让整个视频的调性更加人格化。

2.5.3 美食类短视频的观看需求

1. 群体性孤独的社会下,个体渴望陪伴的需要

社交媒体下的"群体性孤独"是指在互联网社交环境中形成的心理亚健康状态。当前社交媒体中的"群体性孤独"集中体现在:沉迷于网络社交,忽视现实生活中的人际交流,迷恋网络游戏,成为情感机器人的依赖者。[①]

用户在线上的数字化生存必然伴随着这种"群体性孤独"存在,因此会渴望陪伴,希望在刷视频的过程中排解自己内心的孤独感。这种需求体现在很多人会关注美食制作视频、围观干活儿视频,或者喜欢某一个美食达人。受众在观看这类视频时可以获得一种陪伴感。例如,在观看"日食记"时,我们可能并不关注其美食制作过程,只是想看看色香味俱全的料理放松心情;在观看"李子柒"时,我们获得的则是对田园生活的了解,一边观看就一边舒缓了自己在都市生活的疲劳。

2. 信息爆炸大潮下,个体节约时间的需要

当下我们正处在一个信息爆炸的社会,人类拥有的信息量以指数函数的速度急剧增加,信息倍增的时间周期越来越短。[②] 这样的社会大潮之下,个体难免要考虑自己的时间成本,希望在较短的时间内掌握尽可能多的信息。

传播学者威尔伯·施拉姆也曾提出选择媒介选择的或然率公式:媒介选择的或然率=报偿的保证/费力的程度。该公式表明,获得的好处越多并且所需的付出越少,受众就越倾向于选择该媒介。在节约时间的需要下,个体就可能会观看美食家常菜制作的视频、美食游记等。

抖音账号"阿雅小厨"的运营者是一名家庭主妇,她会每天更新自己的家常菜,实用性较强。通过观看视频可以为自己平时做什么饭菜、怎么做提供参考,节约了观看者的时间。"吃主老田"则是典型的美食探店账号,其账号简介是:"不是在探店就是在探店的路上",他会分享自己在各个城市的探店视频,观看该类探店视频可以较大程度上为人们的美食就餐选择提供参考。

3. 代偿性心理驱动下,个人宣泄欲望的需要

代偿是指个体在追求某种东西却因种种原因不可得,即欲望得不到满足时,便主动寻求其他代替的途径及方式,以变相满足自己的需求和欲望的心理。[③]

观看美食类短视频也可以成为人们宣泄自己欲望的出口。在美食类视频的评论中,有

---

① 郭珅.信息茧房:社交媒体下的"群体性孤独"[J].新闻世界,2018(03):56-59.

② 郭庆光.传播学教程[M].北京:中国人民大学出版社,2011.

③ 王爽,胡晓娟.传播心理学视域下的"吃播"现象分析[J].新闻研究导刊,2019,10(09):31-32+38.

很多人表示观看美食视频的同时,自己仿佛也吃过了。尤其是对于很多正在减肥的网友,看着别人在吃美食也将自己代入进去,即使自己没有真正吃到也有种已经宣泄了吃美食欲望的心理获得感。

4. 猎奇心理驱使下,观看新奇内容的需要

猎奇心理可以理解为人们对于自己尚不熟悉或比较新奇的事物所表现出的一种好奇感,以及急于探求其奥秘或答案的心理活动。[①]"吃播"是一种形式新颖的舶来品,人们对于这一新潮文化的好奇是吃播迅速走红、吸引大批观众的主要原因。此外,也有美食博主会制作一些非常罕见的菜式,一般来说菜式的难度指数较高,不是普通的家常菜,分享这类菜式的制作过程越能够充分激发受众的好奇心理与探索欲望。

"绵羊料理"在罕见菜品的制作上非常擅长,制作的视频《豆芽里酿肉》(图 2.18)就是用古代宫廷菜的噱头吸引进来诸多网友,点进来的大部分网友也都是因为猎奇心理,想探索下这样一道生活中罕见的菜式是如何制作的、味道会如何。但是在这里也要说明的是,如果视频只依靠猎奇性,是无法得到长久发展的,"绵羊料理"的视频内容之所以成功,也有其他方面的原因。

图 2.18　绵羊料理《豆芽里酿肉》的视频截图

首先,"绵羊料理"的视频不仅仅是美食视频,其视频也融合了幽默搞笑的元素。受众在观看视频时会感受到轻松、愉快,这是在许多同类型美食视频中不会有的体验。其次,在视频的展现方式上。绵羊的美食视频采用了 Vlog 的形态,对自己制作美食的过程按照时间轴顺序进行记录和分享。观看者可以在看视频的过程中体验到绵羊制作美食的心路历程,也能确认其视频成果并非借助他人完成。最重要的是,"绵羊料理"不将自己局限在美食制作分享,还会加入关于美食文化的介绍,例如在《豆芽里酿肉》中就加入了宫廷料理的文化知识。这也相当于将视频的维度提升,兼顾了知识的传播。这些都是"绵羊料理"的视频成功的原因。

◆ 2.6 本章小结

　　本章通过对知识类、Vlog 类、新闻类、搞笑类和美食类五个短视频垂直领域的介绍,为大家打开了短视频内容创作之门。接下来的三章中将逐一介绍剧情类、纪录类和音乐类短视频发展、演变及创作的技巧,探究传统主流视频类型在短视频时代的新变化。随着短视频未来的大发展,短视频的垂直内容领域也一定会逐渐增多,越来越多的内容蓝海会被挖掘,也希望学习者不必拘泥于本章的一些分类,探索出更具有发展前景新的短视频垂直领域。

　　此外还需强调的是,本章划分和介绍的垂直领域短视频并非只能归属在某一领域,有的视频可能融合了多种类别的内容。例如,李子柒的视频其实既属于 Vlog 也属于美食短视频;"绵羊料理"的视频以美食制作为主,但是又有搞笑短视频的基因,在观看时又会科普一些文化知识……诸如此类的视频不胜枚举。因此,学习者不必对某一视频的领域归属过于纠结。未来优秀的短视频在内容和形式上也一定是多元的、融合的,类型相互交叉很可能是未来短视频发展的趋势,过于泾渭分明的划分反而会限制住创作者的天马行空。

◆ 习 题 2

　　1. 结合知识类短视频的特点,谈谈知识类短视频如何在网络中获得更广泛的传播,成为爆款短视频?

　　2. 根据 Vlog 类短视频的特征,谈谈如何拍出具有个人特色的 Vlog?

　　3. 尝试制作一个 Vlog 短视频。

　　4. 在短视频时代,如何践行新闻专业主义并坚守职业道德底线?

　　5. 结合当下新闻短视频的传播特征,谈谈怎样提升新闻短视频的传播价值和品质。

　　6. 你认为幽默搞笑元素是短视频账号涨粉最关键的因素吗,为什么?

　　7. 根据美食类短视频的内容特征和受众心理需求,尝试创作一个美食类短视频。

第3章

剧情类短视频的创作技巧

在了解了短视频发展概况和垂直领域的基础上,本章将带领大家学习短视频中的一大主流类型——剧情类短视频。剧情类短视频是近年来在短视频平台上流行的一类短视频,它们的内核源于微电影,但形式上又具备短视频的内容特征。

剧情类短视频既要在开头的几秒内牢牢吸引住观众的眼球,又要在较短的时间为观众呈现出一个完整的故事结构,并且还要融创意、趣味与思想内涵于一体,展示出自己独特的个性,所以剧情类短视频的创作并不是一个简单的事情。因此,本章内容将围绕剧情类短视频的产生与发展、主要特征、用户心理以及创意原则展开,让大家对剧情类短视频有更全面、深入的了解,进而制作出更优质的短视频内容。

◇ 3.1 剧情类短视频概述

剧情类短视频是影视发展内在逻辑在社交媒体时代的全新产物,已经成为当前环境下一种新的艺术形态,有着独特的艺术价值和审美特征。本节我们将对剧情类短视频的定义进行详细深入的阐释,同时会将剧情类短视频与传统影视剧进行类比分析,以帮助同学们更好地理解剧情类短视频的概念。

3.1.1 剧情类短视频的定义

在移动互联网时代,短视频平台的发展以及智能移动设备的普及为观看者随时随地获取影视内容创造了条件。观看者的观看习惯呈现出碎片化特点,当受众的注意力被切割,二倍速看剧成为新的观看常态,比起需要观众付出更多时间成本与耐心的传统影视剧,短小精悍却看点十足的剧情类短视频显然更契合受众碎片化的观看习惯。剧情类短视频是影视剧和短视频的融合体,兼具两者的特点。具体来看,所谓剧情类短视频是指创作者通过短视频平台,公开发布的由本人或团队原创、具有故事情节、富有戏剧色彩、时长较短的叙事类视频。[①]

网络微短剧是剧情类短视频的一个主要分支,具体是指内容时长短、按照剧目主题连续更新的、以横屏或竖屏形式呈现的剧情类微视频内容。[②] 网络微短剧

---

① 朱盈静,沈鲁.依托抖音平台的原创剧情类短视频分析[J].大观(论坛),2020(04):74-75.
② 朱天,文怡.多元主体需求下网络微短剧热潮及未来突破[J].中国电视,2021(11):63-68.

伴随着网络剧的兴起而得到发展,已有十年左右的制作历史,近两年来,网络微短剧发展势头惊人。[①] 2020 年国家广播电视总局在"重点网络影视信息备案系统"中增设网络微短剧快速登记备案模块,一举正式标志着微短剧被正式纳入影视作品分类之中。

3.1.2 剧情类短视频的产生与发展

2013 年,《万万没想到》《报告老板》等迷你喜剧火爆网络,点击量超过 20 万,开辟了网络短剧的新时代,优酷、爱奇艺、搜狐等视频网站上的剧情类短视频数量不断增多,热度持续攀升,大量团队涌入网络短剧场域,加入竞争。然而问题也随之显现,例如剧本同质化严重、观众审美疲劳、剧情水平参差不齐、监管部门对于青少年内容审查力度日益提升……剧情类短视频的发展趋向平淡。

从 2017 年开始,随着抖音、快手等短视频平台崛起,用户的观剧习惯由"长"向"短"演变,凭借着"短、平、快"的优势,剧情类短视频迅速蔓延,进入发展的高潮期,催生出了一系列诸如悬疑、奇幻、喜剧、校园和职场等类型在内的剧情类短视频作品。很多短视频账号也火了起来,例如,生活题材系列短视频账号"陈翔六点半",专注拍摄原创搞笑短视频剧情作品,从开播至 2022 年,全网粉丝量总和超过一亿,作品累计播放量过 500 亿次。抖音账号"我有个朋友""这是 TA 的故事"题材聚焦于日常生活,以平凡人的真实故事和情感唤起无数用户的共鸣,实现了的口碑和流量双丰收。

2020 年,国家广电总局将单集 10 分钟以内的网络剧归类为网络微短剧,并将其纳入与网络剧同等立项及备案流程。抖音、快手等短视频平台陆续推出对于剧情类短视频的流量倾斜和现金扶持策略,各大视频平台、影视公司、MCN 机构、网文平台也争相布局微短剧市场,猫眼研究院《2022 短剧洞察报告》显示,截至 2022 年 6 月,腾芒优上线独播短剧共 171部。[②] 依托海量的创作者,微短剧赛道涌现出一大批内容多元、风格不一的垂类题材作品。例如,快手星芒陆续推出乡村扶贫题材《我和我爹和我爷》、古风题材《梅娘传》、家庭情感题材《逆光》等。腾讯视频的微短剧题材也涵盖了解压轻喜、国风新韵、热血成长、奇幻悬疑、创新互动等多元类型[③] 此外,更深度、更优质的口碑之作陆续出现,例如,首创素描喜剧短剧形式的《大妈的世界》,就收获了豆瓣评分 8.4 的高分;B 站《夜猫快递之黑日梦》入围戛纳电视节短剧官方竞赛单元。剧情类短视频市场进一步走向多元化、规范化、精品化,并呈现出新的趋势和特点。

3.1.3 剧情类短视频与传统影视的区别

1. 内容题材

相较于传统影视剧,剧情类短视频体量小,时长短,如若要在较短的时间内吸引更多的观看者,就必须在情节上具有吸引力。出于二者时长、体量上的不同,传统影视剧往往用大量情节、伏笔去进行主线情节与高潮剧情的铺垫,而剧情类短视频会常常将高潮前置,"苛刻

① 崔晓.网络微短剧成观众新宠.人民日报海外版 ,2022-05-06,第 07 版.
② 猫眼研究院.2022 短剧洞察报告,2022.
③ 钟茜,"抢滩"微短剧,新赛道前景可期.视听广电,2022-07-06.

地追求一种体验'瞬间的惊颤感',其戏剧性往往是瞬间呈现"[1],在瞬间的呈现中,满足观众的审美需求与休闲娱乐需求,带给观众沉浸感与代入感。另外,为了在短时间内抓住观看者的注意力,剧情类短视频需要设置更具戏剧性的冲突,紧凑地安排情节,并制造更多反转,适度打破剧情合理性与观众心理预期,进而更好地抓住观众的紧张、好奇等情绪,使观众产生持续观看的兴趣。

此外,就题材而言,节奏轻快的喜剧和甜宠剧适合微短剧短小的篇幅和快节奏的语境,由此成为微短剧创作的主阵地。另外,悬疑题材的微短剧也显现出强劲的发展潜力,但相较喜剧和甜宠,悬疑微短剧的口碑与传播范围更容易局限于小圈子内,因而未来对于"出圈"方向的探索应成为悬疑微短剧的着力方向。[2] 众多主流短视频平台的近期作品题材分布也在一定程度上走出了甜宠、悬疑、喜剧等传统套路,未来剧情类短视频的创作首先需要立足自身的优质内容,同时更多地关注年轻用户群体,对题材的边界进行更多创新开拓。

2. 表现形式

1）播放模式
剧情类短视频与影视剧的差异还在于对屏幕播放模式和人物表现的区别上。剧情类短视频多以竖屏播放模式在移动智能设备上呈现,相较于影院与电视屏幕更小,可展示的影像比例更窄,因而人的身体形象在画面中所占比例更大,环境空间所占比例更小,竖屏形式将视觉重点放在了人以及人与人之间的互动关系上。因此,在创作中镜头需要更重视将角色的身体作为展示重心,演员则需要充分利用表情与肢体元素,形成一种具有视觉冲击力、能拉近创作者与观众之间距离的表演形式。

2）创作手法
在创作手法方面,许多广受欢迎的剧情类短视频账号在剪辑方式、景别景深、镜头调度、构图、灯光以及色彩方面都具有自身独有的特色。为了在短时间内抓住用户的眼球,一些作品常常在创作中故意打破人们的视觉习惯和思维定式,以更新奇的镜头语言提升画面的冲击力,持续吸引观众的注意力。另外,由于剧情类短视频需要在较短时间内呈现完整的故事结构,与此同时还要兼顾吸引用户的注意力,所以许多创作者会选择从剪辑手法、台词、旁白、解说词和音乐上加快叙事节奏,从而更快地推动情节发展。此外,微短剧在互动形式上也做了大胆的创新,如 2021 年 12 月腾讯视频推出的互动微短剧《恭王府》,通过交互叙事探索微短剧的体验边界,让用户可以代入剧中的不同角色探索剧情,并邀请朋友线上一起在银安殿参加庆典,在大戏楼里欣赏昆曲等,打造了"戏剧＋社交"的新型体验。让观众以全新视角解读恭王府的历史和传统文化,在多场景、沉浸式的互动中获得美好体验。

3. 意义传达

电影或电视剧往往不只停留在简单地反映现实生活的层面,而会借助故事情节和表现手法,传递某些深层次的思想内涵,让观众获得启迪和共鸣。法国导演特吕弗曾提出"作者电影"的概念,他认为"导演应该而且希望对他们表现的剧本和对话负责",一部电影的真正

---

① 陈接峰,张煜.日常生活的数字展演：短视频的生命情感和生活意蕴[J].中国电视,2021(12)：70-76.

② 弈辰.喜剧、甜宠、悬疑、互动…哪类微短剧更值得下场？影视毒舌,2022-05-19.

作者应该是导演,影片应该充分体现导演的个性,发表导演自己对生活的看法。[①] 相较于"作者电影",短视频作为一种几乎是全民范围的内容获取媒介,内容普遍更接近用户的现实需求与真实生活经验。剧情类短视频要想在激烈的短视频市场竞争中脱颖而出,就需要更迎合广泛大众,内容更"接地气"、更真实自然。近年来,从爱奇艺《入住请登记》到开心麻花推出的微短剧《非典型大学男子图鉴》,许多新推出的微短剧都体现出强烈的自然化与生活化风格。剧情类短视频的创作只有贴近账号用户的社会背景、文化环境、日常生活,才会使用户更容易代入剧情,产生沉浸感和情感共鸣。

4. 审美偏向

在审美偏向上,剧情类短视频需要依靠紧凑、精彩的故事情节来抓住用户的注意力,不适合表现传统影视剧中复杂的人物关系和情节线索,否则就会面临难以留住观众的风险。因此,剧情类短视频的剧作结构、人物关系需要更加简单、直接,使观众一目了然,无须耗费过多的时间和精力进行记忆与理解。例如,腾讯视频推出的微短剧《大妈的世界》,摒弃了故事背景、人物介绍与复杂过程的呈现,通过简单直接的叙事风格表现了两位大妈丰富多彩的退休后生活,不仅收获了高播放量,更斩获了豆瓣 8.1 的高分。

另外,相较于影视剧,剧情类短视频有着更明显的碎片化、游戏化、娱乐化的后现代风格。在新媒体时代泛娱乐化背景之下,能戳中观众的笑点成为剧情类短视频吸引受众的关键元素之一,在情节中加入戏谑、诙谐的桥段,制造密集的笑点,可以让用户获得轻松愉快的观看体验。

总体来说,相较于影视剧,短视频短、平、快的主要特点决定了剧情类短视频必须更具备瞬时吸引力、精妙的情节设计和生活化叙事,以吸引更多用户的注意力。

◇ 3.2 剧情类短视频的创意特征

短视频的强势崛起改变了传统观众的观看方式,同时观众碎片化、浅层化、解构化的观看习惯变迁也在形塑着剧情类短视频的创意特征。在剧情类短视频发展迅猛、竞争激烈的当下,用户们常常游走在海量的短视频作品中而难以维持长久的注意力,如何创作出能抓住用户注意力的作品成为创作者普遍面对的难题,对此,本节介绍剧情类短视频创作的三个致胜关键点,也即剧情类短视频的特征和创作技巧。

3.2.1 整体特征——迎合加速时代

短视频契合了现代人结构化、颠覆性的娱乐消费需求,顺应了观看者在媒介化时代碎片化、移动化的观看特征。剧情类短视频的整体特征是微叙事、快节奏和娱乐化。

1. 微叙事

在延续了影视"木乃伊情结"[②]的传统上,剧情类短视频以其更加微观、浓缩的叙事还

---

① 斯泰普斯,宫竺峰 ,桑重.作者论剖析[J].世界电影,1982(06):234-241.
② 木乃伊情结:指人类渴望突破时间和空间的局限性,获得一种超越时空的物质手段,将人类生动鲜活的形象和生存状态记录下来。

原、表现、加工着现实。剧情类短视频作为影视剧在移动互联网时代的发展与变异,简洁的剧情、精彩的内容和高效的叙事缺一不可。为了使观看者在短时间内了解剧情,获得代入感,剧情类短视频所取材的事件需小巧精致,场景和内容也要集中,一般采取单线或者简单明晰的复线进行叙事。与普遍认知不同的是,不一定是视频的时长越短,就能获得越高的点赞量。2021 年腾讯所出品献礼建党百年微电影《在场》全长 8 分 50 秒,时长超过绝大多数剧情类短视频,却获得了良好的传播效果。《在场》以微电影的形式重新演绎经典小学语文课文《丰碑》,片中,一位老人在炎热的夏季四处寻找棉衣,并且在卖军装的商店说自己从前线来,但所有人都忽视、反驳他的话。迷茫的老人走上街头,满眼都是国泰民安的景象。最后,他走到一所小学里,看着操场上飘扬的五星红旗,靠在树下慢慢闭上眼。随后,镜头闪回到刚才的所有画面,原来老人是"不在场"的。镜头再次回到五星红旗飘扬的操场,画面变成了风雪肆虐的战场,短片由此揭开了老人的身份——《丰碑》中那个把棉衣给了战友,自己却牺牲在风雪中的军需处长。《在场》叙事节奏短、平、快,同时大胆又富有创意地采取两条叙事主线,打造当代与革命年代这两个平行时空,使影片极具戏剧性。该片将人们集体记忆中的经典故事进行新演绎,使观众深受革命先辈的精神感染,对建党百年这一特殊时刻产生更深的感触。短片上线三个月便在全网累计了超 1.1 亿的播放量和超 1800 篇的媒体转载量。因此,剧情类短视频进行简洁微叙事的同时也不能忽视对叙事主题的深入挖掘和叙事情节的完整。

2. 快节奏

面对海量的短视频内容,用户往往有着极易动摇的观看意愿,耐心变得十分有限,平台大部分视频的"完播率"都不足 100%,有的甚至不足 30%。因此,剧情类短视频的创作首先需要强调视频的开场,在开头就抓住观看者的注意力并引起他们的好奇心非常重要。也正因此,许多短视频都会在开头几秒展现矛盾、高潮,或将惊人的事件结果作为开场,并配合悬疑音乐等元素迅速营造氛围、确立情境。

同时,剧情类短视频需要做到高潮迭起、爆点不断、冲突集中,才能以更多的看点吸引住观众持续观看。因而许多剧情类短视频作品会利用跳跃式叙事、加快对话节奏、巧妙转场等手段加速叙事,有时也在剪辑时直接做倍速快放,以提高整体的叙事节奏。

3. 娱乐化

后现代的社会背景与视觉转向的语境下,短视频以其视听内容的强大生产力和门槛低的特性而成为当代人进行消遣和娱乐的重要工具。索福瑞(CSM)媒介研究数据显示,用户观看短视频的动机依然呈现多元化特征。"放松休闲"是短视频用户的首要需求,超 60% 的用户认为短视频有助于减压,是放松休闲时刻的好选择。[①] 同时人们的文化消费偏好更趋向于解构、无厘头和碎片化,用户偏爱短视频中的搞笑幽默元素。抖音平台一些短剧创作者专注创作搞笑幽默类剧情短视频,作品剧情围绕着主角的搞笑日常进行展开,受到了许多观众的热捧,获得了大量粉丝和高播放量。但值得注意的是,剧情类短视频不能一味强调搞笑而忽视思想内涵并逐渐走向庸俗化,要强调融趣味性和思想立意于一体。

---

① 　CSM.2021 年短视频用户价值研究报告,2021.

3.2.2　剧情特征——留下强烈印象

剧情类短视频在剧情上的特征,是强冲突、重悬念和多反转。剧情类短视频能在短时间内快速抓住观众眼球、给观众留下强烈印象的秘诀,在于将故事的冲突和矛盾前置,甚至直接进入高潮,并且构建出最吸引人的悬念,勾起用户强烈的好奇心以及营造在观众意料之外的反转。

1. 强冲突

冲突是影视作品必不可少的元素,是情节发展的基础和动力[①]。而由于剧情类短视频时长短、体量小,因此需要在短时间内强化冲突,才能更好地调动观众的情绪,从而给观众留下深刻印象。剧情类短视频中冲突的来源主要有以下几个方面。

首先,意愿被打击。角色行为背后是意愿的驱动,意愿能表现出一个人行为的动机,而意愿被打压、干预、阻止则会引发冲突,对人物不同的意愿设置打击,必然会引起反弹,因而会产生冲突。

其次,观念有差异。人物观念的差异同样是冲突的来源之一,同样一个事件,不同的人会因观念的差异,而引起不同的评价,不同的评价放在一起就引起冲突。观念的差异随处可见,文化、宗教、性别、地域、民族、风俗、习惯,任何差异都可以形成观念的差异,任何差异都可以引发矛盾冲突。

再次,性格差异。角色的性格各有不同,例如内向与外向、急脾气与慢性子等。同时,剧情类短视频中的进攻型、侵略型、破坏型人格,往往是矛盾和冲突的源头。在抖音平台"做人很简单,人心换人心"的作品中,老总对外卖员的关怀体贴和公司员工对外卖员恶劣的态度形成鲜明对比,表现出了老总和蔼可亲和员工急躁易怒的性格差异,这种性格差异构建了短片的冲突性。

最后,自我内心冲突。这种冲突往往能够表现人物的内心挣扎,淋漓尽致地诠释出人的真实情感,在剧情中加上这种矛盾冲突情节,既能迅速吸引观众的注意力,又能起到意想不到的艺术效果。人物自我内心的冲突对于人物形象的建构、人物性格的深层次展现有十分重要的作用。

2. 重悬念

悬念,顾名思义,悬而未决的念想,也是支持观众把作品看下去的理由和动机。合理设置悬念,不仅能调动观众的紧张情绪,将其注意力紧紧抓住,还能促使用户长时间保持兴趣。悬念的出现犹如指路标,整个故事结构也因此更加集中紧凑。

在剧情类短视频中,有这样几种悬念的设置方式。

第一种,保持未知性。剧情类短视频的创作者可以制造信息不对称,让观众对于角色失去控制,从而制造悬念。例如可以采用倒叙或省略的手法;隐藏一个能影响人物属性或剧情走向的重要信息。值得注意的是,保持未知性实际上指的是要保持"已知"与"未知"之间的信息差,如果只有"已知"或者只有"未知",都是无法成功制造具有吸引力的悬念的。

---

①　廖高会.理性、疯癫与文化视角——论张欣《对面是何人》的叙事张力结构[J].理论与创作,2009(06):64-67.

　　第二种,给予可能性。剧情类短视频的创作者在构建故事结构时,要让大部分内容都能建立在现实生活的基础上,贴近观众的认知,同时只在关键的部分开放可能性,设置悬念,留给观众想象的空间。

　　第三种,提升压迫性。悬念的形成、保持和加强,需要依靠"拖延"①的艺术手法,即拖延时间,为人物的行为设置障碍,制造困难,在紧张的故事进展中,拖延真相的揭示。在悬念揭示前穿插其他情节,可以使紧张的局面出现暂时的缓和,但实际上却更加强了情节的紧张感,观众的期待心理,不仅能牵引观众把整个片子看完,引发思考,而且可以给观众留下深刻的记忆。

　　短视频平台有许多有着高播放量和点赞量的悬疑推理剧情类账号,这些账号之所以能获得高热度,不仅因为这些账号聚焦当代社会问题,具备实用性,更因这些账号的大部分作品对于"冲突"和"悬念"的巧妙设置。希区柯克设置悬念时强调的是行凶者动机隐匿与观众知晓与否这两种方式。对于观众知晓与否,希区柯克认为:"对观众保密,让他们同剧中人一样不知道真相,这样的处理方式得到的往往是震惊。而后者则是让观众知晓剧中人面临的危险,诱使他们满怀期待、焦急的心情去担心危险的到来,企盼剧中人能够摆脱危险和困境,这种悬念的设置对观众吸引力更大,更有魅力。"②悬疑推理剧情类短视频作品,一般都会设置冲突加强剧情的戏剧性张力,勾起观众的观看兴趣,再通过设置悬念的方式调动起观众的紧张情绪,吸引观众对剧情进行持续追踪。在情节设置中,常常采用一种"观众所知"的角度,让观众知晓剧中人物所面临的风险,以增强视频剧情的悬念性。抖音平台悬疑推理剧情类账号如"名侦探小宇",如图 3.1 所示。

图 3.1　抖音平台悬疑推理剧情类账号"名侦探小宇"主页截图

①　张红军.电影与新方法[M].北京:中国广播电视出版社,1992.
②　杨培伦.浅析中国悬疑探案类网络剧的新变化[J].电影文学,2017(06):7-9.

3. 多反转

剧情类短视频的反转叙事手法不仅能改变剧情走向,增强戏剧张力,还能满足受众对于跌宕起伏剧情的心理需求。不同寻常的情节安排和突如其来的反转,让人如同坐过山车一样心头一惊,刺激过瘾。很多用户都非常喜欢看反转类短视频,好的反转能让人永远猜不到下一秒会发生什么,使观看者常常在恍然大悟过后又拍案叫绝、回味无穷,很多爆款短视频就是靠巧设反转来给剧情增添亮点并吸引流量的。

剧情类短视频中反转的设置会使得情节从一个情境转变为完全相反的另一个情境。反转设置有 3 个关键:制造假象;隐藏信息;揭示关键信息。设置反转的万能公式总结如图 3.2 所示。

图 3.2　巧设反转的万能公式

剧情类短视频的创作者首先可以通过制造假象来误导观众,然后再揭示真相,由此与观众的心理期待形成巨大反差,构成反转。形成反转的关键在于通过制造假象,将观众引入一种错误的思维定势中,当真相被揭示时,就会与观众的心理期待形成巨大反差,最大程度地呈现戏剧化效果。在反转的那一刻颠覆观众的想象,突破观众的心理预期,刺激观众的感官和情绪,让观众获得深刻的体验并享受这种感觉。

同时,还可以通过隐藏信息引发悬念。悬念与反转总是同时出现、相互作用的。在故事的前半段隐藏部分关键信息,引发悬念,不仅可以勾起用户的好奇心或紧张心理,而且可以加强情节张力,为接下来的反转做铺垫。例如,抖音平台上的短视频作品《有时候眼睛看到的不一定是事情的真相》就有着出其不意的反转剧情:短片开头,年轻男人对拾荒老人态度恶劣,这时,短片隐藏了老人试图偷男人手机这一重点信息,营造男人无缘无故对老人态度恶劣的假象。一旁的女孩打抱不平,主动请老人吃面,男人却突然向老人扔水瓶。对男人感到生气的女孩送别老人后,男人突然冲过去抢老人的包,女孩上前制止,这时男人把老人包里的几部手机倒出来,女孩才意识到,老人是小偷,而男人的行为是在制止老人的偷窃。短片这时才揭示事情的真相——老人是小偷,男人才是正义的一方。这部短片的情节充满张力,给观众以恍然大悟的感觉,从而留下深刻印象。

此外,增加关键信息也可以制造反转。在图式理论中,人们的知识和经验都是以图谱的方式存在于脑海中的,当遇到新的情境和事物时,就会通过已有的图式去理解。人脑总体的大图式中存在很多空位,需要依据特定的情境信息来补充。另外,根据认知失调理论,当外界的事物将人暴露在不确定或与原先认知结构矛盾的因素下时,这些异化信息便会与原有信息产生不协调,带来心理上的紧张感。在反转电影中,结局的大反转就是利用图式理论中的空位信息差来制造认知冲突,从而让观众产生认知失调、意料之外的感觉。关键时刻揭开真相的秘诀就在于在结尾处增加关键信息,把之前隐藏的关键信息亮出来,才能让观众感觉出其不意而又在情理之中。

综上所述,巧设反转的万能公式可以概括为:先通过制造假象来误导观众,然后引发悬念勾起用户强烈的好奇心,最后在结尾处增加关键信息让情节突变,导致反转。

与此同时，反转固然吸睛，但也需注意以下几点。

首先，拐点设置要有新意。要打破常规的情节套路，让人"猜中了开头，却没猜中结尾"，做到"不按常理出牌"，这样才能最大限度地推动故事情节达到高潮。例如，抖音平台的剧情短视频《老板，你这瓜保甜吗》，剧中老板卖瓜一直被人问"甜不甜"，他一直回答"不甜"，勾起了观众的好奇心，最后老板忍无可忍对问询的人说了"甜"，顾客却反击"吹什么牛啊，苦瓜能甜吗？"此时镜头拉远，露出老板摊上的苦瓜，形成了第一重反转。随后顾客咬了一口说"哎哟，还真甜"，形成第二重反转。老板听闻也接过苦瓜咬了一口，却被苦得吐了出来，此时顾客哈哈大笑"苦瓜能甜吗？"形成第三重反转。这一作品打破了常规的情节设置，层次丰富并且极具幽默感，因而能获得高点赞量。

其次，转折的设置要自然。拐点的设置不仅要符合主角的年龄、性格特点及成长环境等，还要符合自然规律。保持情节的真实性与合理性，才能让观众获得更深的沉浸感和代入感。

最后，反转只是手段，内容才是核心。如果只是为了博人眼球，赚取流量，注定只能获得一时关注，而难以进行可持续的发展。只有立足于优质内容，注重作品的思想性和艺术感染力，再加以精巧的情节设计，才能使短视频作品既赢得热度，又能保持长久的生命力。

3.2.3　情感特征——贴近用户生活

用户审美偏好对剧情类短视频的情感特征有着方向性的影响。随着短视频用户所偏爱的题材逐渐从新颖猎奇转变为真实和接地气，剧情类短视频也更注重于去创作更多和用户生活更贴近、更能引起用户强烈情感共鸣的系列作品。

1. 接地气

社会化媒体时代到来，话语权前所未有地下放于广大公众，让普通大众开始更多地关注满足自身心理期待的信息。在短视频平台，观众对于爆款内容的喜好，也从新颖、猎奇，逐渐转变为了真实、"接地气"。受到欢迎的往往都是语气亲切、姿态平和的内容，高高在上的话语姿态和生硬、过于书面化的表达都会造成观众的隔阂感，导致用户流失。正如有位诗人所说："任何事物中，我们都可以遇见宇宙、遇见自己……比起宏大的东西，我更热爱那些微不足道的事物。"[①]观众审美取向的转变促使着剧情类短视频创作者的转向：创作者们开始创作更多能够反映社会生活、直面现实问题的视频内容，剧情类短视频也开始从直观、生动的真实世界中得到滋养，呈现出更加形象、直观、具体的情节内容。

2. 生活化

剧情类短视频中平淡的生活聚集在一起，形成了人们当下社会的烟火气和人情味。剧情类短视频往往取材于生活，汲取生活话语的鲜活经验，讲述那些发生在用户生活中的真实故事，如亲情、婚恋、住房、就业等，展示最鲜活的生活场景和丰富多彩的生活状况，体现浓郁的现实生活气息，展现人文关怀，关注人物命运，直击观众的心灵。既有"初入职场应该如何应对""远离家乡的孤独感如何排解"等现实生活中必须面对的场景和问题，又有对于现实生

---

① 马忠青.创作手记：从微小的事物中遇见世界和自己[J].散文诗，2020(22)：5+4.

活中友情、爱情、亲情的艺术化加工和戏剧性展演。许多短视频创作者所创作的作品以搞笑、温情等方式将充满人情味的生活瞬间呈现在用户面前，这些场景是对现实生活的戏剧化展演，展示出解读现实、解读生活的强大动力和鲜活魅力。

3. 引共鸣

人类产生或获得归属感的一种途径，那就是找到和自己相似的人，从而让当下的处境不

图 3.3 抖音平台"这是 TA 的故事"
短视频作品截图

再孤单。短视频平台视觉化的传播形式相较于先前媒介形式更有利于情感的传播，亲情、友情、爱情这些生活中的人类日常情感，在剧情类短视频的符号化创作和生动演绎下产生共通的意义空间。创作者对抽象情感进行具象化加工与呈现，激起广大受众的共情心理，引发共鸣。粉丝超 1300 万的剧情类短视频创作者"这是 TA 的故事"（图 3.3）所发布作品贴近普通人日常生活，关注当代都市男女的现实生活与情感世界，探寻人的内心，反思浮躁的物欲生活，获得了很多用户的喜爱，截至 2022 年 7 月中旬，账号获赞近两亿。作品评论区经常出现这样的评论："有时候觉得看他们视频的时候，就好像是在看自己。"此外，一些创作者以故事演绎的方式，呈现出现实社会中的人情世故问题以及为人处世的道理，满足人际交往的情感需求；一些创作者以搞笑的手法进行剧本的编写和短视频的拍摄，以戏谑的方式加强与用户幽默娱乐的情感沟通。也许比起美好到不现实的童话套路，平凡生活中悲欢离合、喜怒哀乐的情感故事更能引发受众强烈的代入感和情感共鸣，也更能打动人心。

最后，需要提醒大家的是，千万不要忽视剧情类短视频的思想立意，如果我们一味追求"流量为王"，缺乏对思想内涵以及高品质内容的追求，就会让你的作品失去最为宝贵的精神内核。在短视频商业化、泛娱乐化问题日渐突出的今天，打造有价值、有品位的优质内容，才是生存之本。

剧情类短视频创作技巧

◆ 3.3 剧情类短视频用户的心理溯源

在理解剧情类短视频的表层特征后，我们将深入溯源剧情类短视频背后的用户心理，这将有助于我们从底层探析剧情类短视频的创意特征为何能引起用户的兴趣，使我们对剧情类短视频有更深入的了解。

3.3.1 整体特征背后——选择或然率、心绪转换功能

选择或然率是指美国传播学者施拉姆提出的媒介使用公式，该公式为：选择的或然率

＝报偿的保证/费力的程度。① 剧情类短视频的视觉化呈现与互动模式使用户能拥有高度的体验感、在场感、控制感和互动参与感,因而为用户带来较高的报偿保证。而相较于传统影视剧,大部分剧情类短视频的时长都在几分钟内,这为观众对剧情类短视频的观看带来极低的时间投入成本,同时短视频平台简单快捷的内容获取方式,也大大缩小了用户的费力程度。

使用与满足理论从受众角度出发,通过分析受众的媒介接触动机与需求,来考察大众传播给人们带来的心理和行为上的效用。如图 3.4 所示,卡茨将个人对媒介的接触过程概括为一个线性过程,这一过程展示了个人会根据自己的需求,主动接触大众传播媒介以满足这些需求。

图 3.4　使用与满足理论模型图

站在受众的立场上,以使用与满足理论的视角考察受众的剧情类短视频接触行为,可以得出以下结论:剧情类短视频接触门槛低,有着高度的可接近性和易得性;并且能满足用户的消遣娱乐需求,让用户在闲暇生活中通过对短视频剧情的沉浸得到放松;能满足用户的认知需求,让用户在娱乐中也能学到一些生活常识与实用技能;能满足用户的情感需求,激发观看者的共情心理,引发共鸣,获得心理满足感。

3.3.2　剧情特征背后——黄金三秒、选择性接触

在剧情类短视频强冲突、重悬念、多反转的剧情特征背后,体现了短视频"黄金三秒"创作原则和用户选择性接触机制的作用。

面对海量可供选择的短视频内容,受众的注意力往往难以长久维持,因而短视频的创作者要在视频开始的前 3 秒尽可能地留住受众。在黄金三秒的接触之后,会产生首因效应。首因,最早由美国心理学家洛钦斯提出,指首次认知客体而在脑中留下的"第一印象"。② 首因效应下产生的第一印象可以作用到大脑并占有主导地位。认知心理学实验表明,当外界信息输入大脑时,最先输入的信息作用最大,持续的时间也长,比之后输入的信息对于事物整个印象产生的作用更强。因此,剧情类短视频的创作需要遵循黄金三秒原则,在短视频开端内容的强烈印象下,受众的选择性接触机制将开始发挥作用,受众会因此选择接触那些与自己的既有兴趣和态度一致或相近的内容。

也就是说,在视频播放的前 3 秒,观众就已经决定了是否要将视频看完。此外,求知欲和探索欲是人类的心理本能,也是悬念情节合理存在久演不衰的心理根源。冲突本身带来结果的不确定性,令观众产生求知欲、探索欲,吸引观众继续看下去。因此,黄金三秒有助于加快剧情类短视频的叙事节奏并提高观看效果。

① 施拉姆.传播学概论[M].陈亮,等译.北京:新华出版社,1984.
② 时蓉华.社会心理学词典[M].成都:四川人民出版社,1988.

3.3.3　情感特征背后——期待视野

接受理论的奠基人姚斯曾提出"期待视野"的概念以强调读者在阅读中的作用,"期待视野"具体是指接受者在进入接受过程之前已有的,综合了读者先前各种经验、趣味、素养、理想等综合形成的对艺术作品预先的估计与期盼。[①] 当剧情类短视频契合了观众们以往的生活经历、成长背景、文化语境和审美取向,迎合了观众们"想看到"和"能理解"的欣赏需求,让观众真正获得对剧情的"感同身受"和强烈的代入感,作品就能更好地发挥移情作用。因此,剧情类短视频需要更注重接地气、生活化、引共鸣。

移情是指"理解他人情绪状态以及分享他人情绪状态的能力"[②]。在移情机制的作用下,观众们能将自身经历与个体情感代入剧情之中,体验他者的情绪并产生情感共鸣。正因为移情效应,观众能被都市情感类短视频剧情中触及内心的小故事感动,被幽默搞笑类短视频中贴近生活的幽默段子逗笑,在一个个关于友谊、亲情与爱情的生活题材剧情类短视频作品中获得共鸣。用户会在对短视频的观看和互动中产生新的意义,这由此也成为剧情类短视频表现深刻思想内涵、升华意义空间的路径之一。

综上所述,剧情类短视频的创意特征与其用户心理学溯源之间存在着传播链路的对应。在媒介接触阶段,受到媒介选择或然率的影响,用户比起长视频,越来越青睐于观看微短剧;在"黄金三秒"法则下,用户会选择性接触那些容易引发好奇心与探索欲的作品,因此剧情类短视频的创作需要注重开场设计与悬念、冲突的加强;最后,接受美学的期待视野为创作者提出了新的要求,即内容取材需要更贴近用户,要在作品中注入真情实感,才能通过移情效应引发观者共鸣。

◆ 3.4　剧情类短视频的创意原则

创意是短视频的灵魂与生命力所在,把握好剧情类短视频的创意原则,有助于剧情类短视频更好地表情达意,发挥吸引力与影响力,获得良好的传播效果和社会效益。剧情类短视频的创意原则要兼顾内容、思想与现实三重维度。首先在内容层面,要像钩子一样"勾住"用户;其次在思想层面,要像锤子一样冲击观看者的心灵;最后在现实层面,要像镜子一样,揭露和审视社会问题。

3.4.1　钩子:内容层面

剧情类短视频在内容层面,要像钩子一样"勾住"用户。具体来看,有两种设置钩子的方法:首先是设置诱因,加强戏剧张力;其次是要抓住用户的九大心理满足点。

1. 设置诱因,加强戏剧张力

在前面讲过的黄金三秒法则作用下,剧情类短视频要在视频开端设置诱因,将矛盾、冲

---

① Jauss H R. Toward an Aesthetic of Reception. Minneapolis:University of Minnesota Press,1982.

② Cohen D,Strayer J.Empathy inconduct-disorderedand comparison youth.Developmental Psycholo gy,1996,32: 988-998.

突、悬念等能唤起期待的因素传达给观众,从而在观看者的心中植入某种动机,强化剧情类短视频的戏剧性,由此建立起用户期待,吸引用户持续观看并提高视频完播率。

剧情类短视频的诱因需要简单、直接,具有视觉冲击效果与震撼感,同时设置诱因时也要注重高低起伏和起承转合。抖音平台上系列短视频作品《冷暖生活》一共有 12 集,每一集中人物都会在开头两秒内清晰地说出能引起观看者兴趣的台词。例如在第 11 集(图 3.5)的开头,小面面摊老板娘看到手机的收款记录,惊讶地喊"一万元?"老板娘的这句台词作为诱因引发了观众的好奇心理:是什么客人在面摊吃面却付了一万元?剧情继续展开,原来吃了一碗小面却转账一万元的人是一个创业者,一年前他因为公司破产而产生自杀的念头,但在路遇面摊时,他跟自己打了个赌:如果有人能请自己吃一碗免费的小面,就放弃自杀的念头,善良的面摊夫妻真的免费请身无分文的他吃了一碗小面,他也因此放弃了自杀的念头,重新开始打拼,事业也再次有了起色,所以他才会在一年后前来面摊,用转账一万元的方式向面摊夫妻报恩。

图 3.5　抖音平台短剧《冷暖生活》第 11 集截图

2. 抓住用户的九大心理满足点

剧情类短视频需要抓住用户的九大心理满足点,巧设"钩子",这九个心理满足点分别是信息、观点、共鸣、冲突、利益、欲望、好奇、幻想和感官。

(1)信息。剧情类短视频的内容要给用户传递有价值的信息和内容,以引起观众兴趣。但同时要注意的是,一个短视频传递的情节内容不宜太多、过杂,否则会过犹不及。

(2)观点。观点即剧情类短视频想要传达给观看者的主旨、价值与立意,这种观点可以是观点评论、人生哲理、科学真知以及生活感悟。

(3)共鸣。在碎片化的传播时代,优质的剧情类短视频要打动用户,让其获得认同感并满足观看者的情感诉求,就要在创作剧本时重点考虑能否唤起用户的价值共鸣、观念共鸣、经历共鸣、审美共鸣和身份共鸣。

(4)冲突。冲突是剧情类短视频情节发展的基础和动力。剧情中的冲突来源主要包括意愿被打击、观念有差异、性格差异和自我内心冲突。

(5)利益。利益包括个人利益、群体利益、地域利益、国家利益。无论是维护国家及公共利益,还是获取自身利益,这都是吸引用户关注的一个重要方面,因此,创作者可以在设计短视频情节时适当地制造一些"利益冲突"。

(6)欲望。剧情类短视频所能引发的观众的观看欲、收藏欲和分享欲。有悬念或反转的剧情可以激发观众的观看欲;有实用价值的剧情可以激起观众的收藏欲;贴近现实生活的剧情,能引起受众共鸣,则能引发用户的分享欲。

(7)好奇。在剧情类短视频中,跌宕起伏的情节,新颖的表现手法,巧妙的悬念及反转,通常都能成功引起观众的好奇心,吸引用户继续看下去。

（8）幻想。在移情效应下，用户能将自身经历与个体情感代入短视频的剧情中。不同的剧情类短视频能满足受众的不同幻想，例如爱情幻想、职业幻想、生活憧憬等。

（9）感官。剧情类短视频有着快节奏和娱乐化的特点，容易对受众实施包括听觉、视觉刺激等一系列感官刺激。

3.4.2　锤子：思想层面

在思想层面，剧情类短视频要像锤子一样以现实性的力量冲击受众心灵，引发受众的自我审视与自我反省，给观看者带来精神上的震撼。

1. 以故事映照社会现实

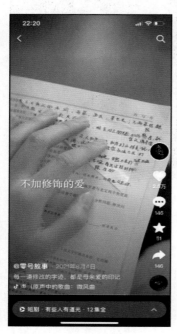

图 3.6　《有些人有道光》
系列短剧截图

与其他媒介形式不同，"赋予物体可理解性"是视频得以流行的关键所在。视频凸显了人们更愿意自己看见真相的能力，我们看得见摸得着的对象更容易被视为是真实的，也更容易被嵌入日常关系的世界之中。正如巴特所提出的："传达场景和人物的明显体验更具影响力。"①剧情类短视频的剧情虽然是虚构的，但仍需以现实生活为基础，以艺术化创作映照社会现实，才能引起观看者更广泛也更强烈的共鸣。抖音平台《有些人有道光》系列短剧（图 3.6）每集的时长都在两分钟左右，其获得高点赞量的原因不仅在于动人的台词、恰当的配乐和精巧的场面调度，更因为这一系列微短剧以一个个贴近现实生活的小故事刻画人与人之间情感连接、展现世间的人情冷暖，而使观众产生深刻的共情。

2. 引发自我审视和反省

人普遍有着自我审视的需求和共情能力，自我审视多指人的自我反思行为，具体可分解为自我发现、自我反省和自我教育三个阶段，属于一种由意识内延伸至意识外的自我精神分析行为。②

观众对场景产生熟悉心理，就会不自觉对其中某个人物产生代入感，从而将自己嵌入到场景中，透过剧中人物的行为动机，对照反思自己的行为。③ 以现实题材为代表的剧情类短视频，可以使观众在沉浸式的观看体验中跳脱当下的生活场景与情绪状况，进行自我认知与分析，通过人物的经历、选择和命运，全面、详尽地完成自我审视。

在自我审视的过程中，观众可以从外部视角逐渐进行"自我发现"，愈加了解自己，也可以在持续观看剧情类短视频的过程中获取更多的信息来填充自我发现的成果，由此从自我

---

①　陈接峰.嗅觉景观：动物电影非人视角的文化意义[J].当代电影,2019(07)：111-114.

②　王剑娜.《我们》的自我审视与视觉呈现[J].电影文学,2020(11)：133-135.

③　阿尔特曼.精神分析与电影：想象的表述[J].戴锦华,译.当代电影,1989(01)：18-27.

发现递进到自我反省的阶段。

3. 体现深刻立意，带来精神震撼

剧情类短视频所包含的日常生活意蕴与现实社会映照，是其能在大范围内广泛流行的内在因素，也昭示了剧情类短视频存在着给观看者带来心灵震撼的潜在力量。

作品的思想含量决定了这件作品的深层影响力。观众在自我判断和自我反省的珍贵想法下，对剧情中的人物经历进行对照思考，产生共情感，甚至精神震撼，由此更能体会短片的深刻立意，创作者的意图得以最大程度上被体会，短片的传播效果也能得到最大化发挥。抖音平台系列短剧《沉睡的森林》每集分别以网络暴力、身材焦虑、性别歧视等不同热点问题为表现主题，用艺术化的剧情改编映射现实生活中的各种社会议题，取得了良好的传播效果。

3.4.3　镜子：现实层面

在现实层面，短视频要起到镜子的作用，揭露和审视社会存在的不良问题，让社会得以和谐健康发展。同时还要照出人的美好品德，体现健康向上的价值观，注重积极价值的输出，传播正能量。

1. 揭露和审视社会问题

根据保罗·莱文森媒介技术演化三段论，每种媒介技术都会经历从玩具到镜子再到艺术的演进历程。现今的短视频发展阶段，已经脱离了"玩具"阶段，开始从肤浅的新奇中抽离出来，而成为反映客观世界、揭露社会问题的"镜子"。剧情类短视频由于有着广泛的受众和强大的影响力，更需要承担起审视社会负面现象的责任，让这些问题得以改进。例如抖音平台上的剧情短视频《一块劳力士的回家路》，片中朱总的下属用 60 万元进了 20 万只口罩，为了赚差价报给朱总 100 万元，朱总为了救急将口罩全部买下装箱，在这一过程中不小心将自己的劳力士手表掉进箱子中。收到其中 10 万只口罩作为救急物资的某机构领导转手将口罩给了男科医院的赵院长，用来抵自己在医院治疗欠下的 30 万元账。之后，院长下属的一位员工用 40 万元把 10 万只口罩全部买下来，交付自己的微商朋友以 6 元一个的价格卖掉，朱总公司的清洁工看到微商发布的消息，立刻以 80 万元的价格把口罩全部买下来，并以 12 元的单价转卖给了朱总。10 万只口罩收到后，朱总打开箱子发现，这批口罩正是自己作为救急物资送出的那批，而自己不小心掉进去的劳力士还在箱中。这部短片以黑色幽默的手法讽刺了疫情发生之初，从员工、领导、微商到清洁工，各色人员唯利是图，不择手段地利用口罩获利这一社会乱象，引发观众对当代社会金钱至上、唯利是图价值观的反思。

2. 注重价值输出，传播正能量

短视频作为一种有着高度感染力的立体信息承载方式，能够对用户施加潜移默化的影响。剧情类短视频与现实世界的深度嵌连昭示着其在一定程度上有着输出正向意义的能力，作为镜子，它可以以现实生活中的正能量事件、人物为典型榜样，在剧中进行反映和再现，由此依靠其作为高普及度、高扩散性媒介平台的特性，扩大正面力量的影响力，从而照出的美好品德，反映健康向上的价值观，引起用户自我反思，为改善社会贡献力量。

首发于中国青年报客户端，获得第二十九届中国新闻奖融合创新三等奖的作品《40 秒

40年》系列短视频,包括服装篇、支付篇、玩具篇、通信篇和跟唱篇五个不同主题内容,围绕改革开放的核心主题,通过社会发展的不同侧面,表现出四十年来祖国的发展和人民生活方方面面发生的变化,在微观的视角中呈现出时代的机遇和变迁。经由"共青团中央"抖音号的转发,这一系列获得了庞大的播放量、点赞量和转发量,引发了广泛的社会关注并取得了良好的观众互动。

以支付篇为例,如图3.7所示,开篇的1979年,妈妈说"乖,妈给你做好吃的",这时,是用粮票换取粮食;1987年,妈妈手持5角纸币与售货员进行交易;1990年,妈妈用10元的"大团结"购买物品,还说着给儿子"做好吃的";到了2001年,妈妈手持银行卡递给收银员,收银员使用POS机为顾客结账;2014年,长大成人的儿子说"妈,我给您做好吃的",拿起手机扫码支付;2018年,中年男人陪年迈的母亲到便利店柜台前,孙子通过刷脸支付后从柜台上接过食物,台词也变成了孩子口中的"奶奶,我给您做好吃的"。消费领域的变化见证着百姓生活的不断改善,从粮票到现金支付,从刷卡支付再到手机支付,背后是物质上的极大丰富,科学技术的不断进步。《40秒40年》之支付篇以家庭这一微小的切入口,展现改革开放以来中国发展带来的巨大变化。同时,中国传统价值观中的亲情与孝道贯穿始终,这也是这一短视频能在广大范围内引发共鸣的重要原因之一。

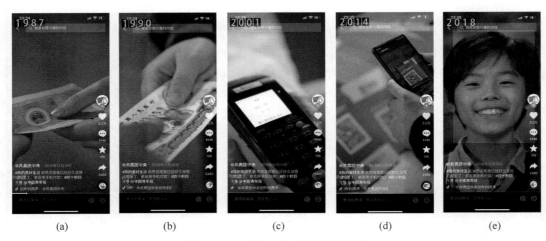

　　　(a)　　　　　　(b)　　　　　　(c)　　　　　　(d)　　　　　　(e)

图3.7　《40秒40年》之支付篇截图

💠 3.5　本章小结

剧情类短视频的流行是现代加速社会的缩影,在产品形态存在着天然优势的基础上,微短剧以"时间短""节奏快""娱乐化""爽点多"等一系列特点,契合了短视频时代用户的观看习惯与心理需求,在垂类题材、视听元素、情节设计、表现形式等方面也做出了大胆新颖的创新与尝试,受到了用户的广泛关注和欢迎,在未来仍有向上拓展的巨大空间。

但与此同时,许多剧情类短视频缺乏深度的思想内涵和对于审美品位的追求,无法为深层立意提供足够的空间,反而会使观众的体验和想象受到限制。当下最受欢迎的微短剧所呈现的"爽点"与"甜宠",虽然能让观众获得即时满足感,但其终究是一种对于现实的理想化装饰,而缺少真正的思想价值和精神内核,虚幻的完美无法解决个体与社会面临的现实困境。此外,剧情类短视频领域普遍存在的流量至上、反智主义、粗制滥造、跟风抄袭等问题,这都需要未来有针对性地去进行诊断与改善。

面对目前剧情类短视频领域存在的问题,视频平台需要实现多元化创作加强主体责任,提高微短剧的价值引领和文化品位,以不同平台差异化的扶持与推动助力微短剧产业升级;专业创作团队在未来要在品质提升、形式创新的道路上持续探索,以实现剧情类短视频整体发展的转型增效;草根创作者在创作时,则要放弃对流量的一味追逐,致力于打造精品内容,让剧情类短视频作品能够更好地讲好中国故事,彰显社会主义核心价值观,以优质内容收获流量与口碑。

◆ 习　题　3

1. 许多获得高热度的剧情类短视频仅仅停留在浅层娱乐而缺少深刻的思想立意,你如何看待这一类作品的成功?

2. 面对多种类型与丰富题材的剧情类短视频,要依靠什么制胜法宝在众多的创作者中脱颖而出呢?

3. 你如何看待有些人认为短视频是用来进行娱乐放松的,而不应该承载深刻的思想立意这一看法?

4. 你认为剧情类短视频未来的发展方向是什么?

纪录类短视频特点与创作技巧

纪录类短视频是当前网络视听内容领域中不可缺少的一部分。如果说短视频的兴起是移动互联网内容变革历程中璀璨夺目的一页,那么纪录类短视频的诞生和发展,也在一定程度上为短视频的创作增添了新的色彩。

纪录类短视频脱胎于纪录片。不管是从内容上还是形式上,它都传承并延伸了纪录片这种媒介形式的特性和魅力,担当着"展现真实世界,纪录社会发展"的使命。同时,纪录类短视频也具备鲜明的互联网基因,其独特的内容风格、传播形式、盈利手段无不和互联网、移动互联网媒体与平台存在紧密联系。

本章将从纪录类短视频的概念、发展历史、内容垂类、纪录类短视频产业经营模式、创作流程等几个基本方面,来了解纪录类短视频的前世今生。同时,本章也将对当前纪录类短视频内容产业现状及其存在的问题进行一些简单探讨。

◇ 4.1 纪录类短视频的概念

纪录类短视频一般以展现自己或他人的真实故事为主,在某种程度上,纪录类短视频是纪录片和短视频的融合。它既具有短视频的特征,以微小的篇幅、碎片化的内容表现故事的精华部分或某些典型情境,又包含纪录片的某些元素和特点。因此,我们在学习纪录类短视频之前要先来了解一下纪录片的概念。

4.1.1 纪录片

纪录片(Documentary)的概念最早由英国纪录电影大师格里尔逊在 20 世纪 20 年代提出,指的是以真实生活为创作素材,以真人真事为表现对象,并对其进行艺术加工与展现的电影或者电视艺术形式。[①] 纪录片以展现真实世界为本质目的,用真实引发人们思考。纪录片具有以下三方面的特点。

1. 非虚构、非扮演是纪录片的底线

纪录片不允许摆布、虚构和造假,它要求必须在现实生活中发现、寻找具有艺术内涵的题材,并通过纪实手法来展现真实事件、真实人物、真实场景和真实生活。

---

① 邵泽宇.纪录片定义新谈[J].戏剧之家,2015(20):144.

2. 无假定性的真实是纪录片内容的基本要求

无假定的真实也被称为生活真实,它和电影、电视剧中所强调的艺术真实有很大区别。艺术真实允许艺术家从生活真实中进行提炼、加工素材,以夸张、演绎和隐喻手法,展现一定历史时期的社会现象以及人的精神世界。而纪录片虽然允许创作者有选择地选材和纪录,进行蒙太奇式的展现,但不允许存在夸张、演绎或隐喻式表达。

3. 创造性再现是纪录片的主要表现手段

由于纪录片所展示的内容不一定在当下的时空中发生,所以为了准确表达事件原貌、向观众传递清晰的信息,纪录片通常会在秉持真实性原则的基础上,选择再现事件的某些典型情境或场面。通过制造人为场景的方式,向观众还原某些过去发生的重要时刻或片段。

4.1.2　纪录类短视频

随着移动互联网的兴起和网络视听平台的发展,具备着鲜明互联网基因的纪录类短视频应运而生。微纪录片从某种程度上其实和纪录类短视频有着不谋而合的相似之处。中国纪录片研究中心曾给纪录类短视频下过定义,将其阐释为“篇幅简短、诉求单一、视角微观、风格纪实,能在较短时长内以小切口阐述单一主题,不追求复杂的人物关系和多变的空间环境,极力简化人物故事发生的背景和过程的纪录片”[①]。同时,也有学者认为“微纪录片应是指依托于新媒体时代的传播媒介,适应网络化传播的时间较短、篇幅有限,但是能够以小见大,进行多种艺术尝试的纪录片作品。”[②]而国外通常以“微型纪录片”来命名 4～10 分钟的纪录片。可以看出,微纪录片虽然是纪录片的一个分支,但与诞生于传统电视媒介中的纪录片存在着差异。

纪录类短视频脱胎于微纪录片,在传播方式和内容上更符合新媒体的特点。首先,从传播主体和传播方式上看,微纪录片一般由 PGC 团队制作,在视频网站或电视上播出;相比之下纪录类短视频的门槛较低,创作者包含专业团队和 UGC,范围更加广泛,播放的平台也更加多元。另外,从传播内容角度上看,纪录类短视频的内容更加丰富,表现手法更多元,更能在短时间内吸引住用户。

1. 纪录类短视频的特点

1) 创作视角生活化

纪录类短视频创作视角更加关注生活,拥抱大众,不再带着精英式和教导性的姿态俯视现实,更为生活化。它采取平视化的诉说和低姿态,关注平凡人的平凡事,加深了观众与故事的共鸣,展现创作者个性的激荡与心灵的回音。例如网络纪录片《春节·他乡》中讲述了17 位不能过年回家的澳洲华人的故事;纪录片《宝贝回家》讲述退休大妈与 600 只流浪狗、30 只猫一起生活的故事等。“央视”出品的纪录类短视频《人生第一次》主要讲述了不同的人群在各自人生的重要节点的“第一次”,如出生、上学、工作、结婚等,带领用户了解百态人

---

① 姜天骄.微纪录有大舞台.经济日报,2019-08-04,第 4 版.
② 史哲宇.互联网时代的纪录片新样式——微纪录片研究.人民网传媒频道,2014-10-27.

生。从出生的牙牙学语,到年少的轻狂不羁以及迟暮的洒脱淡然,该纪录片将人生各阶段中的日常状态呈现到用户面前,引导用户从生活点滴中发现曾被忽略的感动瞬间。片中的喜悦和悲伤都非常真实动人,给用户很强的代入感。此外,片中人物的选择也关注到一些特殊群体,例如乡村留守儿童,刚去部队的新兵等,每个人生阶段的创作视角都是基于平凡生活中的平常事,让整个纪录片看起来更生活化和接地气,将人与人之间细腻的感情淋漓尽致地表达出来。

2)创作内容碎片化

随着传播媒介的多样化、传播方式的互动化以及受众阅读方式的碎片化,纪录类视频的时长也在不断发生着改变。从最初的近 2 小时的时长发展到一集约四五十分钟的微纪录片,如《舌尖上的中国》,再到今天的 10 分钟以内的纪录类短视频,如《故宫 100》(图 4.1)每集用 6 分钟讲述故宫中 100 个空间故事,将宏大的叙事角度切散,从小切口入手讲述紫禁城的故事,让观众在观看的过程中可以触摸到历史的痕迹,感受对文化的热爱。

图 4.1 《故宫 100》

随着纪录类短视频的时长在不断压缩,作品内容也在不断趋于满足用户碎片化和移动化观看的习惯,在适应浅阅读传播的同时,增添了个性化和创意元素,将网络流行语、搞笑段子加入到解说词和同期声中,让表达更加通俗、幽默、接地气;创作形式也更趋个性化,通过动漫特效、花式字幕和大胆的剪辑等别样地呈现了真实。例如,由"中央电视台纪录频道"制作的纪录类短视频《如果国宝会说话》(图 4.2),每集结构都短小精悍,让本不会说话的国宝向观众"开口"讲述它们的前世今生,让观众在 5 分钟碎片化的时间中倾听文物背后的故事,进而深刻体会文物背后的深邃历史与精湛工艺,以及蕴藏的家国情怀和民族文化。

图 4.2 《如果国宝会说话》

3）创作过程互动化

随着技术的发展和创作手法的多元化,纪录类短视频的创作过程也趋于互动化。一方面,创作主体增多,创作视角更加贴近生活,贴近群众。如疫情期间的"战疫"纪录类短视频《武汉:我的战"疫"日记》(图 4.3),作品在内容层面向社会搜集抗疫素材,鼓励群众拍摄自己身边的真实抗疫故事;另一方面,纪录类短视频不断探寻新的叙事方式,满足观众的沉浸感与互动需求,例如在"两会"期间由"新华社客户端"推出的新闻纪录类短视频《她的故事,"触"处动人》(图 4.4),以沉浸式体验＋交互式传播的方式讲述了云南傈僳族人大代表李金莲的故事,用户可触发多个不同的剧情选项,解锁新的人物故事,让新闻从单线叙事升级到多重互动线索,赋予了用户自主选择故事发展方向的权利,增添了人物报道的趣味性和多样化呈现,达到了更好的传播效果。

图 4.3　《武汉:我的战"疫"日记》

图 4.4　《她的故事,"触"处动人》

4）创作主体草根化

纪录类短视频具有草根性的特性,创作主体呈现多元化。便携摄像机、微单、手机等摄录工具的普及和便捷使得小到一位网友,大到一个专业制作团队,都可以成为纪录片创作者,让随想随感、随看随拍成为可能。互联网视频平台、移动短视频平台提供了展示舞台和流量,为纪录类短视频创作者敞开了创作的大门,任何人的作品都可以被一视同仁地认可和接受,人人都能成为生活的导演。

5）创作取向商业化

纪录类短视频作为一种文化产品,需要实现其经济价值。除了采取常规的广告投放等盈利方式外,还追求更长线的商业延伸。当前打造纪录类短视频 IP,售卖周边产品成为比较流行的盈利方式,除此之外许多纪录类短视频采用定制内容模式,将商业化内容与纪录片创作融合起来,例如纪录类短视频《了不起的匠人》一方面展现中国传统手艺与匠人精神,另一方面与电商合作,采取"边看边买"的做法,引导受众在了解文化的同时产生购买行为,在传播手工艺文化的同时也在创新其商业模式,打造全新的商业变现方式。

2. 纪录类短视频与真人秀、Vlog 的异同

需要注意的是,纪录类短视频和当前比较火爆的"真人秀"、Vlog 等表达形式存在差别。为了准确理解纪录类短视频这个概念的内涵和外延,我们需要对这三者进行区分。

1) 纪录类短视频与真人秀

真人秀是一种电视节目类型,是由普通人(非扮演者)在规定的情境中按照指定的游戏规则,为了一个明确目的做出自己的行动,同时被记录下来,经过后期的艺术加工而做成的电视节目。[①]

真人秀与纪录片都是通过"传递真实"形成某种隐喻,从而向观众阐明创作者想要表达的内涵。两者的相似之处在于,都要真实客观地呈现人物日常生活中的性格、情感、心理状态;都采取纪实拍摄手段,将摄像机对拍摄对象的干扰程度降到最低,尽量展现给观众真实人物的真实表现;都要求以人物真实的状态和选择,来推动事件的发展。

真人秀与纪录片的差异在于,首先,真人秀是在规定的时空情境与规则中,根据导演的安排在特定的时间、地点,和特定的人一起生活,这种虚拟情境提供给观众的是"真实的假象"。而纪录片则要求事件实录,事件本身的时间、地点、人物都必须是真实的;其次,真人秀强调"秀",兼具戏剧性和游戏性,致力于在短时间内制造相对集中的矛盾点和戏剧冲突,而纪录片大多关注人物的情感命运、国家的历史文化,表现更深层次的主题;最后,真人秀满足观众对明星、公众人物的窥探欲和八卦心理,强调商业性和大众娱乐性,而纪录片注重文化性和严肃性,旨在引起人们的深度思考,思想价值较高。

2) 纪录类短视频和 Vlog

Vlog 全称为 video log 或 video blog,大多是创作者以自己为主角进行拍摄,经过剪辑、配乐以及添加适当的字幕,制作成具有个人特色的视频日记。

Vlog 和纪录类短视频在某些方面具有相同的界定标准,一般来说,Vlog 是否属于纪录类短视频主要从创作理念、表现形式以及是否遵照纪录片的特征来进行判断。例如某些Vlog 满足非虚构、不扮演、无假定的特点,只要该 Vlog 秉持真实性原则则属于纪录类短视频的范畴;否则如果单纯是个人摆拍或风格创造则不属于纪录类短视频的范畴。纪录类短视频、真人秀、Vlog 的异同如表 4.1 所示。

表 4.1　纪录类短视频、真人秀、Vlog 的异同

比较内容	纪录类短视频	真 人 秀	Vlog
节目时长	5~15 分钟	1~2 小时不等	1~20 分钟不等
创作主体	以 PGC 为主	以 PGC 为主	以 UGC 为主

---

① 　陶东风.大众文化教程[M].南宁:广西师范大学出版社,2008.

续表

比较内容	纪录类短视频	真　人　秀	Vlog
创作特性	真实性	真实性、戏剧性、游戏性	创意性、表演性、个性化
拍摄手法	纪实拍摄手法	纪实拍摄手法	纪实、创意、特效
节目内容	自然、社会现象和事件	被摄对象的规定任务或行为	个人生活经历和体验
功能取向	文化性、思想性、纪实性	娱乐性、商业性	娱乐性、商业性

3. 纪录类短视频的叙事手法

一般情况下,纪录类短视频与纪录片一样,由长镜头、同期声和人物解说这三种必不可少的要素构成,此外,还需要音乐、解说、人物采访等元素加以辅助。创作者可以根据题材和表现需求选择不同的叙事手法。一般情况下,画面＋解说、画面＋解说＋访谈是基本的构成形式。

当然,为了适应当前观众不断更新的需求,纪录类短视频创作者也在秉持真实性和纪实性原则的基础上,不断寻求新的创作路径和表达方式。当前,纪录类短视频的叙事手法有以下几种。

1) 直接宣导式

直接宣导式叙事,又称"格里尔逊式"模式,通常使用大量解说词介入,拍摄者直接进入画面做观众的向导。西方一些大型纪录片特别是政论片多采用这种模式。而在我国直接宣导式纪录片是一直以来的主流创作模式,如《中国微名片——餐桌上的节日》《了不起的匠人》等都采用了这种模式。

《了不起的匠人》呈现了匠人与众不同的生活方式,记录了不同地域、不同人物与环境、器物、自己之间的心灵对话故事,展现与当下快节奏生活方式截然相反的生活节奏和生活态度,同时传递中国的传统手艺与文化,例如皮影、香炉、唐卡、汉服,使得观众可以在忙碌躁动的城市生活中得到短暂的安愉和放松,也对中国古典匠人们精益求精、不慕名利的匠心有了更深刻的认识。纪录片由林志玲讲解,解说词语言凝练、沉稳且富有深刻的哲思,有利于引导观众快速沉浸到匠人生活的氛围下,深刻体会和感悟匠人精益求精、孜孜不倦、孤独地追求自己理想的人生态度。但在本质上,对"匠人精神"的宣扬还是意图唤起一场文化觉醒,使人们意识到,匠人的技艺是行业内稀缺的瑰宝,是社会上无法衡量的文化资产,而匠人文化更是植根于中国传统精神中,值得加以继承和发扬。

直接宣导式叙事的优点是观点鲜明、节省时间、信息指向明确,能够提高观众理解效率,是纪录片的主流手法。但这种手法也存在过多解说"压倒"画面、缩小观众想象空间等缺点。所以在当代纪录类短视频实践中,创作者也在不断尝试采用多种处理手段,弱化这一缺点。

2) "直接电影"式

"直接电影"式叙事手法要求摄影机是旁观者,不干涉、不影响事件的过程,只作静观默察式的记录;这种创作理念排斥一切可能破坏内容原生态的介入,使观众难以感受到拍摄痕迹,营造了"旁观"的氛围感。其优点是内容真实,缺点是内容冗长,信息量稀疏,且往往受到内容和题材的限制。"直接电影"式叙事手法的代表作是 2010 年出品的法国纪录片《阳光宝贝》(图 4.5),以社会学抽样调查的方式,追随四个分别出生在蒙古、日本、纳米比亚和美国的孩子,使用低视角忠实纪录四个婴儿从出生到一周岁的成长过程,展示了世界各地不同文化背景下孩子的成长环境和教育理念的差别,带给观众对生命与自然、文明之间关系的思考。

3)"真实电影"式

"真实电影"式叙事手法强调创作者可以介入、参与拍摄过程,并促成事件、引发矛盾。它强调创作者应当主动挖掘隐蔽的事件状况和人物情绪,多采用访谈来表现人物内心世界。这种创作手法的优点是便于矛盾展开,创造丰富的情节。

缺点是观众容易因人为操作痕迹过重而产生抵触心理。"真实电影"叙事的代表作品是美国纪录电影《夏日纪事》,为了给观众一种导演绝非旁观者的印象,导演鲁什在片中插入了他自己对片中人物进行访谈,甚至争论的场面,使得片子情节更加具有戏剧性。

很多纪录短视频也采用了真实电影的创作手法,比如《勇往直前——考试之旅》(图 4.6),讲述了一个山东独腿女孩走出乡村勇敢追寻自己的梦想,来到大城市考教师资格证并找工作的故事。在主人公讲述自己车祸经历和对农村生活不甘的同时,创作者也在一些关键节点穿插了母亲的采访,表现了母女之间关于未来选择以及思想观念上的矛盾冲突,不仅呈现出冲突感和戏剧性,而且推动了接下来的事件发展,女孩依然没有放弃自己的梦想,继续在自己的人生道路上努力拼搏。

图 4.5 《阳光宝贝》海报

图 4.6 《勇往直前——考试之旅》截图

4)"口述电影"式创作

"口述电影"式叙事手法强调纪录片内容仅以访谈构成,要求事件的见证人或参与者直接站在摄像机前,讲述自身的经历。他们时而做发人深省的揭露,时而做片言只语的佐证。访谈过程没有多余的旁白、花哨的闪回,几乎不进行镜头切换。这种手法的优点是能够通过亲历者或见证者的采访保留历史;缺点是长篇采访的表达形式比较单调,且被访者的言论也可能带有主观色彩。例如在纪录片《三节草》(图 4.7)中,主人公肖淑明直接站在摄像机前讲述自己的传奇一生,以口述的形式呈现了主人公的思想。

又如由北京市政府新闻办和光明日报社、光明网共同制作的纪录类短视频《40 年回眸,我们和北京一起绽放》,采访了来自 22 个国家的 40 位外国人,他们结合自己在北京的生活和工作经历,讲述了他们感受到的北京的巨大变迁,包括城市风貌、经济、文化、生活等方面,以及他们亲身经历的小故事等,表现了北京改革开放 40 年来的风雨变革。很多外国人表示自己已经成为北京的一员。这种"口述电影"的表现模式增强了作品的真实性,也为观众带来更丰富多元的感受(图 4.8)。

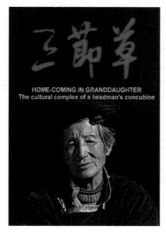

图 4.7　《三节草》

图 4.8　《40 年回眸,我们和北京一起绽放》

5)"情景再现"式创作

"情景再现"式创作以"搬演"的形式来复原再现已经发生过的历史或者事实,即对某些典型场景进行再创造。目的是更形象地表现真实的历史文化事件,营造事件发生的氛围,使观众更加直观地体会历史人物的内心世界。"搬演"是一种还原手段,其场景也一般是对纪录片表现情境的复原,经常会使用人物虚化、只展现局部等手法来制造一种离间效果,不允许夸张的演绎。情景再现式创作在文史类纪录片中得到了大量使用,如纪录片《河西走廊》中,摄制组大量"制造"了张骞出使西域、汉武帝与西域各国使者往来、在朝堂上会面的场景,以重现当时的场面,便于观众理解,并加强作品的可观赏性和艺术表现力。再如在纪录片《古代战场》当中,20 集的纪录片选取了从公元前 200 年开始中国历史上非常具有代表性的战争,从战争发生的背景和人物故事本身入手,还原真实的战争过程。如陈胜吴广起义、八王之乱、岳飞抗金等战役。在情景再现当中也加入了专家采访和实地拍摄,打造很强的真实感,让观众更加直观感受到古代战场的瞬息万变以及战争的壮观场面,具有很强的视觉冲击力(图 4.9)。

图 4.9　《古代战场》

◆ 4.2 纪录类短视频的主流类型

美国学者尼葛洛庞蒂在《数字化生存》中提到，后信息时代的根本特征就是真正的个人化，受众的需要可以获得最大程度的满足，新媒体可以实现近乎"一对一"的传播。[①] 纪录类短视频深谙这一逻辑，在分众化题材、小切口的内容上持续深耕，抓住受众眼球的同时将核心内容和想要传递的思想表达出来，创作出了一批精品。同时，"内容为王"是传媒产业的核心竞争力，一部代表性作品的爆火可以带动一个内容领域不断涌入创作者，不断有新作品产出，不断获得曝光度，从而形成垂直领域内的聚集效应。我国纪录类短视频产业正是在分众化内容的挖掘和深耕中不断发展壮大。

国内纪录类短视频可以划分为历史文化类、社会发展类、现实生活类、自然地理类等几种类型。[②] 其中具有代表性的主流类型是美食、文博、社会纪实、自然环保等几类。

4.2.1 美食类纪录短视频

1. 美食类纪录短视频概况

美食类纪录短视频是当前最热门的短视频门类之一，其往往通过对地方美食食材、制作过程的刻画，来讲述人生故事，描述地方风情，展示时代风貌。由于其题材和立意贴近观众生活，老少咸宜，美食类纪录短视频获得了不同阶层、不同群体受众的青睐。

例如"海峡卫视"联合"腾讯视频"出品的系列纪录类短视频《早餐中国》，探访祖国大江南北早餐美食，不仅向观众展示了许多不为大众所熟知的早餐餐点，"饿坏一众吃货"，还通过美食展示个体的人生故事，触动观众心灵。如《早餐中国》第二季第 3 集《内蒙古赤峰对夹》讲述了内蒙古赤峰市的徐广、孙丽艳夫妻二人经营"广利对夹店"的故事（图 4.10）。"对夹"是内蒙古的特产，以酥饼夹熏肉的方式制成。作品中首先展示了赤峰普通市民对"对夹"这种不为大众所熟悉的食物的描述，勾起观众好奇心。其次，逐步展示对夹的做法、吃法，以及夫妻二人访谈内容，道出了"广利对夹"的店名取自儿子徐广利，由此将话题引向家庭生活和

图 4.10 《早餐中国》

---

① 尼葛洛庞蒂.数字化生存[M].北京：电子工业出版社,2017.

② 焦道利.媒介融合背景下微纪录片的生存与发展[J].现代传播(中国传媒大学学报),2015,37(07)：107-111.

亲子关系。最后通过"画面＋访谈＋解说"的方式,展示夫妻二人起早贪黑地劳作,攒下了一点家业,但也因为忙工作疏于陪伴儿子成长而内疚的心路历程。访谈中徐广说:"事业、家庭、如何去平衡,我没有头绪。只希望儿子能够踩着我的肩膀再往上。"这在中国许多家庭时刻发生的故事,透露出一对平凡夫妻努力耕耘,期望勤有所得的朴素心愿,也牵动了屏幕前的观众。片尾怀旧的音乐配着旧照片,闪回着老两口一路打拼的历程,将这种情绪传达得更为浓烈。

2. 美食类纪录短视频的内容特征

1)单一主题小切口

美食类纪录短视频往往以小切口引入大故事,以食物这种"低语境"内容展示复杂的人生经历和社会现状。而纪录类短视频 5～15 分钟短小时长、单位时间低信息密度的特性,恰好适宜美食类题材,能以较短时间完整地呈现单一主题,内容聚焦且不会显得局促,在短时间内击中观众的心,引起情感共振。除了早餐之外,还有针对火锅、夜宵、节日美食的美食类纪录短视频《人生如沸》《佳节》《宵夜江湖》等。这些丰富多元的题材拓宽了美食类纪录片的边界,呈现了更接地气的内容。

2)创作视角平民化

美食类纪录短视频往往记录百姓日常生活,创作视角较为平民化。民间的、底层的、个人的、俗世的、日常的一些小事情,或者是大叙事当中的一个剖面经常成为创作者关注的重点,"故事化"叙事成为重要手法。例如 B 站出品的美食类纪录短视频《人生一串》(图 4.11),瞄准市井街头的烧烤摊,聚焦系着围裙、腼胸叠肚、满嘴方言的厨师和食客,展现了市井百态与平民气质,得到了年轻用户的青睐。

图 4.11 《人生一串》

3)视听语言年轻化

美食类纪录短视频创作者乐于用更为年轻化的视听语言贴近青年观众,抛却了传统纪录片悠长而缓慢的叙事节奏,采用明快的剪辑节奏和多种镜头运动方式,并使用后期动画、花式字幕来补充内容信息,甚至一些网络词汇、表情包都被融入其中以增添趣味性。

例如纪录类短视频《早餐中国》在剪辑、特效等方面都呈现出一种综艺化倾向,多次使用剪辑来制造搞笑的效果,还大量加入"嗦到昏厥才够味""骄傲脸""小姐姐"和"神仙烧麦"等网络词语,营造了调皮欢乐的风格。

4.2.2 文博类纪录短视频

1. 文博类纪录短视频的概况

文物自诞生起便凝聚着时代思想文化精髓,文博类纪录短视频往往记录、描述文物或传统手艺,借以展示我国古代优秀的文化艺术、工艺制造水平,同时也将手艺人的精神信仰、中华民族的文化记忆融入其中,达到记述历史事迹,弘扬传统文化的目的。

近些年来,文博类纪录短视频涉及的主题逐渐增多,创作形式也更加多元化。因此深受广大观众的喜爱。尤其是用几分钟讲述一段文物或一段历史,让观众在短短几分钟的视频当中领略文化传承的魅力。如《故宫100》每集用6分钟讲述故宫的一处空间,作品逐渐展现故宫全貌,通过100座传世建筑奏响动人史诗;由腾讯出品的《此画怎讲》选材于14幅中国美术史上巅峰地位的知名人物画,以"画中人"的口吻,为观众普及名画鉴赏知识;共200集的《博物馆里的中国通史》由"博物馆实景拍摄+动画形式+猫馆长趣味IP"共同组成,通过几十家博物馆的数千件文物,讲述了从史前到明清的历史;这类纪录类短视频以新媒体时代立体、有趣的新形式展现了文物,宣扬了中国几千年独有的优秀文化,融创新与传统为一体。

2. 文博类纪录短视频内容特征

1) 传播中华"文化符号"

文化学者冯骥才认为,"文化符号作为一个国家或地区文化资源的凝结式标示,是经过时间洗涤之后沉淀下来的物质文化和精神文化的精华,是某种意义和理念的载体"。[①] 文化学者王一川则明确指出"文化符号是能代表特定文化形态及其显豁特征的一系列凝练、突出而具高度影响力的象征形式系统。"[②]"文化符号"是民族文化的重要载体,而文物正是"文化符号"的重要载体,文物既是媒介也是思想,本身就承担着文化传播的功能。文博类纪录短视频使文物的文化、历史价值得以淋漓尽致地展示,润物细无声地传承了中华民族的优秀文化。

例如,《我在故宫修文物》关注故宫文物修复师的日常工作。第1集《青铜器、宫廷钟表和陶瓷的修复》,讲述了文物修复师王津修复"铜镀金乡村音乐水法钟"的过程。这座钟表的原主人是清乾隆帝,钟身上携带着当时世界上最复杂的机械传动系统和最华丽繁复的铜镀金技术,代表了最先进的机械制造和工艺水平。王津经过重重困难,终于使这座数百年前的钟表发出了悦耳的声音,艰难的修复工作也从侧面表现了我国古代器艺制造水平的高超,以及对中华"文化符号"的敬畏与传承。

2) 以个体视角述说历史

许多文博类纪录短视频创作者会选择根据史实来创作故事,演绎文物"活起来"的奇遇,给予观众更为真切的情感共鸣。这种以个体视角来讲述历史的方式,融合了丰富而细腻的个人体验,使得历史更加有质感、有人情味。

---

① 冯骥才.文化符号与文化软实力[J].开封大学学报,2012(03):12.
② 王一川,张洪忠,林玮.我国大学生中外文化符号观调查[J].当代文坛,2010(06):4-20.

例如《如果国宝会说话》之《唐俑仕女俑——胖妹的春天》(图 4.12)一集中,唐仕女俑就化身为"真人",讲述自己从少年垂髫、到青春芳华、再到初为人母的半生历程。仕女介绍了自己的穿搭、发型、妆容,还讲述了从初唐、盛唐到晚唐女性体型审美的变化,解释"以胖为美"的审美直到中唐才风靡起来。虽然这部纪录类短视频镜头简单,拍摄成本并不高,但却借仕女俑之口说出"那时自信,那时自在,那时以想胖就胖的自信为美"的主题,向观众传递出盛唐时期一个普通的小女孩都能拥有的,那份精神上、文化上的自由和自信,从而从侧面展现出大唐的强大、鼎盛,烘托了主题。

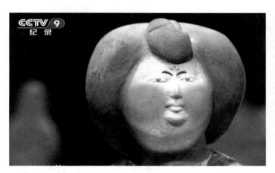

图 4.12　《唐俑仕女俑——胖妹的春天》截图

3) 深耕"历史边角料"

文博类纪录短视频由于其篇幅限制,不能展示过于宏大的题材和具有深度的内容。所以许多创作者将历史的"边角料"、小故事以纪录类短视频形式呈现出来,引起观众对历史内容深入探索的兴趣。

例如 B 站出品的纪录类短视频《历史那些事儿》,第一集《在下东坡,一个吃货》讲述了苏东坡被贬黄州期间,醉心厨艺钻研"东坡鱼""东坡肉"的事迹。第二集《我在我家偷文物》,讲述清代最后一位皇帝溥仪将故宫里的古玩偷出去卖给琉璃厂商人的故事等。解说词也常采用一些网络词汇,以一种亦庄亦谐的口吻讲述历史,引发网友通过弹幕热烈互动。

4.2.3　社会纪实类短视频

1. 社会纪实类短视频概况

由于纪录类短视频的纪实特性,加之主题单一、互动性强的优势,非常契合社会现实题材内容呈现。社会纪实类短视频通常表现社会现象,关注当代青年的生活状态、人生选择,具备社会性、时代性的议题是其关注的焦点。

例如"央视网"出品的社会观察类节目《青春大概》,集中展现当代年轻人在择业、生活、情感方面面临的多样选择与可能性。第 1 集《生活暴击》中,青年丁伟的父亲入狱,家里生意破产,让他从一个有父母照拂的青年人变成了家里的顶梁柱。家庭的变故让他备受压力。片子通过快节奏的剪辑、摇晃不定的镜头制造了一种迷茫困顿的氛围,片中穿插具有抽象感的漫画,寓意人物处境和内心纠结的心理,使用强节奏富有动感的音乐,使得它更加符合年轻人审美趣味。

2. 社会纪实类短视频的内容特征

1）关注青年困惑与心声

社会纪实类短视频常将镜头对准年轻人，关注年轻人内心的迷茫和人生抉择。同时也向其他年龄段的人展示、解释不同地区、不同阶层年轻人的生活态度，既给予年轻人一个表达自己的"出口"，也给了父母长辈了解他们的"出口"。

B站知名纪录类短视频栏目《北京青年 x 凉子访谈录》（图 4.13），就将访谈镜头对准了当下青年人。栏目设置"爱是什么""家的印痕""学无止境""少年的你""加油，职场人"等几个板块，采取"口述历史"式叙事，虽然镜头比较单一，但镜头只聚焦于讲述人的上半身，丰富地展现出了讲述人的神情、声音、动作等，让观众感受到了他们激烈变化的内心世界，传递了丰富而汹涌的情感，让人觉得不那么单调。该栏目在 B 站播放量最高的一期是《异地恋第七年，他把我给删了，说：我要重新追你……》，讲述了一对情侣小刘和小赵从高中相恋，坚持异地恋到读研、工作的全过程，展示二人如何处理工作与感情的分歧，如何坚持感情以及面对异地恋的困难，让弹幕网友直呼"神仙情侣"。

图 4.13　《北京青年 x 凉子访谈录》

2）记录重大社会议题和事件

纪录类短视频体量小、诉求单一、制作和传播手段灵活，更加适应节奏快、碎片化的传播特点。加之其纪实性特征，可以较好地利用在突发事件和社会热点问题纪录上。政府机关、各级电视台常使用纪录类短视频记录社会经济领域的变革和成就，或为突发事件存留资料。

2020 年年初，中央、地方各级电视台、视频网站等专业机构，将镜头对准"抗疫"一线，创作了许多关于疫情的纪录片和纪录类短视频作品，如《人间世：抗疫特别版》《中国医生战疫版》《在武汉》等。

其中的代表性作品《武汉：我的战"疫"日记》（图 4.14），通过医护人员、普通市民、外地援助者等不同侧面的疫情亲历者视角，采用 Vlog 式第一人称视角讲述抗击疫情过程中的温暖故事，凝聚起了正能量。

3）展现社会文化

社会纪实类短视频颠覆了传统纪录片宏大的叙事框架，采取了一种小切口的微观视角，通过深入百姓生活，观照社会现实，使纪录类作品真正走向大众化和平民化。如"浙江日报"和"浙江在线"的《了不起的乡村》、"央视纪录频道"的《在影像里重逢》等、"北京电视台纪实频道"的《我们的传承》等，对中国百姓生活、社会文化、典型人物以及中国社会发展日新月异

图 4.14　《武汉：我的战"疫"日记》

的变化进行了全面、丰富、深度的展现。

　　B 站高分纪录类短视频《但是，还有书籍》(图 4.15)以书籍为题材，意图在阅读多样化、碎片化的当下，记录这个时代形形色色的爱书之人，如编辑、翻译家、装帧师、图书管理员、绘本作者、旧书收藏家等。通过一个个有趣且有温度的人物故事，捕捉与书有关的精彩故事，点燃观众对于书籍的热爱。

图 4.15　《但是，还有书籍》

　　例如，作品的第一集介绍了豆瓣秃顶会会长朱岳，他既是一名充满奇思妙想的小说家，又是一位尽职尽责的编辑，从校对到挖掘优秀作品，他的工作烦琐复杂，却意义非凡，让观众观看后产生对书籍和文化的反省与重新认识。还有一集介绍了一位地铁上的读书人朱利伟，作为一名普通的图书编辑，朱利伟是一个手不释卷的爱书人，无论何时她都会在包里装一本书，利用零碎时间进行阅读。她每天通勤一个多小时，挤在嘈杂的地铁上，一年内读完几十本书。此外，她也开始找寻和自己有相同爱好的人，例如地铁上正在备考的人，看英文小说的人等。这些故事以独特的视角记录了爱书之人丰饶有趣的精神世界，在互联网碎片化阅读时代重新激发了很多人对于书籍的热爱(图 4.16)。

4.2.4　自然环保类纪录短视频

1. 自然环保类纪录短视频概况

　　自然环保类题材的纪录片内容体量较大。这类纪录类短视频常以较小的篇幅描述一个物种的生存状况，一处自然景观的地理和人文价值等，较高的摄影水平和清晰的画质往往是

图 4.16 《但是，还有书籍》地铁读书人

必须要求。

　　例如纪录类短视频《秘境之眼》，取材自我国上万个保护地布设的红外相机和远程摄像头，该片每天播出一期，每期 1 分 40 秒，用一个动物故事，鲜活呈现绿水青山中的动物面孔，展现生态文明的成就，呈现原生态的珍稀动物生存状况。

　　2. 自然环保类纪录短视频叙事特征

　　1）展示原生态自然环境和生物

　　自然环保类纪录短视频以展示原生态的自然环境、动物、植物为主。为了准确描绘这些生物的生存状况，需要多样化的摄影工具和高超的摄影技巧。

　　纪录片《影响世界的中国植物》是近些年来自然环保类纪录片的口碑之作，出品于 2019年（图 4.17）。中国的植物种类有 3 万多种，位居世界第三。导演李成才选取 21 科 28 种代表性的中国植物进行展示。该片以大气的题材、海量的知识、精湛的摄影和新颖的辞藻被网友所追捧。

图 4.17 《影响世界的中国植物》

　　2）结合地方文旅宣传

　　纪录类短视频边界不断拓展，在纪实之余承担了一些宣传功能。自然环保类纪录短视频常与地方旅游资源宣传相结合，并借助"网红"流量提升热度。

　　2020 年年末，四川理塘藏族小伙丁真因一名摄影师发布的一则短视频爆红，随后成为理塘县旅游大使。2021 年 7 月，"人民日报人民文旅"出品的文旅环保系列纪录短片《丁真的自然笔记》上线（图 4.18）。该片每集约 15 分钟，以"自然笔记"形式记录了丁真在理塘的成长,展示丁真与当地人的"一期一会"过程,还原了理塘、德格、林芝等藏区的自然风貌,带领观众领略独特的藏族文化。这种"网红"IP 与当地丰富的旅游资源的联动,使得自然环保类纪录短视频延伸了原有边界,承担了文旅宣传任务,促进了当地旅游经济发展。

图 4.18　《丁真的自然笔记》

4.2.5　历史人文类纪录短视频

1. 历史人文类纪录短视频概况

中华民族五千年历史与沉淀,不仅呈现在书籍中,短视频也在通过不同的方式呈现不同主题下的历史与文化。历史人文类纪录短视频从历史、民族、文化角度出发,对历史古迹、宗教信仰、地理风貌等进行历史性的回顾和反思。近些年来,随着国人文化自信的增强,历史人文类纪录短视频所涉及的领域也不断扩大,其蕴含的文化符号和深刻内涵也被不断以新的形式表达。

例如纪录类短视频《河西走廊(2022)》以时间为线索展现了从汉代到现代的河西走廊和中国西部的历史,呈现出民族精神和文化传承的力量;2015 年播出的《记住乡愁》讲述中国乡土故事及情怀,探寻传统文化的基因。每集都用一个感人的故事表达浓郁的乡愁,让观看者能够迅速代入并产生思乡的情感。同时,每集都蕴含一种中华传统美德,这种能够贯穿古今的美德将传统与现代连接,展现了历史人文类纪录短视频古今沟通的巧妙作用。

2. 历史人文类纪录短视频特征

1) 运用特效,生动呈现历史

历史人文纪录类短视频由于要展现过去的人物和事件,所以经常采用情景再现的模式将当时的场景和细节鲜活地呈现出来,其表现手法上也会采用一些模拟与合成技术来完成。这种手段既弥补了历史无法呈现的遗憾,也让受众感到新鲜有趣,有代入感。

例如纪录类短视频《大明宫》(图 4.19),以大唐帝国的权力中枢大明宫为主线,讲述跨越三百年的历史故事。作品通过庞大宫殿群的建造、辉煌到毁弃全过程的特效呈现,讲述唐朝初期的雄健壮丽、盛唐时期的鼎盛奢华以及晚唐时候的衰败落没,展现了中华民族历史长河中最令人感叹的唐朝兴衰,留给国人无尽的想象。

2) 扎根史实,内容主题深刻

历史人文类纪录短视频的主题一般与国家历史、民族情怀息息相关,因此经常以具有历史代表性事件为选题，以一个故事或一张照片讲述一个时代的故事，从而唤醒观众的民族记忆。例如"新华社"出品的微纪录片《国家相册》(图 4.20)，用中国照片档案馆中珍藏的 1000多万张照片讲述中国百年历史和时代变迁，彰显了伟大的民族精神、深厚的人文情怀以及高尚的人物品格，旨在建构国人的集体记忆，发挥强大的精神感召力，增强公众的国家认同感。

图 4.19　《大明宫》

图 4.20　《国家相册》

◆ 4.3　纪录类短视频的制作流程

4.3.1　微电影和纪录类短视频创作

纪录类短视频的制作流程与纪录片大同小异，始终贯穿着真实性和纪实性原则。为了准确理解纪录类短视频的创作宗旨，在这里我们要将纪录类短视频创作与微电影创作过程进行区别。

首先，微电影以剧本为核心，其情节可以根据真实故事改编，也可以虚构情节和人物，允许演员扮演；而纪录片则以真实性和纪实性为原则，不允许虚构、演绎和摆布。其次，微电影的故事情节和剪辑思路是前期确定的，依据剧本制作分镜头脚本来进行拍摄与制作。而纪录片不需要事先写好剧本，通常在整理已拍摄素材的基础上，挑选内容，形成编辑思路。最后，微电影没有事先调研采访环节、不需要撰写解说词。而纪录片要先采访再构思，根据拍摄素材撰写解说词。

4.3.2　纪录类短视频制作

严格的流程控制是创作精品纪录片的必备要素。纪录类短视频体量虽小,但也要保证五脏俱全,严谨而细致的工作照样能打造"小而美"的精品。纪录类短视频的创作流程可以分为前期阶段(图 4.21)和后期阶段(图 4.22)两部分。

图 4.21　纪录类短视频的前期制作流程

1. 前期阶段

前期阶段涉及了为获取原始的图像素材和声音素材所进行的一系列工作,又称为前期拍摄。前期阶段一般包括选题、采访、构思、提纲编写、制订拍摄计划等几个步骤。导演陈晓卿曾说,前期阶段的准备工作如果做到尽善尽美,就可以规避 80% 的后续问题,实现"流程的胜利"。

1)选题

正确的选题是成功的一半。一个好的选题不仅要体现出创意、文化内涵,更要彰显符合时代精神的价值观。创作者可以选择自己了解的领域,总之一定要对题材有足够准备。

2)采访

在选定题材后,纪录片前期工作的一项重要任务就是调研采访。纪录片要先采访,了解真实事件或者人物经历,搞清事件的来龙去脉以及与周围环境的关系,获得丰富的感性认识,才能明晰地构思作品内容和结构,并逐步发掘主题和寻找立意。采访过程要录音,以保证不遗失重要内容,然后再进行构思,编写提纲。

3)构思

采访之后的构思阶段,就是根据前期调研采访所得,先在脑海中对作品进行规划,为未来的作品勾画出一个大致的轮廓。其中包括如何突出作品的主题和立意,应该怎样安排内容的详略,大致形成的风格等。只有心中有章法,才能保证下一步的提纲编写有内容、不空洞。

4)提纲编写

在充分调研的基础上,下一步便是进行拍摄提纲的编写。提纲是指纪录片作品要表现的大致内容、拍摄场景、采访相关人物的问题、镜头处理方式和剪辑手段等。提纲应该用尽可能简洁的文字描述清楚整个故事的结构内容。

5)制订拍摄计划

拍摄计划的制订是非常重要的,合理的计划可以节省大量的人力、物力、财力。拍摄计划主要包括拍摄实施的时间段、每日进度、被摄者的时间预约等事务性工作。拍摄计划最重要的就是可执行性,需要提前考虑到所有环节,联系到所有该联系的人,说清楚该交代的所有情况,尽可能打通所有关节确保拍摄可以完成。当然也要有足够的宽容度,准备替代方案。

6)实际拍摄

纪录片拍摄过程是最重要的部分,大部分画面和声音素材都来自这个阶段。拍摄内容一般包括拍摄纪实内容和访谈内容两部分。纪实内容拍摄时按照拍摄提纲,收集到足够的镜头和素材。访谈内容拍摄时尽量给被访者营造一个朋友交流的状态,采取开放式聊天,使被拍摄者能忘记摄像机的存在。访谈既要挖掘故事,也要挖掘情感。

在拍摄过程中,要获取具有感染力的画面,就要让被摄对象在镜头前展露最真实的一面,将对创作人员、摄影机以及对自己的表演卸下来。导演王胜志曾分享过,《早餐中国》摄制组为了拍5分钟的视频,会在店家店里待上好几天。最初去时老板非常警惕,正襟危坐,接受采访时说出来的话像《新闻联播》一样,随着摄制组越呆时间越长,主动给店里帮忙,照顾生意,拉近和老板之间的关系,老板才逐渐放松了警惕,这样才获得了真实而富有感染力的拍摄素材。可见在纪录片拍摄过程中,能不能把被摄者表演背后最真实的一面拍出来,是最难能可贵的。

2. 后期阶段

纪录类短视频后期创作阶段的工作涉及对拍摄素材的重新编排、解说词撰写、配音、剪辑、包装等(图 4.22)。为了弱化策划和剧本的作用,保持真实性和纪实性,纪录片在后期编辑时再组织和确定结构,而不像微电影结构是写剧本时就定好的。后期阶段的系列工作,使拍摄得来的素材成为一个完整的节目形态。

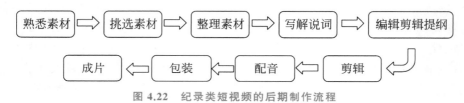

图 4.22　纪录类短视频的后期制作流程

1)熟悉、挑选、整理素材

后期阶段的第一步是熟悉素材、挑选素材、整理素材,对拍摄素材进行了解、鉴别和选择。在这个过程中,需要进行一些简单的画面编排,初步构造一个完整的纪录片意象系统。然后思考现有素材是否足够支撑,如果不能,是否需要补拍。

2)写解说词

解说词是构成纪录片内容的重要部分,好的解说词能起到画龙点睛的效果,甚至感染力会大于画面。但如果解说词过于平庸,则会使整体内容失之泛泛。解说词一般需要等到对素材进行初步整理之后再撰写。如果先写了解说词,随着采访和拍摄的深入会有新的发现,内容结构和思路可能发生变化,解说词就不足以支撑。先写解说词还会导致掺入创作者主观意愿,先入为主地引导按照解说词流程走,导致摆拍。

3)编辑剪辑提纲

编辑提纲是剪辑的基本依据,根据提纲的内容和拍摄素材的情况进行创作。剪辑提纲要对内容结构、每部分内容的大致时间有较精确的设计和表述,使纪录片结构完整匀称,各部分内容比例得当,故事思路清晰、结构合理。同时保证选用最好的镜头和恰当的时长,使得影片时间精确无误。有了剪辑提纲后,将所摄原始素材据此进行剪辑即可。

4)剪辑、配音、包装、成片

剪辑、配音、包装、成片是纪录片创作的最后部分。配音和混录虽然一般由专门人员来做,但创作者绝不是旁观者,而是要向后期人员阐述创作意图,提出创作要求。随后进行字幕、片头片尾的制作即可。值得一提的是,纪录片的配乐、配音甚至一些转场特效、字幕包装越来越成为构成纪录片风格的重要部分,也越来越为年轻观众所重视。有经验的制作团队会在配音、配乐和纪录片包装上下大功夫去雕琢,所以在创作过程中这部分也不可草草了之。

◆ 4.4　纪录类短视频生产经营现状及问题

纪录类短视频的制作、流通、销售产业链在实践中突破了原有模式,形成了多种产业主体分工明确、协作互补的格局。我们可以通过制作模式、盈利模式等方面来简单了解当前纪录类短视频产业的生产经营状况,并对当前纪录类短视频生产经营中存在的问题进行简单的梳理。

4.4.1　制作模式

为适应观众收看方式的变化,传统纪录片制播机构逐渐重视与新媒体合作,纪录片生产模式也更为多元化。通常情况下,购买版权、独立生产制作、制播合作是目前纪录类短视频制作的三大模式。

1. 购买版权

购买版权指传播主体向生产制作方直接购买素材或作品。直接购买版权可以带来稳定数量的作品,也容易造成内容的同质化。由于精品纪录类短视频生产周期长,制作门槛高等原因,购买版权是目前互联网视频网站比较常用的经营模式。

2. 独立生产制作

纪录片生产制作机构,首先是主流媒体如中央电视台、新华社等,一般通过组建独立团队或部门协同的方式进行创作,其次是各级党政机关,因政务宣传需要而制作各种类型的纪录类短视频,还有国内几大主流视频网站也有独立制作的能力,如前文提到的搜狐的《大视野》、优酷的《侣行》等。独立生产制作纪录片对制片机构要求很高,但版权完全归属于制片方。

3. 制播合作

制作与传播主体之间进行合作,是大型纪录片制作的首选模式,可有效整合大量资源,既可保证出片质量,又能较为高效地将成品投入市场。多方纪录片机构进行合作,各取所需,各显所长,有效降低了纪录片创作成本,实现资源和利益的最大化。未来视频网站和电视台合作会进一步加深,共同投资制作纪录类短视频、共同选题、委托第三方制作等多种合作模式将被探索,媒介融合背景下台网联动效应将得到进一步发挥。

4.4.2　盈利模式

纪录类短视频内容体量虽然逐年扩大,但其品牌影响力、粉丝黏性远不如电影、电视剧、综艺等其他视听产品,更需要以富有创意、针对性的营销手段,弥补纪录片内容天生"曲高和寡"的特点。当前,视频平台与内容制作方合作日益密切,形成了强大运营和品牌包装能力,也促进了纪录片产业盈利模式多元化发展。

1. 广告销售及版权售卖

广告销售和版权售卖是纪录片主要盈利渠道。广告收入在纪录片盈利中占比一般超过50%。通常纪录类短视频广告招商会选择与自身内容调性相贴合的品牌厂商,使用片头、片尾鸣谢、场景中商品播放、视频角贴、户外展示等形式投放广告,也存在情节相关的商品植入。例如腾讯视频纪录片运营中心每年都会召开品牌招商会,将一年度的纪录片内容资源广告位进行出售,寻求调性相合的品牌商。

2. 商业定制

商业定制纪录片是由广告主提供资金与制作思路,委托视频网站或纪录片公司进行生产,并在互联网上进行传播的纪录片形式。虽然强硬的广告植入会引起观众反感,但只要能做出有品位、有质量、三观正的广告纪录片,观众也是非常愿意接受的。商业定制纪录片最成功的案例是《语路》(图 4.23),该片由 12 部长约 8 分钟的短纪录片组成,记录了当代中国具有代表性的 12 位人物,由他们讲述曾经遇到的困难以及走出困境的心理过程。[1] 由于该片将商业合作方尊尼获加巧妙地融入其中,《语路》获得一片喝彩。

图 4.23　《语路》

3. 打造 IP 产业链

纪录类短视频的盈利不仅停留在作品本身,更要追求长线商业延伸。打造纪录片品牌IP,延长盈利产业链是行之有效的方式,在这方面作出卓越探索的是腾讯视频,其《风味人间》系列纪录片播出时,站内同步推出了《风味原产地》系列小短片(图 4.24),探寻食材原产地,同时开通食材售卖渠道。还在春节期间推出《风味年夜饭》特别节目,以内容矩阵打造

---

① 　杨莲洁.贾樟柯谈纪录片《语路》:我在广告里植入电影.北京晨报,2011-03-23 日.

"风味 IP",实践多元营销方式。其余纪录片例如《袁游》的线上淘宝店铺"袁圈儿",出售纪录片同款工服和手串;《了不起的匠人》开通渠道让观众"边买边看";《侣行》在线下高校进行演讲并有同名图书发行。这些多样化的运营手法不仅延续了纪录类短视频内容热度,还培养起了一批忠实粉丝。

图 4.24 《风味原产地》

4.4.3 挑战与危机

1. 内容扎堆、同质化严重

近些年来,我国纪录片市场规模虽然大幅度增长,但在纪录片类型和内容上依然相对单一,扎堆模仿效应加重。例如《舌尖上的中国》《我在故宫修文物》等,以其以独特的题材和精良的制作引起巨大反响,后又引发"跟风",大量同类型作品引起观众审美疲劳。所谓的"深耕"也并没有达到文化挖掘的效果,反而流于感官化、浅表化,网红化。

2. 创作门槛低、质量参差不齐

短视频平台的爆发式增长使纪录类短视频创作门槛降低,大批 UGC 创作者的涌入,使得海量内容被生产出来。但从整体来看,纪录类短视频质量水平还是参差不齐。UGC 创作者以自己独特的个人经历和丰富体验创作出了丰富的作品,不乏有诚意之作,但大部分都因质量不过关或缺少平台的流量扶持而被淹没在内容之海。

3. 迎合市场、品味难保证

纪录类短视频以互联网为渠道,拓宽自身发展空间之时,也迎合互联网媒体的受众需求、传播规律改变着自身创作理念、内容形态。北京师范大学艺术与传媒学院副教授樊启鹏认为:"当前纪录片行业的发展,困难并不只存在于单纯的拍摄技术和拍摄技巧上,更多涉及的是纪录片这个核心概念如何发生变化,这其中涉及了很多价值观的表达。"[1]当前越来越多的特效动画、综艺化剪辑、故事化叙事,在增添戏剧效果之余是否喧宾夺主,影响纪录片的真实性、纪实性? 在注重视觉快感的浅层化纪录片创作倾向中,如何更多展现文化、思想上的深层次探索? 当创作者一味为满足观众的需求而调整内容的时候,是否会存在过度迎

---

① 于洋.既接地气,也很洋气.光明网[N].2019.11.

合市场的情况？这都是在纪录类短视频发展过程中值得思考的问题。

4. 缺乏观看率、盈利能力弱

纪录类短视频的盈利模式相较于传统媒体时代，已经更为多元化，收入渠道拓宽了。但仍是以定制市场、委托制作市场为主，通过版权和播映权交易、观众付费观看、广告销售这三种核心模式实现盈利的纪录片不多。造成这种现象的主要原因，还是当下市场中优质作品难以获得受众注意力。目前占据网络视听用户眼球的大部分内容还是娱乐性质的影视剧、综艺、短视频，观看纪录片、消费纪录片的网络视频用户仍是少数。如何能形成纪录类短视频"生产——销售——再生产"的良性循环，这种商业路径仍待摸索。

◆ 4.5　本 章 小 结

纪实类短视频

本章通过对纪录类短视频的产生和发展、创作手法、产业状况的介绍，梳理了当下网络视听平台中纪录类短视频作品的大致状况。对于纪录类短视频作品来讲，在互联网时代要成为精品，选题、创意、价值观、历史观这些要素都非常重要。

纪录类短视频作为一种成本小、便于制作的视听内容形式，是非常便于大学生群体去实践的。需要注意的是，纪录类短视频创作的艺术呈现方式虽然越来越新奇、多元，但在这当中最基本也最打动人的，还是内容的真实性。初学者可以通过学习纪录类短视频制作流程和模式，快速上手进行创作，但如果要有所造诣，只讲求遵循固有模式或者过度追求技术美学所打造的精致影像，却忘记了最重要的价值观——真实的魅力，就会显得匠气过重而没有人情味。

纪实短视频的魅力在于它的客观真实性，但很多创作者为了使自己的作品更精彩，加入了过多的导演痕迹和摆拍内容，脱离了真实的本质，所以作为创作者，我们需要保持对真实的敬畏，用诚意、用情怀来创作，让人获得启迪和共鸣，进而感受纪实作品的魅力与力量。

◆ 习 题 4

1. 你认为纪录类短视频和其他短视频类型相比，最大的特点是什么？
2. 纪录类短视频最大的元素在于真实性，你认为如何保证纪录类短视频的真实性？
3. 结合纪录类短视频的特点，谈谈如何创作优质的纪录类短视频？
4. 谈谈你对纪录类短视频未来发展的看法。

第 5 章

音乐短视频的创意与制作

    MV(Music Video)属于短视频中看似低调却独具内涵的一个类别,其通过对镜头画面、歌词与音乐的完美整合,运用一定的拍摄和剪辑技巧,以鲜活的画面语言最大程度地展现音乐作品的独有魅力。现如今,MV 在短视频时代有全新的发展和转型,在形式与制作上与传统 MV 有很大区别。例如,于 2016 年 9 月上线的抖音短视频平台,定位在"一个专注年轻人的 15 秒音乐短视频社区",用户可以选择一段合适的音乐,再发挥有趣的创意创作个性化短视频,15 秒以内的时长不仅增加了创作的难度和挑战性,也便于与他人分享,戳中了当下年轻人表达欲的痛点。

    当下流行的音乐短视频内容和形态极为丰富,与其他类型短视频杂糅交融,特征不够明确。本章将主要介绍传统 MV 的概念、分类、发展历程及创作技巧,通过了解其故事特性以及丰富的创意模式,洞悉音乐短视频创作的内核。

◆ 5.1 MV 的基本概念及发展历程

5.1.1 MV 的基本概念

    MV 一般是指音乐信息与视觉信息的结合体,属于视听结合的艺术范畴。从组织形式上看,MV 依据音乐作品所提供的内涵和诗歌般的意象进行视觉传达和形象设计,确立画面的基础内容和氛围情景,达到旋律与画面在运动着的时空中相互融合、相互影响的效果。MV 中既有旋律、图像,又有文字、情节,人们既可以用眼睛去看,也可以用心去感受共鸣,共同构建起音乐电视的主题。因此,可以说 MV 是含有多元符号且需要多种感官互动的多模态语篇,是用多模态语篇构建意义的典例之一。[①]

    与传统 MV 相比,音乐类短视频的发展时间起步较晚,传播内容较为广泛,形式更加多元,例如配合音乐节奏转折而换装、变脸的音乐类短视频,搞笑、炫技、跑调、"歪唱"等。用户可以通过短视频平台提供的曲库,获得既存的音乐片段,之后可以通过变调、重混等技术再创作,加入到短视频中,形成音乐类短视频。[②]

---

① 王阿蒙.MV 的概念界定、分类和五个发展阶段[J].音乐传播,2013(02):72-82.
② 熊智豪.音乐类短视频著作权保护研究[D].南昌:华东交通大学,2021.

5.1.2　MV 的发展历程

　　MV 最早诞生地为北美洲,随后在欧洲、亚洲等地也迅速兴起,至今 MV 也还在中西文化间存在,它的影响力极强且文化融合性较高。[1] 因此,在学习如何制作音乐短视频之前,有必要对 MV 发展历程进行深入了解。

1. MV 的雏形

　　音乐作为一种抽象艺术,能给人带来美的享受,并在社会文化中发挥着至关重要的作用。音乐属于精神层面的艺术,虽可以激发人类情感,但具有主观性且容易转瞬即逝。在此背景下,MV 作为能够表达抽象情感、呈现写意化意境的影像手段应运而生。同时,MV 让音乐与画面完美融合,成为视觉与听觉相结合的艺术。

　　MV 最早先以“幻灯片＋音乐”的模式出现。随着影音、录像技术的发展,以“动态影像＋音乐”为表现形式的音乐赏析在技术上逐渐得到了保障。1894 年,由美国作曲家约瑟夫·斯特恩和爱德华·马克斯一同创作的歌曲 *The little Lost Child*,以输出音乐和播放幻灯片(幻灯片内容与音乐主题有关联)相结合的形式,展现了整首歌曲蕴含的内容情感。这种视听相结合的音乐鉴赏方式开始走上历史的舞台,并进一步拓展了音乐歌曲的传播载体和途径。

　　真正的 MV 雏形出现在 20 世纪 70 年代。1937 年时,电影院线逐渐上映彩色电影,“幻灯片＋音乐”的 MV 模式逐渐退出舞台,淡出了人们的视线。到了 20 世纪 70 年代,在西欧和美国,把电视摇滚乐商品广告作为音乐电视录像片(MV),此类电视摇滚乐商品广告就是 MV 的雏形,也标志着 MV 的初步发展。[2]

2. MV 的发展与成熟

图 5.1　*Thriller*

　　1982 年迈克尔·杰克逊的专辑 *Thriller*(图 5.1)的出现,标志着 MV 的正式诞生。*Thriller* 在一定程度上沿袭了恐怖电影的叙事思路和表演风格,但它对意境的营造、心理蒙太奇手段的着重应用、对歌唱者多重角色的快速转换、电脑特效对离奇意境的营造、“碎片”式的情景拼贴等叙述手法,比较完整地奠定了 MV 的基本特征,并使 MV 这一崭新体裁与电影故事片、电视剧及其他电视体裁,在风格上做出了区分。总之,这部作品无论是在影视特技的运用上,还是在电影语言的把握上都称得上空前之作,它的出现也预示着 MV 的发展真正进入了成熟阶段。

　　首先 *Thriller* 作为短片在洛杉矶随着电影《幻想曲》放映了一段时间,当时引起了一定的关注。但由于哥伦比亚公司将此录影免费发放,从而导致关注度下降。后来 *Thriller*

---

①　赵波.MV 的历史轨迹、分类及其诞生的社会因素[J].音乐传播,2015(02):78-86.

②　赵波.MV 的历史轨迹、分类及其诞生的社会因素[J].音乐传播,2015(02):78-86.

登上 MTV(Music TV——音乐电视)和其他国际上的电视台后,似乎每天 24 小时都在播放,专辑也重回冠军宝座,销量倍增。它完全成就了 MTV,从而巩固了媒介的力量。

图 5.2　《阿姐鼓》

　　MV 从 20 世纪 90 年代开始进入中国,1993—1995 年中央电视台与地方电视台合作拍摄了很多的导向性 MV 作品,[①]如李丹阳演唱的《穿军装的川妹子》等。1995 年,中国制作的 MV 首次受到国际认可。MV 作品《阿姐鼓》(图 5.2)获得了"全美音乐电视网"最佳外语片提名,标志着中国 MV 发展步入成熟阶段。在 MV 的发展和成熟阶段,歌舞表演成为 MV 的主要内容,其模拟音乐的自然传播状态,让观众获得较为放松的感受。

3. 泛 MV 时代

　　由于 MV 的艺术形式和边界都比较模糊,其泛化也十分严重,从技术应用、社会功能以及内容表达方面都展现出这一特点,为当前的音乐短视频的发展和流行奠定了基础。

　　1)技术上:创意特效的融入

　　创意特效包括声音特效和视觉特效,融入音乐短视频后,极大丰富了 MV 的制作技法。例如迈克尔·杰克逊的作品《黑与白》(*Black or White*)、《地球之歌》(*Earth Song*)等,尤其在 MV《黑与白》(图 5.3 和图 5.4)中,片尾处制作各个肤色人种的变脸效果,通过增强画面的技术处理带来了视觉的巨大冲击,从而丰富了 MV 整体效果和可视性。创意特效应用非常广泛,当前很多短视频平台都提供各种滤镜、模板、道具等特效,方便用户将一些创意玩法融入音乐短视频中。例如抖音推出的"三岁特效"(图 5.5)、"漫画脸"(图 5.6)等。这些创意特效的运用既可以成为用户自我娱乐的方式,又可以增强视频的趣味性,在获取流量等同时,达到艺术与技术的完美融合。

图 5.3　《黑与白》MV 视频截图一

　　2)功能上:娱乐与价值观念的体现

　　MV 虽包含一定的娱乐元素、商业宣传或者广告宣传,但并非所有的 MV 都具有商业属性,音乐短视频同样是用户自我呈现以及反映社会诉求的重要表达形式。例如,在 2010

---

① 　王阿蒙.MV 的概念界定、分类和五个发展阶段[J].音乐传播,2013(02):72-82.

图 5.4　《黑与白》MV 视频截图二

年左右,社会上出现了流浪汉"犀利哥"回家等事件,网络中随之就出现了很多相关的 MV 作品,较为著名的有《"犀利哥"之歌》等。这些作品在一定程度上也意味着大众可以通过这种传播渠道表达个人观点、反映社会诉求。可见,使用媒体传播渠道对一些影响较大的公共事件发出自己的声音,也成为音乐短视频的另一种表达方式。

图 5.5　三岁特效的视频截图

图 5.6　漫画脸特效的视频截图

◇ 5.2　MV 的类型

5.2.1　故事类

　　故事类音乐短视频一般指的是用故事情节来演绎歌曲的 MV 形式,是 MV 中常见的一种类型。在故事类 MV 中,歌手除了演唱之外,一般还要扮演故事中的人物。

　　与影视作品讲究叙事的完整性不同,故事类 MV 在叙事上呈现出情节跳跃的特征,可以从一个情节跳到另一个情节,从一个故事场面跳到另一个故事场面,中间不做任何交待或过渡。例如,筷子兄弟演唱的《父亲》(图 5.7)、丁当演唱的《猜不透》、梁静茹演唱的《勇气》以及由人民日报出品的建团百年音乐短视频《青春之歌》。《父亲》这首 MV 讲述了两个关于父亲的故事:一个是王太利和霍思燕扮演的父女,父亲年轻时是一个威风凛凛的警察,总是骑着三轮摩托接送女儿上下学,中老年送女儿出嫁时患上老年痴呆,还惦记着等女儿放学来接她;另一个是肖央和一个老人扮演的父子,父亲在战火中失去一条腿,最后车祸身亡,钱包里放着儿子的照片。几个关键情节用为数不多的镜头表现,展现出父亲对孩子的牵挂和关爱,MV 中的歌曲和歌词内容一一对应,通过孩子对父亲想说的话将情感推向高潮。建团百年音乐短视频《青春之歌》(图 5.8),用时代歌曲讲述中国共青团百年历程中青年人的成长故事,从 20 世纪初的《送别》到 20 世纪 60 年代《我们走在大路上》,再到近几年流行的《我们都是追梦人》,近十首歌曲串烧在一起,和谐演奏富有时代特色的青春乐章。故事穿梭时空,将100 年前的青年学生与如今的青年学生形成有机联系,借助具有寓意性的转场与画面,展现风华少年的朝气蓬勃。整部作品,用青年视角见证了中国共青团的成长与发展,用青春乐章唱出青年人永不褪色的信念和不懈努力的奋斗。

图 5.7　《父亲》MV 视频截图

图 5.8　《青春之歌》MV 视频

5.2.2　片段类

片段类 MV 是指歌手在不同空间和场景中进行演唱,通过演唱内容与场景的变化来表现歌曲的内容，这也是 MV 最主要的类型之一。歌手往往以不同形象在不同空间中演唱，既有现实生活空间和场景，又有非现实的幻觉或超现实空间的特点。

例如《怪美的》MV（图 5.9），导演从视觉、美术、特效上力求场景以及道具的逼真度和细腻感。在 MV 中，导演为了呈现"批判曾经的自我"的主题，特别设置了四个场景。在夹带着自我嘲讽与吐槽的氛围中，通过强调刻板印象的"审美大法庭"、想大吃大喝却被阻止的"宜翎海鲜餐厅"、疯狂追求完美体态却被送进"疯美精神病院"以及操控自己成为讨好别人的满分傀儡"马戏团"场景，充分诠释了片段类 MV 的特点。

图 5.9　《怪美的》MV 视频截图

在片段类 MV 作品类型中，音乐短视频更是充分发挥出其短视频传播的时代特点，将"场景需求"摆在第一位，给创作者更大的创作空间。以中国税务杂志社推出的音乐短视频作品《两个小青年》（图 5.10）为例，整个作品讲述了新时代下的税务工作。演唱者身穿制服，以税务工作者在办税大厅为群众服务的场景为内容，根据办税人的需求提供精细服务，送上纳税人套餐，边唱边说，将最新的办税信息告诉给广大观众，形式新颖，易于传播，具有很强的实用价值。

图 5.10　《两个小青年》MV 视频截图

5.2.3　演唱会类

演唱会类 MV 是指以歌手演唱会的现场情景为主要内容的音乐电视。这类作品通常以展现歌手的现场表演为主，主要是展现歌手在演唱会现场忘我表演的状态。例如《成全》

（图 5.11），其 MV 选定为演唱会记录场景，整体呈现出场面宏大、音质清晰的效果。

图 5.11　《成全》MV 视频截图

5.2.4　歌舞类

歌舞类 MV 是指歌手在各种场景中边演唱边舞蹈，歌手往往作为领舞者，带动一群人与他一起边舞边唱，或是许多人在歌手身后随着他的动作与节奏作伴随性的舞蹈。例如，TFboys 的《宠爱》MV（图 5.12）和央视五四特别节目 *New Youth*（图 5.13）。在《宠爱》MV 作品中，TFboys 跟随音乐节奏一边演唱一边跳舞，增强观众的代入感，使观众身临其境，仿佛置身于演唱环境之中。而在 *New Youth* 视频作品中，一群富有活力的大学生在用心演唱的同时，舞动身体，活力四射，充分展现出现在青年人的激情与阳光。新生代青年的热情洋溢在屏幕之上，观众不仅被动人的旋律所感染，更被屏幕中活跃的青年所带动，使音乐与画面融为一体。

图 5.12　《宠爱》MV 视频截图

5.2.5　动画类

动画类 MV 分两种：一种是完全动画的，即不用歌手表演而用动画形象来演绎歌曲的内容，如林俊杰的《修炼爱情》（图 5.14）；另一种是真人和动画形象穿插出现，动画作为辅助元素增强画面的形象感，例如张靓颖的 *Dust My Shoulders Off*（图 5.15）。

图 5.13　*New Youth* MV 视频截图

图 5.14　《修炼爱情》MV 视频截图

图 5.15　*Dust My Shoulders Off* MV 视频截图

　　在以视觉传达为主的新媒体传播时代,此类音乐短视频作品更易于被受众接受与传播,例如央视新闻在 2021 年推出的原创国漫 MV《振山河》(图 5.16),"唱支 RAP 给党听",歌词结合时事,画风浑厚有力,整篇作品中将建党红船、万里长征、新中国成立、改革开放等历史事件串联在一起,受众不仅可以听到演唱者唱出的建党百年历程,而且还能在生动直观的动态画面中,领略国家昌盛繁荣之盛况。又如音乐短视频《天使的身影》(图 5.17),该作品以抗疫为题材,用彩色沙画描绘出一幅幅抗疫过程中的动人瞬间,画面温馨和谐,感人至深。歌曲中采用多国语言共同演唱,歌颂了在新冠疫情时代无私奉献的白衣天使们,将全世界共同抗疫的情景展现在观众面前。

图 5.16　《振山河》MV 视频截图

图 5.17　《天使的身影》MV 视频截图

◆ 5.3　MV 的创意模式

MV 的创意主要体现在内容的创造性、灵活多样的结构以及艺术化的表现手法等方面,创作 MV 的主体也都力图在创意上有锐意的突破和创新。音乐短视频主要有四类创意模式,分别为对应创意、平行创意、组合寓意、对比创意。

5.3.1　对应创意

1. 对应创意的含义

对应创意是以歌词内容为蓝本,根据歌词中所提供的画面意境以及故事情节,设置相应的镜头画面,其特点主要体现在歌词和画面的对应关系上。

2. 对应创意的案例分析

MV 作品《因为是女子》(图 5.18 和图 5.19)就体现了对应创意,此 MV 是由 KISS 演唱的出道曲,视频中唯美画面、跌宕起伏的情节,以及动人的爱情故事,给无数人留下深刻的印象。《因为是女子》MV 曾在韩国创下网络下载满档塞车的纪录,也被喻为追求女友及失恋最佳疗伤歌曲,堪称是史上最感人的 MV 和飙泪指数最高的音乐录影带。

图 5.18   《因为是女子》MV 视频截图一

图 5.19   《因为是女子》MV 视频截图二

此 MV 之所以备受欢迎,主要有以下几个亮点。

(1)情节跌宕起伏。短片讲述了一位摄影师和一位女子的爱情故事,他们相遇在秋叶飘落的街道,男主的镜头不经意间捕捉到女子秀丽的面庞,之后便是一段唯美爱情的开始。不幸的是女主角被显影液灼伤了双眼,为了心爱的人,男主角选择捐出自己的双眼,把色彩和光明留给了她。当她以为一切都已然成追忆的时候却遇到了失明的爱人,珍藏在他身旁的是她的照片。视频中多次出现了相机和眼睛,并将一双眼睛作为开头和结尾。眼睛是心灵的窗户,而相机是摄影师发现美丽爱人的眼睛,女主角因眼睛失明而酿成了悲剧,而男主角放弃了自己的眼睛,让爱人重见光明。几分钟的 MV 情节改编自真实故事,情节跌宕起伏,让无数观众为之动容,故事的内容含量不输于一部电影。

(2)歌词与场景对应。歌词主要以女主角的口吻讲述关于她的爱情故事,表现出女主角对于爱情的态度与感受,例如歌词唱起"我第一次感觉到你是那么的重要"时,画面出现男女主角初次相遇的情景,男主角无意拍下了女主角微笑的画面,为后面的情节留下伏笔;当歌词唱到"女人只想得到爱,却不知会如此煎熬"时,画面展现的是女主角在复明后误会了男主角,当她捡起男主角第一次见面为她拍摄的照片,掩面哭泣。歌词与场景的完美对应,受众基于作品的叙事逻辑而产生对人物角色的共情,强化了情感的代入、观赏性强的目的。

(3)MV 集合了众多韩剧的经典场景,例如摄影、洗发、雨中共撑一把伞、拼贴照片等,让短片更加唯美浪漫。

（4）音效使用。作品中多次出现了音响效果,如下雨声、快门声、显影液倾倒声、摩托车声、撕毁照片等音效,烘托了真实的氛围,增强了作品的代入感。

（5）通过主观色彩表现人物的心理状态。例如由暖色调变为冷色调,显现出男女主角情路和心境的变化——由甜蜜变为悲伤。红色的伞、红色的饮料被碰倒泼洒,红色的冲印室,红色连续出现释放着危险的信号,通过色彩隐喻,起到预警的作用。

（6）台词的运用增强了影片的感情色彩。例如,女主角复明后独自一人看电视吃饭时的内心独白"你的爱只能维持一天,我不想看到你有好结果",表达了对男主角的怨恨和不理解。再例如,片尾男主角的台词"虽然现在不能和她在一起,但我还深爱着她",将短片剧情推向高潮,表现出男主角对心爱人的无私奉献和爱情的伟大。

（7）开放式结局。女主角在视频的结尾看到失明后的男主角,以及他身边女主角的照片,女主角留下了感动的泪水。男女主角最终的关系结局未给出答案,留下了无尽的悬念,让受众有充分的想象空间。

5.3.2　平行创意

1. 平行创意的含义

平行创意是指音乐内容与画面平行发展,各自遵循着自己的逻辑向前发展,表面上看起来,画面与歌曲、歌词毫无关联,但二者共同表现的主题或思想主旨却是一致的。平行创意也是 MV 中最难拿捏的创意类型。

2. 平行创意的案例分析

在 MV *Come Into My World*（图 5.20）中,画面主要呈现了凯莉米洛在巴黎的街头绕圈行走,她每次回到原点时就会遇见另一个增生裂变出来的自己,并与自己一起行走、互动的镜头。然而歌词并没有表现出女主角凯莉米洛在巴黎的街头绕圈行走,画面与歌词没有对应关系,二者平行发展,但是它们共同表达的主题与歌曲的题目是完全一致的,即"来到我的世界"。

图 5.20　*Come Into My World* 截图

周杰伦执导拍摄的《夜的第七章》MV（图 5.21）,以华丽悬疑的笔调暗喻 1983 年名侦探福尔摩斯的故事,该作品讲述了男主人公 JAY 侦破一宗诡异的连环杀人案件的悬疑故事。整支 MV 没有一个歌手对嘴画面,不需要台词,不需要字幕,歌词看似与画面毫无关联,但却共同营造了悬疑紧张的氛围。①

图 5.21 《夜的第七章》截图

张杰演唱的歌曲《发光时代》(图 5.22)是一首励志歌曲,歌词中燃起每个人的心中梦想,呼吁每个人都要将"勇气点燃,努力追爱,做一个最闪亮的存在"。这首正能量满满的歌曲被创作于 2015 年,然而在 2022 年又被全网传唱。该音乐短视频作品配合了与音乐内容平行发展的时代青年的各种画面,用镜头讲出青年人拼搏奋斗的故事,与歌词内容相互呼应,表现出作品的思想主旨:"新时代的中国青年要以实现中华民族伟大复兴为己任,增强做中国人的志气、骨气、底气,不负时代,不负韶华,不负党和人民的殷切期望!"这正是习近平总书记在庆祝中国共产党成立 100 周年大会上的讲话原文,体现了对青年人的嘱托,发光时代,青年人就应该"向明天出发不必等,就现在"。

图 5.22 《发光时代》截图

5.3.3 组合寓意

1. 组合寓意的含义

组合寓意是指通过镜头的组合来表现歌词中蕴含的寓意,以此传达音乐作品的主旨。MV 中的每个镜头都展现着不同的寓意,受众在欣赏音乐和理解歌词的同时,引发受众深入思考,从而增加了作品的思想内涵以及表意的丰富性。

---

① 吴冰洁.简述叙事型音乐电视的审美艺术倾向[J].大众文艺,2012(09):171-172.

2. 组合寓意的案例分析

《生活不止眼前的苟且》(图 5.23)是组合寓意的代表作,导演通过镜头组合来传达音乐的主旨。它的旋律、歌词给人一种朗朗上口的感觉,副歌部分的歌词精准地击中了现代人对自己现状不满,展现出更多寄希望于未来的期许与哲理。作品中很多画面和元素的组合有着深刻的寓意。

图 5.23　《生活不止眼前的苟且》MV 截图一

从拍摄方式来看,乐队通过全景仰拍角度出场,寓意站得高才能望得远。画面中出现烟火短暂燃烧,沙子(时光)从指缝间流走,寓意在时光匆匆流逝中,不要错过对于精神的追求(包括知识、艺术、修养等),"生活不止眼前的苟且,还有诗和远方的田野",这才是生活的真谛。画面中多次出现的水面元素(图 5.24),象征精神世界像大海一样广阔,我们要不断地寻找和探索。少年和月亮、旗子矗立于水面中央(图 5.25),代表将永远平和淡定地独立于自己的精神世界中,燃烧的旗帜代表着一种宁愿走向毁灭也要追求灿烂独立的决心(图 5.26)。视频中少年长大,升起一片残破旗子的场景,代表宣告精神的独立,无论物质再匮乏,也要坚守心中的理想。可以说在这个 MV 中,每个场景或细节都代表了一定的寓意,使其启发受众的联想和思考生活的真谛,很好地诠释了作品的思想内涵。

图 5.24　《生活不止眼前的苟且》MV 截图二

在庆祝中国共产主义青年团成立 100 周年宣传片《共青春》主题曲(图 5.27～图 5.30)中,一句问话"真的要去吗?"连接了两代青年,一边是奔赴游行队伍的五四学生,一边是决意

图 5.25   《生活不止眼前的苟且》MV 截图三

图 5.26   《生活不止眼前的苟且》MV 截图四

图 5.27   《共青春》MV 视频截图一

图 5.28   《共青春》MV 视频截图二

去抗疫前线的志愿青年,这一句问话,直击观众的内心。该作品还多处运用组合寓意的方法,运用象征性镜头,例如奔赴抗疫前线的志愿者青年回头一望,不仅看到的是将要离开的学校,还看到了百年来抗战拼搏斗志不减的激情,一张张朝气拼搏的面庞、一句句发自肺腑的呐喊,将音乐与画面有效结合,增加了作品的思想内涵以及表意的丰富性。

图 5.29　《共青春》MV 截图三

图 5.30　《共青春》MV 截图四

5.3.4　对比创意

1. 对比创意的含义

对比创意主要以强化音乐内容与画面内容对比、音乐情绪与画面情绪对比、音乐风格与画面风格时空对比等,以此来强化所表现的内容、情绪和思想。

2. 对比创意的案例分析

周杰伦《东风破》MV(图 5.31)在整体上运用了一种时空对比。歌词描述了这样一个故事:一个浪迹天涯的游子旧地重游,在寂寞的夜里思念故人,回忆自己那段"青梅竹马"却在乱世中烟消云散的爱情,如今游子只能在过往的遗迹中落寞地思念。通过这种时空交错、古今交替的剪辑展现了男女主前世的爱恋、离别、忆往昔。《东风破》MV 对比创意较多,大致分为时间对比、场景对比、色彩对比、光线对比、氛围对比、人物对比以及服装对比。

图 5.31 《东风破》MV 视频截图

在 MV 中,周杰伦一个人穿着现代服装,在一片残破的废墟里面唱歌,并且追忆前世爱恋的美好回忆。过去时空中二人在室内的温暖色调与现代时空室外的凄冷夜色形成鲜明对比,过去二人所穿的马褂旗袍与周杰伦身着现代服装对比,与此同时,曾经洋楼的气派与如今的荒芜形成鲜明的对比,表现出古今交替、时空交错的感觉。整个 MV 音乐与画面相得益彰,通过适当的场景细腻地传达了歌词所承载的感情。

在音乐短视频作品中,使用对比创意这种方式的作品也比比皆是,例如我们前面提到的建团百年音乐短视频《青春之歌》(图 5.32),其中主人公们穿梭时空,身着不同时代青年人服饰,演唱不同时代的青年歌曲,这种古今对比的方法更加凸显时代感与岁月感。虽然时光变迁,但青年人的热情却未曾改变,歌曲与短视频画面和谐呼应,将百年间青年人的韶华风貌淋漓展现,让激扬情绪贯穿整部作品。

图 5.32 《青春之歌》MV 视频截图

◆ 5.4 MV 的创作流程

MV 的制作流程与微电影基本相似,包括内容创意、创作分镜头脚本、拍摄、剪辑和包装等环节。微电影的创作围绕主题和剧情进行,而 MV 以歌曲为表现主体,歌词的内涵与意义、音乐的主题和特点是 MV 创作的重要依据,因此在 MV 内容创意之前需要先解析歌曲。另外,MV 不必像微电影一样撰写剧本,只需撰写详细的分镜头脚本即可。MV 的拍摄、剪辑与包装也有其独特之处,需要注意歌曲与画面的统一。本节将具体介绍 MV 的创作流程和各环节的关键。

5.4.1　解析歌曲

与微电影和纪录片不同,制作 MV 的第一步需要解析歌曲,听懂歌曲的意境以及歌曲想要表达的含义,再根据音乐特点进行内容创意。如果是叙事类 MV,我们需要根据歌词的内容确定主题和设计情节,非叙事类 MV 则需要根据歌曲的节奏风格选择适合表现的创意模式和表现风格。

5.4.2　内容创意

在充分理解歌曲后我们需要根据音乐特点进行内容创意,考虑歌曲适合的题材、类型、创意模式和表现风格。构思是从选择题材开始,其为作者表达思想感情、实现艺术追求提供了可能性,主旨立意的确定,人物形象的塑造,情节内容的构建,场景及道具设置等,都要通过艺术构思来解决。新颖独特的创意可以令人印象深刻,增强音乐的感染力。例如,周杰伦的《半兽人》MV 中,大胆地采用了大量 CG 动画作为画面内容,具有非常强的魔幻色彩。作品与当下年轻人热爱的游戏相结合,风格炫酷又时尚,与歌曲的内容也相得益彰。

5.4.3　分镜头脚本制作

MV 的分镜头脚本设计与其他类型的短视频有所不同。微电影镜头的连续性较强,所以在分镜头脚本设计中需根据剧本设计大量的镜头。纪录片则更追求真实性,以真人真事为主,所以需要在拍摄前设计好拍摄大纲并根据实际情况随时调整方案。MV 的分镜头脚本最重要的作用是将画面与音乐相呼应,表达作品的思想主题和人物情感,所以在前期设计分镜头脚本时需仔细考虑歌曲的节奏、歌词的内容、画面的构图、内容、镜头元素(景别、拍摄方向、角度、镜头的运动方式)和造型元素(光线和色彩),让音乐与画面实现和谐统一。表 5.1为《怪美的》MV 分镜脚本(部分)。

5.4.4　场景布置

一部优秀的音乐短视频离不开精心设计的场景布置和巧妙的道具,二者在 MV 中尤为重要,不仅可以传达作品的思想深度和隐喻意义,也可以使 MV 更有看点。

例如,在《怪美的》MV 中,特别设置了法庭、餐厅、医院和马戏团这四大有隐喻意义的场景,以及由歌手分饰的"法官与囚犯""厨师与食客""疯狂护士与病人"八种角色。每一处场景都与她从事演艺道路的亲身经历相关,不仅讽刺了曾经无法接纳真实的自己,也批判了当下不正常的审美观,蕴含着深刻的含义。

道具的运用也体现了别出心裁的特点。例如在医院的场景中,歌手被捆绑在床上,被人用直尺丈量面部五官的镜头(图 5.33 和图 5.34),这里将尺子和绷带作为道具,可以表现出过去的自己曾被大众或媒体随意品头论足以及被束缚的寓意,与歌词"真我、假我、自我,看今天这个我,想要哪个我"呼应。

表 5.1 《怪美的》分镜头脚本（部分）

镜号	时间	音乐歌词	画面内容	景别	角度	运镜方式	光线	色彩	音响/人声
1	0分00秒~0分18秒	前奏	推镜头从歌手侧面进入场景，其中的十条个场景，其中之一是法庭的现场，整齐地坐着听人员，歌手扮演的法官走进来	近景-全景	侧面平角	推	侧光-逆光-顺光	粉红、暖黄	开门声 独白："全体起立。"
2	0分19秒~0分23秒	前奏	歌手作为法官宣布开庭	中近景	侧面平角	固定	顺光	暖黄	法官独白："我正式宣布开庭。"
3	0分24秒~0分27秒	前奏	两位警察带着一位女犯人进入被告席，法官讲话	中景-全景	背面仰角	推	顺光	暖黄	法官独白："被告人请上前。" 关门声
4	0分28秒~0分30秒	前奏	歌手作为法官讲话	全景	侧面平角	移	顺光	暖黄	法官独白："请检察官朗读起诉状。"
5	0分31秒~0分34秒	前奏	检察官宣读起诉状	中近景	侧面仰角	移	侧逆光	暖黄	检察官独白："被告未达大众所认定美的标准。"
6	0分35秒~0分37秒	前奏	歌手作为法官问话	中近景	正面平角	移	顺光	暖黄	检察官独白："罪行严重。" 法官独白："被告有什么话想说吗？"
7	0分38秒~0分40秒	"垂涎的邪恶"	作为被告的歌手在唱边跳舞	中近景	侧面平角	推-拉-推	顺光	暖黄	无
8	0分41秒~0分43秒	"垂涎的邪恶"	检察官指着歌手穿着露脐装的照片讲话	中近景	侧面仰角	推-拉	侧逆光	暖黄	无
9	0分44秒~0分44秒	"陪我长大"	检察官指着歌手穿着露脐装的照片特写	特写	侧面平角	移	顺光	暖黄	无
10	0分45秒~0分46秒	"陪我长大"	歌手作为法官打哈欠	全景	正面仰角	拉	顺光	暖黄	无
11	0分47秒~0分48秒	嗯	作为被告的歌手在跳舞	中近景	正面平角	推	顺光	暖黄	无

续表

镜号	时间	音乐/歌词	画 面 内 容	景别	角度	运镜方式	光线	色彩	音响/人声
12	0 分 49 秒～ 0 分 50 秒	"在软烂中生长"	检察官指着作为证据的炸鸡槌 概陈词	近景	侧面 仰角	移	侧逆光	暖黄	无
13	0 分 51 秒～ 0 分 52 秒	"在软烂中生长"	歌手作为法官激动且难以置信的表情，露出激动	近景	侧面 仰角	移	侧逆光	暖黄	无
14	0 分 53 秒～ 0 分 54 秒	"社会营养"	作为被告的歌手在跳舞	中景	侧面 平角	推	侧光	暖黄	无

图 5.33　《怪美的》MV 截图一

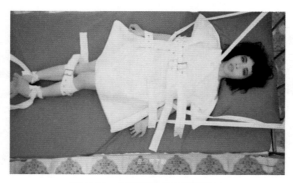

图 5.34　《怪美的》MV 截图二

5.4.5　MV 的拍摄

1. MV 拍摄的特点

1）强调节奏感与韵律美

MV 不像影视剧,可以用大量固定镜头表现被摄对象的思想或情感变化过程,为了配合和表现音乐的视觉节奏,MV 的拍摄大多使用运动镜头,更加强调动感、节奏与韵律美,推、拉、摇、移、跟、升、降、甩等运动方式,都可以与歌曲有机结合。

2）边播音乐边拍摄

摄影师通常要在现场一边播放音乐,一边跟着节奏旋律进行拍摄,歌手或演员的口型、身体的律动以及镜头的运动都可以遵循音乐的节奏,画面与音乐也可达到高度统一。

摄影师要注意随时抓拍人物一些带有明显节奏特征的身体律动和表演动作,这些动作可以是随机的,也可以是人为安排的。此外,歌手的口型以及在音乐中的情绪状态,率性大胆的情感流露和喜怒哀乐的表情都是拍摄的重点。感情的激昂、低落,对音乐的真切感受与夸张表述,都表现为一个连续的动态过程。各种扭曲、变形与夸张的拍摄也是 MV 常用的手法,摇晃的镜头表现了不稳定的构图原则,运动镜头则强化非平衡性与动感,追求视觉形象的冲击力。

3）突出写意和感染力

MV 的拍摄通常会用到许多空镜头和写意镜头,在整体构思上更加注重生动、形象的画面艺术化呈现,给予观众对艺术审美和情感的体会,强调感染力与意境美。所谓写意镜头是一种抽象的艺术表现手法,与"写实"相对,强调其内在精神实质表现,引发受众的思考和联想,以表达作者的思想感情。之前介绍的《生活不止眼前的苟且》MV 中就运用到大量的写意和象征手法,例如象征静与美的月亮,比喻精神世界的宽阔水面以及短暂璀璨人生的烟火等,以托物言志的手法表达了作者的理想和志向。

MV 通过写意的手法将创作者的思想和音乐作品用艺术的方式更好地结合在一起,对于刻画人物神采、营造情绪氛围、表达作品主题等方面往往能起到画龙点睛的作用,使观众将听觉、视觉、想象等结合在一起充分地体会到百转千回的意境。[①]

2. MV 的构图

MV 的构图,类似于时装或广告的摄影构图,它讲究视觉的造型性、冲击力与张力,画面更为考究、精致和艺术化。可采用九宫格式构图,将主体放在视觉趣味中心,即九宫格的 4 个交点处(图 5.35 和图 5.36)。如果是动感的摇滚或饶舌歌曲,可以不采用垂直构图、水平构图等常见构图形式,而大胆采用不均衡、超常规、倾斜式构图,来突出画面的视觉张力与冲击力,与动感的音乐相配合,创造非均衡感,与音乐相得益彰。

图 5.35　*Papillon* MV 视频截图一

图 5.36　*Papillon* MV 视频截图二

---

① 孙鹃. 写意性电视专题片镜头语言的表意研究[D].广州:暨南大学,2018.

3. MV 的色彩和光线

1）MV 的调色方法

MV 的色彩既可以明快活泼，也可以温和淡雅，不同的色彩具有不同的象征意义。色彩的冷暖浓淡与音乐的高低起落之间有着天然的对应关系，暖色调与冷色调、黑与白、明与暗，与音乐节奏的快慢、强弱、高低是可以相互对应的，通过不同的蒙太奇手法组接，表达不同的情绪、格调、风格。例如 MV《因为是女子》，男女主角遇见、热恋期间的色彩是暖色，当女主角被显影液灼伤眼睛后，MV 的色彩变为冷色调。所以在后期制作过程中，一定注意 MV 的色彩与音乐情调风格协调一致。

MV 制作者可以灵活运用手机上的剪辑软件实现调色，像剪映 App 中的滤镜就可以选择黑白、复古、深褐、奶杏、暮色、高饱和等模式，表现作品独特的情调和风格。在拍摄时也可以利用摄像机或者手机的功能进行色彩设置与转换，如利用调整白平衡，来达到"偏色"的效果，或利用色温来追求所需要的色彩。当白平衡高于景物的色温就显蓝，低于景物的色温就显红，色温越低，画面颜色越暖，反之则越冷，白天可以靠缩小光圈来拍摄夜晚的效果。此外，灯光、服装、道具、自然景观以及人物化妆等因素也对画面的色彩起着重要作用，在拍摄前需综合考虑以上因素。

2）光线的处理

光线是 MV 创作中必不可少的视觉元素和手段，创造性的光线运用能够增加画面美感，突出主体和细节，有助于烘托情境氛围，映射人物心理，表达作品的情感和主题。

光线的亮度、照射角度与色温的处理在音乐短视频拍摄中都是有讲究的。光线的强弱决定了 MV 的整体明暗度，明亮的光线适合活泼、明朗、欢快的歌曲，而柔弱的光线擅于表现神秘、浪漫和忧郁的氛围。光线的方向分为顺光、侧光、顺侧光、侧逆光、逆光、顶光和底光，光线照射的方向不仅能修饰人物外形，而且能表现人物的心理和情感。顺光照度均匀，可以使被摄对象的皮肤光滑细腻，擅长表现亮丽的色彩；侧光能强调明暗对比关系，顺侧光是大面积的亮调衬托出小面积的暗调，让人物的面部更立体精致，侧逆光是大面积暗调衬托出小面积的亮，让拍摄对象更加神秘动人；底光和顶光则会让人物变得阴暗恐怖；逆光可以使人物唯美梦幻或呈现剪影效果，增加画面的艺术表现力。

光线艺术还应当充分参与到音乐短视频的叙事中去。光线在场景空间的有效运用有利于推进故事的发展和表现相应的情感与思想。当然，这种光线效果的设定要与所要表达的情绪和故事发展的需求形成对应关系。[①] 掌握好光线拍摄的技巧，合理运用光线对于表现作品思想内涵，象征角色的情感以及形成独特的视觉风格有着十分重要的作用。

5.4.6　MV 的剪辑

1. MV 剪辑点的选择

在 MV 的剪辑中需注意把握节奏，一部 MV 的视觉节奏应与音乐的节奏点紧密相连，有松有弛、有缓有急。通常音乐节奏越快，镜头越短；节奏越慢，镜头越长。音乐抒情和叙述

---

① 黄荣.光线在电影叙事中的创造性表达[J].戏剧之家,2021(34)：143-145.

在画面镜头中通常运用慢镜头组接,或者稍长时间的镜头去组接,可以呈现出相对松弛舒缓的状态。快节奏的音乐部分,镜头画面保持短而紧凑。一般到了强节奏和鼓点处,镜头会用急推镜头或硬推镜头,呈现出动作感强烈的画面内容。

MV 视频中的剪辑点是视频中由上一个镜头转换为下一个镜头的连接点,选择在正确的连接点上转换镜头可以使镜头之间的衔接更加顺畅、自然。① 例如可以将歌手在不同场景的舞蹈动作拆分之后,重新根据不同的动势衔接起来,这就利用动作的连贯性将不同的空间变成了一个整体,是一种巧妙的剪辑手法。MV 的剪辑点主要在节拍处,可以体现韵律感,剪辑时也会设置一些剪辑过渡段落,用来处理影片的张弛节奏。这些过渡段落通常由一些与片子有关联的空镜头组成,可以安排在 MV 的前奏、间奏和结尾,通过不同景别的组接形成视觉节奏。

2. 注重镜头的跳跃性

与微电影或纪录片不同,音乐短视频不以交待情节、展示事件为目的。因此,不强调叙事逻辑的严谨性和情节的连贯性,而是更注重传达情感和寓意。MV 镜头之间呈现为一种跳跃式的对接,将在时空、场景起初不相关的镜头对列起来,通过在内容上或形式上的相互对照或冲击,产生一种单个镜头所不具有的丰富含义,以表现某种情绪、心理或思想,给观众造成心理上的冲击,激发观众的联想,启迪观众的思考。

例如,《东风破》MV 通过现在与过去时空和场景的对比,表现了前世的爱恋、离别和忆往昔的情怀。由于 MV 的时长只有四五分钟,在有限的时间内难以将故事的来龙去脉交代得非常清晰,只是将关键情节以闪回的方式穿插在歌手的演唱画面中,而歌曲所要表达的迷茫、无奈和懊悔的情感则作为作品要突出的重点,达到了歌词与画面的和谐统一。

3. 以表现蒙太奇为主

蒙太奇主要分为两种类型,即叙事蒙太奇和表现蒙太奇。叙事蒙太奇是以交待情节为目的,具有叙事完整和逻辑连贯的特点,表现蒙太奇主要以表达情感或思想为主,运用镜头组接引发观众联想,增强艺术的感染力。

MV 通常以抒情写意为主,镜头的组接方式主要是表现蒙太奇。表现蒙太奇包括对比蒙太奇、隐喻蒙太奇、积累蒙太奇、心理蒙太奇以及抒情蒙太奇等,对比蒙太奇可以突出对比某些特性的指向,深化 MV 的含义;隐喻蒙太奇形象而含蓄地表达某种寓意,启迪受众思考;积累蒙太奇把性质相同而主体形象相异的画面组接在一起,加强视觉冲击力;心理蒙太奇将人物内心世界外化展现,丰富 MV 的艺术表现力;抒情蒙太奇擅长表现人物心理和情感,激发观众联想。

在 MV 制作中,蒙太奇具有重要的叙事和表现作用,通过不同的蒙太奇效果,对镜头之间进行重组和拆分,赋予了创造者自我发挥的想象空间。随着现代电子信息科技的不断进步和发展,越来越多的蒙太奇剪辑手段和技术实现了满足观众个性化需求的需要,从而也推动了蒙太奇剪辑技术的丰富和发展。②

①　王佩佩,杨柳.多媒体视角下短视频剪辑技巧[J].中国新通信,2021,23(11):166-167.
②　赵佳凯.浅谈电影蒙太奇剪辑[J].教育教学论坛,2020(43):122-123.

4. 包装风格

MV 的包装可繁可简,通常在剪辑完毕后依据音乐和画面的总体风格进行特效包装。例如运用闪回、缩放、快切、倒放、升格、降格、分割画面、叠层画面、淡入淡出、转场动画等特效。在 MV 包装过程中,色彩元素和文字元素尤为重要,色彩可以改变整个作品的情感基调和画面氛围,在后期色彩调配设计中,我们需要把握好色彩滤镜的冷暖对比和明暗对比等。歌词字幕需要选择与视频内容相符合的字体,使其整体效果更佳。

一些短视频 App 提供的模板和特效素材库,为音乐短视频特效包装提供了极大便利,用户只需选择合适的特效导入对应的镜头或者整条视频中即可。例如,抖音平台提供的道具可以自动添加美妆、服饰、场景等效果,还有卡点、玩法、大片等模板,用户可以导入素材,一键生成精美的音乐短视频。

不断创新并流行的"飞天""穿墙""隐身""时光倒流""灵魂出窍"等炫酷特效,再配上动感十足的音乐,为创作者提供了多种趣味玩法,令人脑洞大开。

◈ 5.5 本 章 小 结

本章通过对 MV 发展历程、分类、创意模式、制作流程几个方面的介绍,使初学者对 MV(即音乐短视频)创作有了大致了解。

在新媒体时代,音乐类短视频的流行与发展是在传统 MV 基础上演化而来,既具有传统 MV 的创作特征,又融合了短视频平台新潮炫酷的玩法,极大地激发了用户的创作欲望与创新动力,充分彰显了网生代的创作特点和社交媒体的传播优势。TikTok、抖音等音乐类短视频平台的兴起,开启了一个人人皆可独立制作 MV 的时代,创作和传播个性化的音乐类短视频成为当下年轻人新的娱乐、社交和自我表达的方式,追逐潮流好玩的年轻人就是其源源不断的新鲜血液。这让年轻人在满足自我表达欲的同时,通过自己的音乐短视频传播文化价值观和流行热点话题,与陌生人建立联系,构建全新的社交网络。相信在未来,音乐类短视频这种视听艺术新形式还将随着新技术、新理念的融合,不断地丰富、发展和变化,创作方式和技巧也将更加多元和自由,社会功能也会逐渐强化。

◈ 习 题 5

1. 结合分镜头脚本制作的方法,谈谈如何设计 MV 中的分镜头。
2. 音乐短视频与剧情类短视频在拍摄、剪辑与包装上有何不同?
3. 独立创作一个音乐短视频。

短视频选题与策划

在认识了微电影、微纪录片、音乐短视频三种特殊的短视频类型后，本章将进入短视频选题与策划的学习。短视频选题与策划不仅决定着短视频创作的方向与内容，更代表着创作者所传递的价值观念与立场，以及用户所接受的价值输出与引导。目前，在竞争日趋白热化的短视频市场中，存在不少一味追求流量和经济效益的情况，长此以往，必然影响网络及短视频内容生态环境。因此，创作者需要提前进行选题与策划，保持短视频内容生产力和原创力，向社会传播正确的价值观，推进短视频行业健康发展。

本章分 3 节来学习短视频的选题与策划：6.1 节详细介绍如何确定短视频选题，6.2 节主要介绍如何进行短视频内容创意策划，6.3 节进行优质标题创作的学习。

◆ 6.1 短视频选题的确定

俗话说"题好文一半"，在进行短视频创意策划时，挖掘到角度奇、立意新的选题，并输出具有思想价值和精神内核的优质内容，短视频作品就成功了一半。确立选题是短视频内容创意策划的前提，它决定着短视频的内容基调和目标群体，是短视频生产环节至关重要的一环。本节将通过优质选题的来源、优质选题的原则以及丰富选题的方法三方面的介绍进行短视频选题的学习。

6.1.1 优质选题的来源

1. 聚焦用户痛点，满足用户需求

痛点是指用户未被满足的、急需解决的需求。短视频选题只有搜集与分析用户的痛点和需求，了解用户最关注的是什么，才能创作出对用户有用的内容，使短视频更具吸引力。创作者可以根据自身账号定位、目标用户的人群划分以及场景因素等来挖掘用户的痛点。例如职场类账号，常以挖掘打工人最常见的职场焦虑、分享跟领导同事相处的忌讳以及职场必备的各种生存技巧等为选题，如《3 个职场千万不能谈的禁忌话题，你踩雷了吗？》《面对领导信息只会回复"好的收到"？分享 3 个超实用回复公式》《最容易得罪领导的五句口头禅》《领导潜台词，你听懂了几句？》等，道出了普遍困惑打工人的问题，并给予行得通的解决方案，深深戳中

爆款选题从
哪儿来？

了用户的痛点。

再如,学习类博主以学生为主要目标用户,常以学习经验、干货与资料分享等为选题来吸引目标用户的注意,如在 B 站发布的《高中数学基础与解法全集|从零开始拯救所有学渣!》,通过在线讲解数学基础知识,梳理考点精华与学习方法,深深戳中了高考生对数学的痛点,截至 2022 年 6 月,该视频播放量已达 3265 万。

只要短视频戳中了用户的痛点,能满足用户急需解决的需求,就是好选题。但是创作者在选题时也要把握适度性,不能引发用户过度焦虑、烦躁等负面情绪,从而导致用户对视频内容甚至是创作者产生反感。

2. 关注社会热点,引发情感共鸣

紧追热点的选题能够使得创作者在内容时效上抢占先机。内容碎片化消费时代,用户的注意力是转瞬即逝的,能否抓住观看时的"黄金三秒"是关键。所谓"黄金三秒"定律,行业内的解读是:"如果一个短视频不能在前 3 秒内引发用户的兴趣与好奇,那么等待它的就只有被划走的命运。"[①]紧跟热点是第一时间吸引用户眼球,抢占大众注意力的有效方式。

热点可以分为常规热点和突发热点。常规热点即比较常见的热门话题,如法定节假日、大型赛事活动等,创作者可以提前策划选题并制作内容。但由于常规热点被大众所熟知,面临着同质化的问题,因此创作者如何在常规中出其不意,是短视频作品脱颖而出的关键。

以"人民日报"视频号为例,如表 6.1 所示,除春节、元宵节、端午节等中国传统文化节日之外,人民日报还将中国二十四节气作为选题内容,推出《二十四节气之美》系列视频(图 6.1)。除向用户科普节气知识外,还选取契合的诗词雅句,搭配生动的实景画面,如芒种里的梅子煮酒、小满中的风吹麦浪、谷雨时的翠竹亭亭等,给予用户赏心悦目的观看体验。同时,视频展现出隐藏在二十四节气中的古典中国式浪漫,勾起了华夏儿女深深埋藏心中的传统文化基因。

表 6.1 "人民日报"视频号二十四节气选题策划统计

节　　日	选　　题
2022 年夏至	杨柳青青江水平,闻郎江上唱歌声
2022 年芒种	时雨及芒种,四野皆插秧
2022 年小满	绿遍山原白满川,子规声里雨如烟
2022 年立夏	绿树阴浓夏日长,楼台倒影入池塘
2022 年谷雨	雨频霜断气清和,柳绿茶香燕弄梭
2022 年清明	梨花风起正清明,万物生长的季节,来了!
2022 年春分	今日春分,春暖花开的时节,来了!
2022 年惊蛰	今日惊蛰,春雷响,万物长!
2022 年雨水	好雨知时节,当春乃发生

---

① 邢潇月.接受美学视域下短视频的审美心理机制研究[D].西安:西安电子科技大学,2019.

突发热点针对不可预测的突发事件,如地震、火灾等自然灾害以及社会事件等,强调一个"快"字,考验创作者的及时反应和快速创作能力,虽然留给创作者的准备时间短,但也恰恰是短视频获取关注的重要时机。

例如,2022 年 3 月 21 日东航 MU5735 坠机事件发生后,各方救援力量迅速赶赴事故现场展开救援,全国亿万民众的心为之高悬,无数网友自发接力为飞机上 132 位同胞点亮引路灯,照亮他们回家的路。当晚,"新华每日电讯"发布《今晚,请为 MU5735 祈祷》(图 6.2),飞机下方点亮的蜡烛是人民群众的默默祈祷,《送别》的音律悠扬回荡,满含对 132 位遇难同胞的牵挂与不舍,来自天南海北的骨肉同胞们虔诚祈愿,共同期盼奇迹的到来。

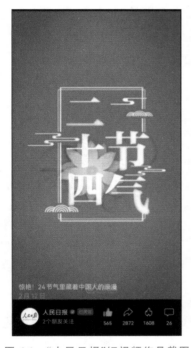

图 6.1　"人民日报"短视频作品截图

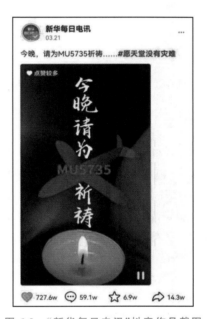

图 6.2　"新华每日电讯"抖音作品截图

此外,值得注意的是,在进行选题策划时,切忌盲目跟进热点,如果跟进不恰当的热点,就有违规甚至被封号的风险。这就要求短视频创作者要时常关注平台出台的相关管理规范,远离敏感词汇,避免违规操作。

3. 直击用户爽点,注重情绪体验

创作者在选题时也应当思索用户的爽点,注重用户的情绪感受,让用户看完短视频之后获得即时的满足感。例如,对于不爽的事情被痛快淋漓地吐槽,当减肥节食时看到别人大快朵颐地享受美食,以及锄奸惩恶、大快人心的故事等,都可以让用户获得一种替代性满足感,享受精神的愉悦和满足。

例如,发布于 B 站的短视频《如何做一个内心强大的人?》,从"对被他人的评价所绑架、默默忍受别人的指指点点、畏手畏脚遵循他人的规则"为起点,反讽手机公放、插队、霸占公厕、随意抽烟、乱扔垃圾等不文明行为。在该视频中,创作者以欢快的语调、真实且夸张的表

演,吐槽调侃这些让人不爽的行为,抒发了用户的情绪,并带来一种畅快感。

再如,抖音美食博主"小贝饿了",她的美食探店足迹遍布西安、陕西等各大城市的大街小巷,远在他乡的陕西人在她的视频中回味家乡味道,纾解乡愁;外地游客跟着她的足迹打卡西安美食和景点,深入了解历史古城西安,"千龙网"如此评价其视频当中的生活与远方。另外,减肥人士也可以在其大快朵颐、无所顾忌地享受美食的场景中获得满足感。"小贝饿了"独具个人特色的视频风格受到众多用户的喜爱,她也被授予了"西安名吃宣传推广大使""陕茶代言人""陕西非遗美食推荐官"等称号。

虽然契合用户爽点的选题更容易产生情感共鸣,但创作者不能为吸引关注盲目迎合用户的低级趣味而抛弃底线,短视频创作应该坚守文艺最高线,在给予用户满足感基础之上创作出符合时代价值观的优秀作品,以思想的穿透力、精神的感召力真正实现情感共振。

短视频选题的四大原则

6.1.2　优质选题的原则

1. 讲好中国故事,传播中国声音

优质的短视频选题首先要紧跟时代发展脚步,讲好中国故事,传递中国声音。一方面,自党的十八大以来,习近平总书记在谈及对外传播时多次强调要"讲好中国故事、传播好中国声音、阐释好中国特色",并将其确定为思想宣传工作的一项根本遵循,要求长期坚持、不断发展。[①] 短视频作为新时代信息传播环境中辐射范围更广、传播效率更高的媒介形式,承载着讲好中国故事、传播中国声音的时代使命。另一方面,"文变染乎世情,兴废系乎时序",任何时期,文艺作品都发挥着反映时代风貌、引领时代风气的重要作用。当下,短视频作品创作也肩负着发时代之先声、开社会之先风的责任。创作者想要在短视频选题阶段把握方向,讲好中国故事,可以从以下几方面着手。

第一,弘扬传统文化,展现中国底蕴。中华优秀传统文化是中华民族的根和魂,它包含着解决人类发展问题的丰富智慧,是短视频取之不尽用之不竭的选题库。以短视频的形式弘扬中华民族传统文化不仅能够在唤醒当代社会人民群众"沉睡"的文化记忆,进一步建构文化认同,还能助力传统文化走出国门走向世界,弥合中外文化差异,增强民族文化自信。

近年来,中华传统文化成为短视频内容领域的热门选题。越来越多的创作者用行动传承和推广中华传统文化。例如短视频博主"阿木爷爷"(图 6.3),他是一位有 50 年木工技艺的老木匠,为了让中华传统工艺——木匠技艺得到更多的关注,63 岁的他拍起了视频,凭借独特且高超的技艺,阿木爷爷在 YouTube 上"圈粉"100 多万,视频总观看量已超过 2 亿。在阿木爷爷手中,普通的木头,不用一根钉子、一滴胶水,仅仅通过榫与卯之间的咬合支撑,精致的鲁班凳、苹果锁、拱桥、将军案等木制品就能诞生。文化外溢出,润物无声,阿木爷爷通过短视频让全世界看到中国传统榫卯技术,让世界见识到中国之美。

又如,腾讯视频推出的以传承传统文化为主题的微纪录片《以古为友》(图 6.4),呈现了传统与现代的交融,继承与创新的探讨,并在一次次的对话中感悟传统文化的独特魅力。在

---

①　习近平.习近平关于社会主义文化建设论述摘编[M].北京:中央文献出版社,2017.

图 6.3　"阿木爷爷"短视频截图

6 集节目中,流行文化的创作者与传统文化的研究者从诗歌、功夫、案台、水墨、餐盘、榫卯 6 种不同的传统文化出发展开思想的交流与碰撞。"光明网"也在《与古为友解锁传统文化寻源追新之旅》这篇文章中提到,《与古为友》在行走和对话中找寻中华传统文化历经时间考验而不变的内核和支撑,并将其转化为处理当下探索未知的能量和动力,从而以更加坚定的姿态继承和弘扬中华优秀传统文化。最终,该微纪录片成功入选由国家广播电视总局评选的 2020 年度优秀网络视听作品名单。

第二,深入生活,扎根人民,讲好中国人的故事。中国人有着自己独特的历史文化背景,别具一格地看待自然、社会、历史、未来的观点和看法,以及独一无二的世界观、人生观和价值观。短视频想要讲好中国人的故事,就必须表现好中国人的优秀品质和精神追求,反映好现实生活和文化民俗,这就意味着短视频

图 6.4　微纪录片《以古为友》宣传海报

的选题必须深入生活,扎根人民,从群众中来到群众中去,进而通过短视频展现真实、立体、全面的中国。

例如,以改革开放为主题的系列短视频《40 秒 40 年》,通过玩具、通信、服装、跟唱、支付 5 个微小的生活细节变化反映时代发展的飞速,以微观的个体、家庭变化展示宏观的中国发展广阔蓝图,将改革开放的成就展示得更为丰满清晰。视频一经发出,群众纷纷自发传播,最终收获 4000 多万播放量,并荣获第 29 届中国新闻奖融合创新三等奖。

又如,"中国新闻社"推出的讲述逆流而上的抗疫快递员汪勇故事的纪实类短视频《武汉志工:年三十瞒着家人出门服务首日腿抖一天》(图 6.5)。快递员汪勇瞒着家人偷偷做抗疫志愿者,从搬运物资到接送医护人员上下班到号召更多的人员加入成立志愿者联盟,他从生活中简单的小事做起,为民服务,用行动展示着平凡人的勇气和特殊疫情背景下中国人民团结一心、众志成城共同抵御病毒的爱与决心。

图 6.5　《武汉志工:年三十瞒着家人出门服务首日腿抖一天》视频截图

第三,弘扬主旋律,传播社会主义核心价值观。主旋律即表现社会和时代主流精神。短视频选题必须符合社会主义核心价值观,传播主流文化和声音,弘扬社会正能量,这样才能创作出具有时代性、人民性的强生命力短视频作品,才能发挥短视频催人上进、鼓舞人心的作用。

主旋律选题并不意味着题材类型的单调,相反,它的选题范围涉及生活的方方面面。以官方媒体账号"央视新闻"抖音账号为例(图 6.6),无论是对获得奖牌为国争光的奥运健儿的祝贺,还是对感动中国年度人物事迹的歌颂,抑或对历尽艰苦创业事迹的鼓舞,等等,都是主旋律选题的切入点。

图 6.6　"央视新闻"官方抖音账号部分内容截图

然而,当下内容生态泛娱乐化、逐利化的趋势明显,短视频创作者在选题时要时刻自我警醒,保持清醒的大脑认知,坚持进行正能量主旋律题材的挖掘。违背社会主义核心价值观的选题创作出的短视频作品不仅传播力差,还会损害用户对创作者的忠诚度和信任度,严重者会被平台"封杀",永久不得进行内容创作。

2. 精准账号定位,提升用户黏性

短视频选题一定要符合自身账号的定位,在精准定位的基础上有针对性地挖掘目标用户群体的需求,并不断提升账号在其内容领域的专业性,从而更快、更精准地吸引用户目光,提高用户黏性。例如,短短两月涨粉千万的抖音乡土网红"张同学"(图 6.7),他的走红速度令人惊叹却并不令人意外。在乡土风赛道竞争日趋激烈的短视频生态下,"张同学"能杀出重围离不开其特色的风格定位。

一方面,"张同学"的选题十分契合其"三农"属性的账号定位,生动且真实的乡村生活引发无数人的情感共鸣,三农领域的选题也使其获得了抖音更多的流量扶持。另一方面,选题也符合"张同学"大龄单身青年的自身定位,相较于其他乡土风短视频账号发布的直白的千篇一律生活内容,"张同学"的视频记录着大量琐碎却动人的生活细节,调皮的小野猫、老旧的日历、有年代感的小零食和菜地等,种种看似不加修饰的细节勾勒出一个有情调的浪漫的中年乡村大叔形象。同时,"张同学"的作品拍摄手法丰富专业,一个三分钟的视频甚至会出现几百个分镜头,同一场景有特写、有远景,整体视觉效果呈现非常饱满。除此之外,"张同学"善用节奏感强的 BGM 增强视频的律动性,让用户沉浸其中,难以自拔。

又如,山东广播电视台纪录片中心官方账号"吾记录"(图 6.8),是新时代一双善于发现

图 6.7　"张同学"抖音主页截图　　　　图 6.8　"吾记录"抖音账号的合集"吾辈"截图

的眼睛,以"天下兴亡,匹夫有责"的担当和定位记录着中华民族古往今来的家国情怀,以"吾辈"合集致敬每一位身在大时代,真爱着、热爱着这一切的"吾们"。舍身为国的英雄战士、英勇抗疫的白衣天使、传道授业解惑的师者……他们以"吾辈"为火炬撑起了中国的脊梁,用责任和担当向后世展现国家前途与民族希望,不断激励和鼓舞青年人做好中国新时代的脊梁! 截至 2022 年 6 月,"吾辈"系列视频已更新至 69 集,播放量高达2.9 亿。

3. 深耕原创选题,打造差异内容

随着短视频行业的深入发展,创作者数量激增,内容领域不断延伸,内容竞争日趋白热化。早期短视频题材主要集中于幽默搞笑、美妆领域,随后向知识科普、创意分享等领域扩展,短视频题材不断丰富的同时,领域细分也成为大势所趋。短视频创作者想要在海量信息面前获得持久稳定的关注度,脱离同质化的内容表达,深耕原创选题,实现差异内容的打造是非常必要的。

Vox(图 6.9)、柳夜熙(图 6.10)、A.SOUL(图 6.11)等虚拟偶像就在短视频选题创作红海中找到了属于自己的空间。以柳夜熙为例,它是 IP 孵化机构创壹孵化的虚拟"网红",其角色定位为会捉妖的虚拟美妆达人。2013 年 10 月 31 日,柳夜熙在抖音平台发布了第一条视频,名为《现在,我看到的世界,你也能看到了》,并加上♯虚拟偶像、♯元宇宙、♯美妆的话题标签。发布不到 30 小时,涨粉 130 万,获赞 273 万,截至 2022 年 2 月,该条视频播放量已经突破 5000 万,点赞量突破 400 万。元宇宙概念愈加火热的背景下,柳夜熙的出现是短视频领域一次漂亮的创新,拓展了短视频内容领域虚拟人赛道。

图 6.9　Vox B 站官方账号截图

图 6.10　柳夜熙抖音账号截图

图 6.11　A.SOUL 账号主页截图

再如，抖音账号"佳哥就是毕加索"（图 6.12）的运营者是一位绘画才艺高超的人，其短视频主要是"由词生画"——先写下关键词，然后根据词意进行创意设计，制作成简笔画。与竞品账号视频内容不同的是，"佳哥就是毕加索"的简笔画短视频创作更加具有系统性和代表性，需要精心的布局和创意设计。在"佳哥就是毕加索"的短视频作品中，制作完成的简笔画

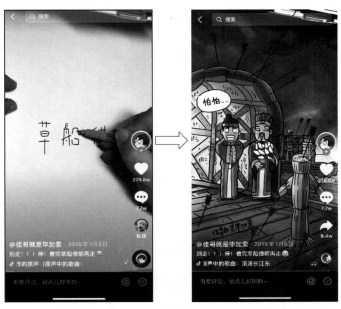

图 6.12　"佳哥就是毕加索"短视频作品截图

几乎找不出绘画时所使用的关键词的笔画痕迹,它们已经完全与画面融为一体。更重要的是,其短视频作品大致分为三类,即结合热点、关联节日和重现经典,以这三类关键词为切入点创作具有系统性和代表性的作品,实现差异化,从而快速引流。

4. 坚持用户导向,实现价值输出

归根结底,用户是短视频的最终鉴定者,如何在信息过载的时代给用户留下深刻印象是短视频创作者需要共同思考的问题。因此,短视频选题要坚持以用户为导向的原则,在牢牢掌握用户需求的基础之上输出有深度、有思想、有价值的内容,这需要经历如下三个步骤。

首先,短视频创作者要具备用户至上的思维。注意力稀缺的时代下创作者只有站在用户的视角了解用户的内容需求,才能生产出用户喜闻乐见的视频内容。例如,央视推出的系列短视频《主播说联播》,以短视频的形式普及知识、解读热点,更好地契合了用户信息获取习惯由电视等传统媒体向短视频等互联网媒介转变的现实情况,是主流媒体在新媒体环境下基于用户视角对传统严肃新闻内容的一次成功的形式创新。[①]《主播说联播》在视频选题时真正做到了倾听用户的声音,选择用户关注的热点事件。例如,2022年北京冬奥会期间,《主播说联播》以短小精悍的语言、平民化的视角实时报道冬奥会有关情况,积极回应人民百姓对于开幕式表演、吉祥物、赛事安排、运动员等方方面面的关切,如《微火虽微,永恒绵长,生生不息!》《升国旗奏国歌! 冬奥热情全线点燃》《后生可畏更可爱,未来可爱更可期》《北京冬奥闭幕,冬奥播下的种子已撒向世界》等。不仅如此,《主播说联播》做到了内宣、外宣同频共振,把北京冬奥盛会真实、全面、立体地传到了全世界,也展示了中国积极开放的国家形象。

其次,短视频创作者在基于用户视角的前提下要挖掘用户需求背后的深层原因,关注用户的本质需求,同时要学会拆分用户需求,注重细节的体现和内容的延展性,正如长尾理论的提出者克里斯·安德森所说,网络时代是关注"长尾"、发挥"长尾"效益的时代。[②] 在网络时代,短视频选题在细化的垂类领域做深度内容,更容易精准地吸引用户,直击用户需求,进而享受长尾效应带来的红利。

例如,B站科技区UP主"老师好我叫何同学"(图6.13),他的短视频选题立足于科技这一细分领域,多为科技产品的深度测评,同时其视角有别于多数科技类博主的晦涩深奥,带有深切的人文气息,对普通人友好,能够使普通用户也产生深刻的思考。

以其成名作为例,2019年6月6日,何同学发布视频《有多快? 5G在日常使用中的真实体验》,以普通人的视角去感知5G网络测试阶段的速度及其现实场景中的使用体验,并以专业的视角预测了5G技术未来的发展趋势。截至2022年2月,这条视频在B站的播放量达到2856.6万,点赞数达246万。

最后,在经过用户视角下用户需求的深度挖掘后,短视频创作者要通过选题与目标用户产生联系,站在利他的角度构建可感知的连接力。北京师范大学喻国明教授曾说"未来的信息传播领域,内容吸引用户的根本是人们通过信息的消费、内容的接触得到、留存更多有益

---

① 常玲玲.以用户思维打造融媒体产品——以《主播说联播》为例[J].青年记者,2020(08):84-85.
② 郭建光.媒体融合下新闻传播长尾效应分析[J]. 中国报业,2019(18):26-27.

的东西,进而使人的眼界打开、认知迭代、品行提升。"[1]总而言之,用户本位是未来短视频选题发展的关键趋势,是短视频内容保持生命力的根本所在。

6.1.3　丰富选题的方法

创作者想要保证短视频选题的丰富,使其有持续不断的短视频作品输出,需要在两个方面下工夫:一方面,在日常生活中不断进行素材储备,建立专属选题库,既能为打造优质的短视频内容提供参考依据,也能为短视频账号的长期运营提供坚实的后盾;另一方面要学会追踪热点,为短视频内容传播插上流量的翅膀。

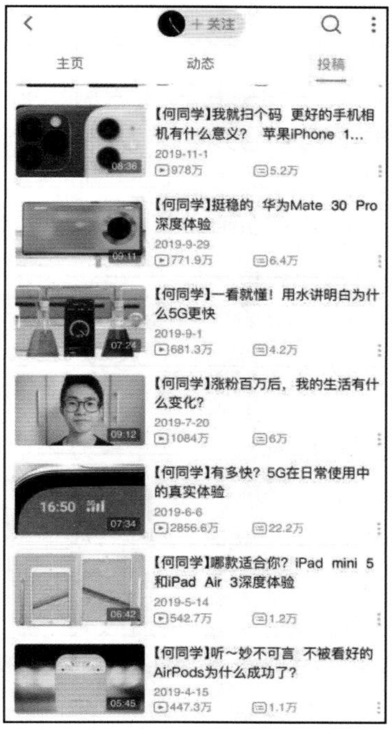

1. 建立专属选题库

以下是三种常见的丰富选题库的方法。

第一,日常化积累。优秀的短视频内容创作者都有日常积累的习惯,观察身边的人、事、物,参考与自身定位相关账号的爆款选题,在生活中的点点滴滴里发掘具有参考价值的选题,并纳入到自己的选题库中,不断训练发现选题的嗅觉。

图 6.13　"老师好我叫何同学"
B 站账号主页截图

第二,评论区挖掘。短视频下方的评论区是用户进行有效交流的便捷渠道,会折射出用户以及创作者的很多想法,如赞同、反对、质疑,甚至提出大胆新奇的期望,表现出对事物的强烈求知欲。例如,神州十三号载人飞行任务中,中国空间站首位女航天员王亚平深受用户关注,"人民日报""央视新闻"等各大主流媒体账号纷纷围绕此创作出精彩选题,如《女航天员上太空有啥不一样》《女航天员太空生活优势在哪》《成为女航天员究竟有多难》等。因此,创作者可以在评论区中了解到用户的想法和需求,挖掘出选题及内容创作的灵感。

第三,关键词查找。使用不同的搜索引擎,如百度、微博、微信搜一搜、头条、短视频,对有效信息进行整理提取、分析总结。

2. 追踪热点,搭乘流量快车

除了日常自身的创意库外,追踪热点也是爆款选题的重要途径。来源于热点的选题有助于让短视频内容凭借热点话题迅速发酵与升温,是一种投入少、产出高的选题方法。热点追踪的流程包括以下三方面。

第一,确定热点,善用追踪工具。主要的热点追踪工具如下。

(1) 微信公众号:微信公众号上有许多结合热点、能够引发读者共鸣的爆款文章。

(2) 社交平台热搜榜:例如百度搜索风云榜、新浪微博热搜榜、抖音热搜榜单等。百度是全球最大的中文搜索引擎和最大的中文网站,每天都有数亿人在使用百度进行搜索。百

---

① 喻国明.再造主流话语形态的关键:用户本位、构建魅力、营造流行[J].新闻与写作,2019(09):54-57.

度搜索风云榜就是以数亿网民的搜索行为为数据基础,将关键字进行归纳分类,从而形成的榜单;微博是现如今用户在网络中使用最多的社交平台之一。微博提供了一个平台,用户既可以作为观众在微博上浏览感兴趣的信息,也可以作为发布者发布一些内容供别人浏览。用户之间还可以对热点话题进行讨论。而微博热搜榜就是微博对当下热点最及时的整理和归纳。

(3)咨询聚合类平台:例如今日头条 App 的推荐和热点板块。

(4)专业数据平台:例如蝉妈妈、短鱼儿、飞瓜、卡思数据等。这些平台一方面提供了精确的短视频账号数据,另一方面也进行行业分析洞察,帮助创作者了解行业前沿动态,更有针对性地进行内容创作。

从以上渠道中找到热点题材作为创作短视频的素材,再围绕热点评论中的精华部分策划短视频内容,可以让账号内容搭上热点的快车,让优质内容更迅速地传达到用户。

第二,分析热点,把握适用原则。当遇到一个热点时,创作者不能为了快速追热点就马上将其植入短视频中,而应当对热点进行分析。创作者需要判断该热点是否值得使用,是否符合自己的短视频账号定位,以及如何围绕热点创作高质量的短视频。通常来说,可以从热点的真实性、热点的时效性、热点的话题性、热点的受众范围、热点的相关性、热点的风险性六个维度来对热点进行全面系统的分析。

热点的真实性即所发生的热点事件是否属实,创作者需要寻找相关依据,不能盲目跟风,以免损害用户对账户的信任;热点的时效性即热点事件只在某一段时间内具有很高的关注度,所以创作者需要把握热点发生的黄金时机,顺势而上;热点的话题性是指热点事件能引起用户的关注和讨论,创作者可以选择开放性的、有延展性的话题来激起用户讨论;热点的受众范围是指热点事件的受众具有一定的范围,不是所有人都囊括其中,因此创作者要根据账户目标用户的需要来追寻热点;热点的相关性即热点事件与其他事物的相关程度,这要求创作者需要考虑热点是否能与自身或用户产生关联,是否符合自身的人设和账号定位;风险性即热点事件带来不利后果的可能性,如争议性事件、负面事件等,围绕热点制作的内容必须坚持正面积极的总体导向,符合社会主义核心价值观。

第三,热点策划,搭建整体框架。策划的第一步是找准切入角度,从热点中独特、新颖的基点出发,找到既符合短视频内容定位,又契合目标用户需求的关键点来切入。找准切入点后,开始构建短视频框架,策划展现形式。

以活跃于微博、抖音等媒体平台的博主"刚刚"为例,在热点事件中,他常以新颖的角度"刚刚"为切入点,以"刚刚又发生大事了"的定位为导向创作内容,如《刚刚,北京冬奥会奖牌发布了》《刚刚,四川长宁县发生 4.6 级地震》《刚刚,神州十三号载人飞船点火发射了》等。"刚刚"在网络平台上以文字和视频的形式保持着实时播报的节奏,第一时间为网友提供新鲜出炉的热点信息。

值得注意的是,热点总是有时效性的,所以要保证在较短的时间内完成短视频创作并在第一时间发布,内容准备完毕且核实无误后,选择第一时间发布,这样才能更好地占领流量高地,扩大内容的传播面。

◆ 6.2　短视频内容创意策划

在确定短视频选题之后,还需要对内容进行策划,打造内容总方针,构建出整体框架,将零碎复杂的想法转化为具体的实施方案,使得其内容最终呈现得更加完整。优质选题加之足够创意的内容策划,才能在亿万短视频中脱颖而出,获得用户的认可。短视频内容创意策划主要有如下几种方式。

6.2.1　打造鲜明人设,提升内容辨识性

在烈火燎原的短视频内容生态里,短视频创作者不仅要讲好故事,还要做一个有个性的生产者,打造鲜明的账号人设,根据人设确定内容领域,从而有针对性地创作出具有自身辨识性的作品。人设,即人物设定,人设本质上是一种象征符号,指的是创作者在作品中向观众展示的特定形象。[①] 顾名思义,短视频账号人设,是指在同一账号的多个作品中连续出现的人物形象,是表现作品内容的主角。人设可以是剧情中虚构的角色,也可以是演员本人;形式既可以是真人,也可以是虚拟人物。账号人设的打造,有利于短视频快速建立用户认知,提升内容辨识度和竞争力。正如美国社会学家戈夫曼所说"人与人之间的社会交往在某种程度上是一种拟剧表演"[②],创作者通过后台短视频脚本的撰写、内容的创意策划和持续更新,实现对前台账号人设的塑造,进而获得这一人设偏好下人群的认可,快速实现用户的积累和账号影响力的提升。

图 6.14　"房琪 kiki"视频号主页

例如,旅游自媒体博主"房琪 kiki"(图 6.14)就是凭借其极具个人特色的视频风格走红网络。她 2018 年辞去央视主持人工作,开始全职做旅行自媒体,同年在抖音发布第一条旅行短视频的主题为"嘿,一起去旅行吧",由此开启自己旅行生活的记录。在玉龙雪山吃火锅、打破自身恐惧学习潜水、靠旅游走出失恋等都是房琪的视频内容,不拘泥于一种风格,将全部真实、勇敢的自己呈现给用户,独立自信、勇敢筑梦的青年女性形象吸引了大批粉丝。截至 2022 年 2 月,"房琪 kiki"已拥有超 2000 万粉丝,成为抖音旅游类目头部自媒体。

6.2.2　创新叙事策略,增强内容故事性

美国传播学者詹姆斯·凯瑞认为,"传播并非单纯的信息在空间的扩散,而是指在时间

---

① 何雅昕.传播学视阈下明星"人设"的分析[J].传播与版权,2018(01):10-12.

② 戈夫曼.日常生活中的自我呈现[M].北京:北京大学出版社,2016.

上对一个社会的维系,它是共享信仰的表征,它强调的是观众被其中的认同感所吸引。"[1]在短视频信息传播生态中,故事性是维系用户情感、达成共享信仰的关键。作为一种富媒体,短视频信息含量高,可以在相对较短的时间里厘清事情的来龙去脉。创新叙事策略,提升短视频的故事性是内容创意策划的关键一步。除了民间化叙事、细节化叙事等常用策略外,还可以参考以下叙事策略。

第一,符号化叙事。符号是信息的外在形式或物质载体,通常可分成语言符号和非语言符号两大类。语言符号即以人工创制的自然语言,主要包括口头语言和书面语言,这也是短视频最常见的叙事方法,如字幕。而非语言符号是以视觉、听觉等符号为信息载体的符号系统。俄罗斯语言学家雅柯布森认为,"人类社会中最社会化、最丰富、最贴切的符号系统就是以视觉和听觉为基础的。"[2]以非语言符号为基础创作的短视频可以更好地向用户展现内容,传达出作品的精神内涵,得到用户的理解和认可。

第二,以李子柒为例,她的短视频无不体验非语言符号的魅力。在视觉上,视频中的每一帧画面都充满着浓浓的中国意境,景色宜人的乡间小道,随处可见的竹林、山路、溪水,还有那炊烟袅袅的烟火气,都营造出一种宁静祥和的情境。在听觉上,曲调悠扬婉转、空灵生动的纯音配乐,夹杂着四川话交谈声、动物鸣叫声等,所有的声音配合在一起,恰到好处地烘托美好舒适的田园意境,更让人感受到了独特的中国韵味。[3] 李子柒的短视频中非语言符号的广泛运用,不仅凸显了其精致的乡村田园风,深受国内用户的喜欢,而且突破了语言壁垒,实现了跨越国界的意义传递,大力推动了中国优秀传统文化走出去。

第二,剧情化叙事。剧情化叙事是指通过剧情的形式阐释较为复杂的科学原理、科学现象或者历史文化知识,来代替传统的平铺直叙式的内容灌输,以创意代科普进行内容输出。[4] 与平民化叙事相比,剧情化叙事往往采取一定的专业拍摄技巧和剪辑技巧,叙事结构清晰明了,故事线清晰流畅,便于用户解构和理解作品内涵。剧情化叙事能将枯燥乏味的视频以更加有趣的形式形象化地表达出来,用夸张幽默的方式来满足受众猎奇心理,赋予内容更加持久的生命力。

6.2.3　植入有趣元素,增强内容趣味性

在对内容进行创作时可以有意地融入一些趣味性元素,运用各种创意方法和技巧对一些比较经典的内容和场景进行视频编辑和加工,也可以对生活中的一些常见的场景和片段进行"恶搞式"的拍摄和编辑,从而打造出使人微笑或者开怀大笑的短视频。

例如,抖音账号中萌娃类账号总是流量的聚集地。其中,抖音号"小橙子先生"(图6.15)是萌娃类账号中的佼佼者。"小橙子先生"平日以父母视角发布小橙子的日常生活,《自己一个人自嗨》《接水认真拖地》《把瓷砖认成毛毛非得擦干净》《接爸爸唱的歌》……看着小橙子的日常生活片段,网友们纷纷开启云养娃模式,该账号也迅速俘获2000万粉丝。

①　樊水科.从"传播的仪式观"到"仪式传播":詹姆斯·凯瑞如何被误读[J].国际新闻界.2011,33(11):32-36+48.
②　李彬.传播符号论[M].北京:清华大学出版社,2012.
③　汪慧蓉,白阳明.非语言符号在短视频跨文化传播中的运用[J].文学教育(下),2020(11):54-55.
④　杜亚丽.抖音高热度科普短视频内容生产研究[D].北京:中央民族大学,2021.

再如,央视记者王冰冰作为官方媒体人的代表,在新媒体平台以"吃花椒的喵酱"(图 6.16)的身份展现了一个不一样的记者形象。她在"冰冰 Vlog"系列视频中向观众呈现了台前幕后的真实生活,如王冰冰在 B 站发布的第一条 Vlog《带大家看看每个冬天我必去的地方》以轻松幽默的语调,欢喜热闹的音乐节奏,极具美感的拍摄画面,用日常生活的点滴吸引着年轻人的关注和喜爱。该视频仅上线两小时,就成为全站视频排行榜第一名,而王冰冰入驻 B 站十小时破百万粉丝,被网友戏称为央视的"收视密码"。

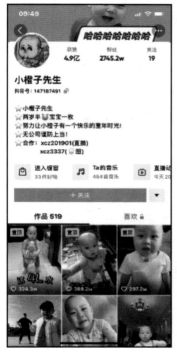

图 6.15　"小橙子先生"主页截图

图 6.16　"吃花椒的喵酱"主页截图

6.2.4　利用知识赋能,提升内容有用性

随着互联网视频流量红利见顶,同质化的娱乐内容易引起受众审美疲劳,受众的兴趣点也不再仅要求"有趣",对"有用"也有着巨大需求。知识类短视频内容成为平台与用户关心的重要内容,同时平台侧也积极进行内容模式转型,对知识类、科普类短视频内容进行大规模流量扶持,回应用户高涨的求知欲。

平台上线,知识下沉,技术赋权下的短视频平台让千千万万的普罗大众都能获取相对平等的表达权和参与权,短视频风生水起的时代,越来越多的专家学者打破学术的藩篱,借助网络平台"传道授业解惑",用通俗易懂的语言进行科普,营造良性健康的短视频内容生态。《2021 抖音泛知识内容数据报告》显示,生活技能类泛知识科普短视频内容呈高速增长之势,播放量年同比增长达 74%,已占平台总播放量的 20%,成为最受用户欢迎的内容之一。在抖音带动下,短视频行业自 2019 年起展开从"娱乐化"向"知识化"的生态转型。截至 2021 年 8 月,抖音平台知识创作者超 1.5 亿名,创作知识视频超 10.8 亿条,累计播放量已超 6.6 万亿,点赞量超 1462 亿,评论量超 100 亿,分享量超 83 亿。[①] 专业的知识从"象牙塔"走向"百姓家",形成一个内容的正向循环。短视频创作对用户实用性的满足是大势所趋。

例如,B 站知名科普 UP 主"安州牧",自称"历史学里最想拍电影的",用电影演绎历史,用国风带动历史人文热,重现历史的风云际会。其代表作《两晋十六国》(图 6.17)以时间线为主要脉络,运用通俗易懂、风趣幽默的语言,结合特色的人物立绘与地图注释,向公众讲述了五胡乱华的风云历史。截至 2022 年 6 月,该 35 集系列视频在 B 站的累计播放量达 1630.1 万,并结合抖音平台特征将其切分为 105 集,在抖音累计播放量达 2886.8 万。其又一代表作品《风云南北朝》合集也荣登 2021 年 B 站年度热门历史人物系类视频之一。

图 6.17　"安州牧"合集作品《两晋十六国》截图

同样高能输出的知识类 UP 主还有"罗翔说刑法"(图 6.18)。2020 年 3 月,中国政法大学教授罗翔凭借幽默风趣的普法短视频在互联网上迅速走红。罗翔教授的视频作品在内容层面,选题丰富且贴近生活,通过对热门法律案例的幽默化讲解进行法律知识的科普;在呈现形式层面,罗翔教授的视频以"说相声"式的口头叙述为主,融合 B 站亚文化场域的流行话,契合平台调性的同时彰显个人特色。其账号"罗翔说刑法"在开通 8 天内便收获百万粉丝,刷新了 B 站新入驻 UP 主的涨粉记录。

6.2.5　弘扬主旋律,强化内容认同感

随着移动信息技术的蓬勃发展,短视频日趋成为大众日常接触的媒介,必然需要承载和传达一定的占主流地位的价值观倾向和意识形态倾向。在进行短视频内容创作时,聚焦主旋律,讲好中国故事,传播好中国声音,不仅有助于人民加强对国家的民族认同感,也对塑造中国文化大国形象,提升中国文化软实力层面起到不可忽视的作用。

需要注意的是,个人进行主旋律类短视频创作并不是将社会主义核心价值观生搬硬套,

①　清华大学新闻与传播学院,中国科学报社,字节跳动.知识普惠报告 2.0——短视频与知识的传播研究报告,2021.

而是结合短视频媒介形式碎片化、接地气的传播特性,将宏大的主旋律以一种可消费化的、通俗化、轻松化的表现形式生产出来。用户在不自觉的主体代入作用下,引发情感共鸣。以人民日报等主流媒体为例,他们的主旋律叙事风格的短视频主要特点如下。

图 6.18　"罗翔说刑法"
B 站账号主页

第一,叙事时间以顺序为主。在叙事时间层面,短视频主旋律叙事以顺叙为主,最有利于将长时期动态的变化信息内容快速传递给用户。例如,在中国共产党建党一百周年之际,"人民日报"推出庆祝短视频《这百年》,以时间线的形式记录这百年间中国发生的重大事件,展现百年巨变。

第二,内容呈现以细节为主。在内容呈现层面,短视频主旋律叙事以细节呈现为主。细节是事实和情感的重要体现方式,细节可以将宏大的视频基调微观化,以小见大,更为生动地讲述中国故事。例如,"共青团中央"围绕改革开放四十周年为主题推出的系列短视频之一《40 秒 40 年——服装篇》(图 6.19),从服装的款式、颜色和面料等微小的细节出发,反映了改革开放四十年来人们物质生活水平的不断提高和思想的逐渐开放,从小小的服装变化展现出了时代的缩影。

图 6.19　《40 秒 40 年——服装篇》截图

第三,情感价值以正面为主。在情感价值层面,短视频以正面宣传为主的情感价值传递,更能唱响主旋律,弘扬正能量,增强社会的积极性与认同感,实现用户的情感共振。例如,"人民日报"推出五四主题演讲视频《青春的可能》,描绘了一场青春与时代的双向奔赴,传承五四精神,激励新时代中国青年不断奋进,勇于探索未知世界,创造青春的无限可能。

爆款标题

6.3   短视频标题的确定

广告大师奥格威在其《一个广告人的自白》中提到，用户是否会打开文案，80％取决于标题。[①] 同样，对于短视频来说，标题是第一印象，标题是否有创意，是否吸引人是用户能否点开观看的关键，而且新媒体平台上呈现的短视频标题不同于和图片、文字连成一体的传统标题，它以超链接的形式承担了概要全文的重要作用，直接决定了用户是否有兴趣点击观看，因此短视频的标题是影响短视频播放率的重要因素。具有创意的标题不仅能够提高短视频的播放率，还能吸引用户关注账号。

此外，从运营层面来讲，虽然短视频平台可以依托机器算法技术对图像信息进行一定程度的解析，但相比于文字，其准确度方面仍存在局限性。传统的图文形式中文字信息量很大，机器算法解析起来也很方便，在优先级上也高于图片。但短视频转向了图像，就变成了不同的维度，大数据算法很难在视频内容中获取到相关的有效信息，而标题就是最直接有效的信息获取途径之一。

本节将通过优质标题的特点及拟定标题的注意事项两个方面的介绍进行短视频标题写作的学习。

6.3.1   优质标题的特点

1. 场景化

标题情景化有助于画面感的营造，从而产生极强的代入感，使用户在看到标题时就提前陷入创作者设定的情境中，以减轻文字扁平化带给用户的生硬冷漠感，更好地传达短视频的主题，引发用户共鸣。

例如标题《十里桃花泪点点，熬一盏早春甜茶——桃胶》《遛马寻花，摘下开得正盛的辛夷给喜欢的你们》《月儿圆圆，稻米飘香，正逢农家收谷子忙》《挂一盏花月影灯，正配这一整桌的黄桃小食》，几个短语便形象地描绘出清新自然、诗情画意的乡村收割水稻的情景，引发用户对田园牧歌式乡村生活的向往。

2. 直击痛点

优质的短视频标题必须切中用户痛点，把用户最感兴趣的、最有共鸣的内容直接放在标题里，这样的标题是自带流量属性的。

例如标题《每天 10min，轻松 get 直角肩＋少女背！圆肩驼背必看！》《五分钟在家瘦腰运动！快速瘦肚子小蛮腰，马甲线一周显形！》等，标题直接指出短视频内容的目标用户——减肥群体，直击该群体减肥难的痛点并给出可以快速简单实施的解决举措，牢牢抓住用户眼球。

3. 激发用户好奇心

好奇心是人的共性，当用户看到标题产生疑问时，就会产生对短视频内容观看的欲望。

---

①   奥格威.一个广告人的自白[M].北京：中信出版社，1991.

优质的标题往往能激发用户的好奇心和期待感。这类标题主要有以下三种表现形式。

第一，提出疑问。第一种激发用户好奇心的形式是在标题中直接发问，知识科普类短视频和情感互动类短视频标题常使用该种形式。例如，科普类短视频标题《路由器多久关一次最好？宽带师傅说出真相，还有暴露隐私的风险》，从用户生活化的上网场景入手吸引用户停留，聚焦用户不关注的视角——路由器关闭频率提出疑问，激发用户浏览及收藏点赞等互动行为。该视频发布一天就收获 20W＋点赞，1600W＋播放量。再如，短视频标题《情侣之间聊什么能增进感情？》，以人们关注的情感类问题吸引用户目光，并在评论区提出问题激发用户讨论。截至 2022 年 6 月，视频点赞量已达 20W＋，评论量突破 5k＋，良好的数据效果与直接发问的形式息息相关。

第二，设置悬念。在标题中设置悬念往往能产生较大的情感刺激，通过将短视频中用户感兴趣的、未知的信息提取到标题中并进行适当隐藏，仅给予用户少量暗示来激发用户的探索与求知欲，从而达到提升短视频浏览量的效果。

"你肯定想不到""你一定不会"等语句都是设置悬念的典型标题用语。例如标题《30 秒就出锅？你点的外卖成本有多低你一定想不到》，从外卖成本的角度入手引发用户好奇，揭露外卖料理包产业的乱象。再如，《99％的人不知道的食物冷知识！第 3 个我服了!》，以人们关心的饮食问题出发，并以重复感叹的形式激发用户好奇心。

悬念类标题往往能给短视频带来较好的流量数据，但需要注意的是，在带来高点击量、观看量的同时，要保证内容的深度，否则用户容易产生被欺骗感，引发用户的不满，不利于短视频的长远创作。

第三，矛盾体。在标题中使用前后矛盾、冲突的字，形成矛盾体以激发用户的好奇心理。例如标题《从年薪 40W 的大厂辞职，我很快乐》《没有工作的一年，我变得更富有了》，离职、失业、高薪不再，这种在常人眼里忧虑难过的事情博主却感到很快乐，没有工作收入却能更富有，这种矛盾反差精准击中了用户的好奇心。

4. 善用数字

在标题中使用数字有如下几个优点。首先，数字容易引发用户感知。尤瓦尔·赫拉利在《未来简史》中提出"人类大脑天生对数字敏感"。[1] 大脑生来就不喜欢复杂的东西，数字是能够被量化的，能够将繁冗的信息简化，是用户最容易产生感知的元素。其次，数字在标题中运用可以凸显权威，增加可信性和可读感，提升信息密度。最后，数字简单直接，能有效缩减标题长度，符合当今用户碎片化的观看习惯。

例如《我爬取了 29 万条数据，搞清了 UP 主真实收入!》《五亿微博数据泄露，我查到了当地明星网红手机号》《我整理了 100 多个数据查询网站，我看还有谁敢说，有自己查不到的数据!》《10％的富人与 10％的穷人收入比已达 20 倍！数据分析我们的贫富差距有多大？》等标题，用直观明了的数字带给用户生动鲜活的视觉震撼力，引发用户好奇心。

5. 多用你、我人称增加代入感

短视频具有极强的社交属性，使用短视频满足情感需求是用户使用短视频的主要原因

---

[1]　赫拉利.未来简史：从智人到智神[M].北京：中信出版社,2017.

之一。标题中第一、第二人称的使用容易增加用户代入感,减少距离感。用户和创作者在真实的环境中平等地进行情感表达。

例如标题《秋天的第一杯奶茶,你喝到了吗?》从朋友视角出发,向屏幕前的你嘘寒问暖,拉近距离;《35 年前的零食,你吃过吗?》这种回忆式标题瞬间将观众带入过往的时光;《我赌1000000 美元你肯定会笑!》以及其笃定的语态吸引用户点击观看。

6. 利用群体效应

利用群体带动个体,更多的个体加入后,进而带动更多的其他个体。用群体行为来促使观众行动,这是市场营销学里常常被提及的"群体效应消费行为"。从群体出发,创作者可以转变视频标题的写作视角,利用他人刺激用户,运用群体来建立用户感知,其本质是用户视角。

利用群体效应的说服力,就要调动群体的元素,通常使用"所有""100％""大部分",以及从地域入手、从性别入手等细分群体领域的短视频也常在标题中使用群体效应。例如标题《300 万粉丝都听过的一首歌!》《十分钟,说服 100％会拒绝你的人》《宿舍所有男生都爱玩的游戏!》《北方人的童年 VS 南方人的童年》《南方人冬天洗澡有多难?》等利用人们的群体心理吸引用户观看。

值得注意的是,名人效应是群体效应的一种特殊形式。例如标题《不要女儿做完人,不必要上名校,谷爱凌妈妈的教育观值得点赞》,通过引入体育名人谷爱凌来增强标题的吸引力,扩大传播面。

7. 打造内容标签

观察当前短视频平台的热门内容,会发现其标题突出的共同点之一为在标题后缀处会添加与该短视频内容适配的话题标签。通过标题热门标签的流量挂靠,助力短视频内容的传播。一方面,当前平台采取的内容呈现方式为大数据算法个性化推荐,其流程为:平台算法解析→提取内容关键词→形成内容标签→按标签精准推荐→触达用户。短视频平台在分发推荐短视频时,标题上的内容标签是算法识别的关键数据,利于短视频内容的精准传播。另一方面,用户在通过短视频平台进行搜索行为时,标题上的内容标签有利于被更多用户搜索触达,助力内容破圈传播。

例如,2021 年是中国共产党成立 100 周年,有关"建党百年"的话题标签在各大媒体平台刷屏,"人民日报"发布于 B 站的作品建党百年版《错位时空》,不仅添加了"建党百年""历史""人文""精选歌单"等多个标签,而且与高分献礼剧《觉醒年度》联动传播,展现了两代青年的隔空对话,成功火爆出圈。

8. 善用修辞手法

修辞手法的使用可以使短视频标题营造的场景更为立体形象,夸张、对比、比喻是标题中常使用的修辞手法。例如标题《世界上罕见的职业,无数人挤破头也进不去》用夸张的手法,突出了这份罕见职业的门槛之高。再如,《学渣 VS 学霸》《别人班 VS 我们班》等,以校园生活中常见的对比法突出反差,《当夜晚推开宿舍门之后简直就像密室逃脱!》《有人懂你的感觉,就像上帝偷偷给了你一块糖》《问君能有几多愁,恰似两根钢管卡我头》等利用修辞手法,不仅提升了标题的趣味性,而且给予了用户丰富的想象空间。

6.3.2　拟定标题的注意事项

1. 标题形式规范性层面

第一,标题长度要适中。字数太少无法保证短视频平台机器提取信息的准确度,字数太长会影响前端用户体验,且当前短视频平台多为信息流式的内容呈现形式,标题过于冗长用户会直接划走。因此,标题长度要适中,建议控制在 10～20 个字。

第二,标题格式要标准。格式标准是机器精准获取关键字的前提,因此标题格式要规范。首先,合理安排标题字数,不要在短视频封面中显示不全;其次,标题中出现的数字要写成阿拉伯数字,以快速吸引用户视线;再次,标题应当通俗易懂,尽量避免缩写词语,以免引起不必要的歧义。

第三,合理断句。标题要合理断句,避免一句到底的冗长表述。通常来讲,三段式标题最多,例如《自媒体人想学好文案,需要知道的八个网站,值得收藏》。

第四,用词通俗易懂。标题写作既要避免用词的冷门、偏僻,也要避免用词的生硬、官方,通俗易懂的标题用词最易于短视频内容的传播。例如,“央视新闻”发布于 B 站的短视频标题《唱支 Rap 给党听》《全民健身日,每天五分钟,快乐爽歪歪》等,不仅清晰地表达短视频的内容,而且幽默的表达更易于用户的理解和接受。

2. 标题内容规范性层面

随着短视频行业的深入发展,用户规模趋于饱和,流量红利见顶,受众注意力成为稀缺资源。流量裹挟焦虑下,部分创作者丢弃初心,“标题党”现象屡见不鲜。“标题党”现象是指在网络新闻中为实现激发读者好奇心并诱导其点击链接交际目的,通过语言和语用等手段制作的诱导性标题现象。[①] 在短视频标题创作中,要恪守底线,坚持内容为王,要避免以下现象。

第一,避免断章取义,歪曲事实。短视频标题创作要遵循真实性原则,在确保内容真实的基础上进行创意写作,尤其是在知识科普类等专业性强的短视频领域,标题的创作应科学化、规范化,使得真实信息有效传达。例如,2022 年 1 月,一篇标题为《平均一天吃四个鸡蛋胆囊长满结石》的短视频引起广泛关注,一时间人心惶惶。然而在看完整版短视频后发现,鸡蛋并非引发体内结石的主要原因,目前也没有数据显示适量食用鸡蛋会增加体内结石的风险。这样断章取义的标题使得评论区批评声一片。

第二,避免夸大其词,无中生有。短视频标题创作要避免夸大或无中生有,将可能发生的事件或者不存在的事件通过剪辑等手段包装为奇观从而引起用户注意。例如 2019 年,湖北省十堰一男子通过爆炸特效软件制作并发布一段标题为《刚刚十堰火车站发生爆炸》的虚假短视频,造成极其恶劣的影响。该男子的行为破坏社会公共秩序,影响社会稳定,最终,该男子被行政拘留 7 日。

第三,避免情绪煽动,制造矛盾。短视频内容生态中,用户的情绪极其容易被感染,这种

---

① 邓建国.“标题党”的起源、机制与防治[J].新闻与写作,2019(08):45-53.

心理上的接近性在标题创作中被稍加利用,便能使得内容在短时间内获得巨大的流量和社会关注。然而利用不当,就会恶化网络信息传播环境。

例如以"不转不是中国人""中国同胞速速点开"等语句为前缀的短视频标题,将爱国情感当作收割流量的利器,宣扬极端的、不健康的爱国情绪,看似正能量实则恶化了短视频标题内容生态。

◆ 6.4 本章小结

罗伯特·麦基曾说:"一个讲得美妙的故事有如一部交响乐,其间结构、背景、人物、类型和思想融合为一个天衣无缝的统一体。"[1]短视频选题与策划的过程就是"美妙的故事"诞生的过程,从精巧选题的找寻到内容的创意策划再到优质标题的编写,三者层层递进,相互配合,合力生产出生命力强、传播力强的短视频作品。虽然短视频选题与策划的目的之一是为了获得更多的流量和用户关注,但流量更意味着社会的责任和期待,如过度追求流量而不顾社会效益,最终必然会遭受流量的反噬。因此,无论在选题、内容或标题上,都要更加注重对真善美的追求,注重对作品精神内核的塑造,传递社会主流价值观,实现社会效益和经济效益的统一。

未来,伴随着技术的进一步升级及用户内容消费习惯的变化,短视频行业内容生态的发展趋势还有极大的不确定性。本章对短视频选题与策划的探讨仅为当前行业规律的一些总结,创作者不必拘泥于此,要用定力、谋力把握方向,用天马行空的创造力、想象力进行创作,不断在实践中探寻、总结行业前沿规律。

◆ 习 题 6

1. 结合优质选题的来源和原则,谈谈如何打造短视频爆款选题。
2. 结合短视频选题与策划方法,谈谈如何运用短视频讲好中国故事。
3. 你如何看待"标题党"现象和危害?怎样避免成为一个短视频"标题党"?

---

[1] 罗伯特·麦基.故事[M].北京:中国电影出版社,2001.

第
7
章

短视频脚本创作

第 6 章介绍了短视频选题策划的相关内容,接下来就需要根据策划的主题撰写短视频脚本。视频的本质就是将想表达的内容通过镜头语言展现出来,而脚本的创作是短视频制作的关键。脚本是叙事的重要载体,是确定整个作品中内容的发展方向和拍摄细节的重要一环。而短视频由于时长限制,在脚本的设计上往往需要更为独特的构思和灵活的技巧。本章将介绍短视频脚本的创作思路、创作方法等,并探究短视频脚本创作的独特性。

◇ 7.1 短视频脚本、剧本与文案

7.1.1 脚本与剧本

脚本与剧本、文案紧密相关。剧本和脚本的概念起源于电影创作,剧本是表现故事情节的文学样式,通常由编剧撰写。一部电影的创作是从一个文字剧本开始,然后才由导演、演员、摄影师、美工师、音响、化妆等综合制作,最终成为观众所看到的完整作品。正如希德·菲尔德所言:"一个电影导演可能用一部很好的剧本拍出一部很糟糕的影片,但他绝对不可能用一部糟糕的剧本拍出一部很好的影片。"[①]剧本是一部影片拍摄的蓝图,也是决定一部作品前期策划、制作拍摄及后期编辑的关键因素。而分镜头脚本则是导演在剧本的基础上编写而成,目的是为接下来的拍摄工作梳理思路。此外,脚本也是后期剪辑师进行制作的依据,只有将脚本的细节策划好,才能方便每个步骤的工作人员理解导演的创作思路。

7.1.2 文案

"文案"一词最初来源于广告业,是"广告文案"的简称,因此文案本身与广告营销密不可分。但是随着自媒体的发展,短视频的种类逐渐增多,"文案"的含义被进一步扩展。在文案的创作中,如何吸引观众的注意力、突出广告产品的特性等是文案创作的关键。恰当的文案可以让整个故事锦上添花,更方便让观众了解视频的内容。

---

① 吉甘.论导演剧本[M].北京:中国电影出版社,1963.

7.1.3 短视频脚本、剧本与文案的关系

随着自媒体的发展,短视频的类型不断丰富。因此,为了更加高效地完成短视频的创作、提高作品的质量,创作者也需要在拍摄之前规划好剧本的创作、分镜头脚本的设计与文案的撰写。短视频创作离不开剧本的指导,特别是剧情类短视频和微电影等都需要完整的剧本指导拍摄。此外,随着短视频的类型不断丰富,涌现出科普、美食、Vlog 等不同类型的短视频。这些类型的短视频不涉及过多的演员、对话等细节,因此与剧情类短视频相比往往不需要详细的剧本设计,但是也需要有一个内容框架来指导拍摄。因此,撰写短视频脚本与文案至关重要。与电影剧本或分镜头脚本相比,短视频脚本更为简洁,往往只需要将拍摄内容的概要写清楚即可。而短视频文案则是帮助用户更加清晰地了解视频内容、植入产品等要素的关键。

◇ 7.2 剧情类短视频剧本写作

剧情类短视频与微电影的剧本设计都脱胎于电影剧本的创作,因此掌握剧本的相关知识、剧本写作的技巧等知识对于创作故事性较强的短视频具有重要的意义。

7.2.1 何为剧本

1. 剧本的概念

1) 剧本的定义

美国著名的编剧悉德·菲尔德曾说:"一部电影剧本就是一个由画面讲述出来的故事,还包括语言描述,而这些内容都发生在它的戏剧性结构之中。"[①]根据应用范围的大小,剧本可分为话剧剧本、电影剧本、电视剧剧本、动画剧本、小说剧本等类型。不同类型的剧本在创作思路和技巧上也存在差异,创作者需要根据实际情况做出灵活的转变。创作剧本的重点不仅仅是文字的简单描述,而更应该突出画面感。一个完整的剧本主要包括主题(Dianoia)、人物(Character)、情节(Plot)、场景描写(Scene)、对话(Dialogue)、动作描写(Action)六个基本要素。[①]

具体而言,主题是故事的核心和主旨,对整个剧本有提纲挈领的作用。主题往往需要通过具体、生动、立体的人物在一段完整的情节中来实现。精彩的故事情节是兼顾节奏感、逻辑性和感染力的。除此之外还要有场景描写,包括环境、布景、道具等。与传统长视频相比,短视频在时长、观看设备、镜头语言、观众心理期待等方面都与电影、电视剧不同,短视频需要更密集的视觉、听觉和情绪的刺激。因此,要在创作短视频脚本时安排好剧情的节奏,保证在短时间内抓住用户的眼球,顺应网络传播的新需求。

2) 剧本和小说的异同

剧本是戏剧艺术创作的文本基础,编导与演员根据剧本进行表演;小说则是以刻画人物形象为中心,通过完整的故事情节和环境描写来反映社会生活的一种文学体裁,人物、情节、

---

① 菲尔德.电影剧本写作基础[M].北京:世界图书出版公司北京公司,2011.

环境是小说的三要素。通过表 7.1 中文学故事和文字脚本的对比,可以分析并归纳出剧本和小说的异同。

表 7.1　文学故事和文字脚本的对比

文　学　故　事	文　字　脚　本
"阿魁"! 它随着我们集体户的兴衰,有过波澜起伏的一生;有过壮丽的一页;有过曲折的恋情;更有过搏斗求生,勇士般的经历。然而,它却在它最可信赖的、集体户户长的手中,结束了那可歌可泣的、悲惨的生命。 三十多年过去了,我一直想把"阿魁"当年的形象还原。从它的身上,我看到当年"知青"世界观的演变过程,小农意识的潜移默化,人性与狗性的差异。当我重新拉记忆帷幕的时候,我叹息人性的可悲! 十七岁那年,我带着稚气,朦胧地寻求着不可知的未来,与姐姐来到东北延边的朝阳川公社插队落户。在离别父母、亲人的悲伤还没消失的时候,我见到了"阿魁":金色的驼绒般的皮毛光滑而顺畅,肚皮处隐隐带着白色,耷拉着的耳朵上长长的绒毛有点卷曲,和毛茸茸的卷曲的尾巴毛正好相互呼应。户长说它已经一岁半了,是去年赶集时买来的……	**人物**:阿魁(狗的名字) 　　　东多拉(阿魁的女友) 　　　生产队长(朝鲜族) 　　　集体户户长(知青沈 xx) 　　　集体户成员(我/姐姐/叶子/晓晓/阿贞……) **地点**:东北延边朝鲜族的一个村庄里。 **时间**:故事发生在二十世纪七十年代初…… **(背景音乐**:凄婉的乐曲一直贯穿着整个故事) **镜头 1**: (远景)俯视:一望无际的东北平川,云雾缭绕,肥沃的黑土地里镶嵌着一条蜿蜒的河川,稀疏的村落,撒落在河川边上。(镜头摇过)当镜头徐徐停留在一条美丽的布尔哈同河畔以后,开始慢慢推入,村庄渐渐显现…… 画外音:那年我十七岁,带着稚气,与姐姐来到遥远的边疆插队落户。画面迭出。 **镜头 2**: 画面叠入。 (全景)平视:集体户前面的泥巴路上,牛车带着行李停下,我们平视着泥坯筑就的知青的"家"。阿魁从家里蹿出,在我们身边停下,嗅着,摇着尾巴。

(1) 相同点。

通过观察表 7.1,可以发现小说和剧本的相同点主要表现在以下三方面:其一,两者都是在讲述关于"阿魁"和知青之间的故事;其二,两者都在塑造人物和表现主题;其三,它们都交代了故事发生的时间、地点和具体环境。

(2) 不同点。

① 表现手法。

写小说离不开刻画人物、讲述故事、描绘环境、剖析人物心理等内容,表现手法以叙述为主;创作剧本虽然也要刻画人物、讲述故事,但表现手法以简要叙述配合人物台词为主。叙述要尽量简练直白,台词应符合人物个性与剧情语境,以口语化、演员演绎自然为准,应避免啰嗦冗长。

② 塑造人物的方式。

在创作小说时,塑造或刻画人物性格可以调动叙述、白描、对话、动作、心理描写、肖像描写等一切文学手段,而在剧本的创作中,塑造人物要通过台词、动作等外化手段,剧本中不要对人物的心理活动加以描绘,也不能替观众对人物做出评价,而必须通过人物语言、动作、行为等叙述,使这个人物真实地被受众感知。

③ 语言运用。

小说使用的是文学语言,更加文学化和书面化;写剧本则要更多地运用视听语言,即景别、角度、运动镜头、光线、色彩等元素来表现画面和声音。编剧脑海中必须能形成一幅幅鲜活的影像，如同放电影一般把自己将要写的东西"放映"一遍，再把它用文字写下来。

④ 时空局限。

小说的世界可以不受时空的局限，文字可以任意在不同时空中跳跃和变化，而剧本通常以若干个场景来表现，每场戏之间应形成一定的逻辑性。影视作品是时间和空间相结合的艺术，因此写短视频剧本的编剧必须具备影视时空结构意识，要分场景写作，并考虑到镜头之间的关系和组接规律，使之产生连贯、对比、联想、衬托、悬念、快慢不同的节奏等效果，从而组成一部主题明确，且被广大观众所理解的影视作品。

2. 剧本的结构

1）戏剧式结构

电影人悉德·菲尔德将电影结构归结为一系列关联的事情、情节或事件，按照某一线性顺序展开，直至戏剧性结局。[①] 他提出了电影剧本的基本结构——三幕剧（图 7.1）。该结构是好莱坞经典且最常见的剧本创作结构。这种剧本结构可以将故事放在合理的框架内，按照合理的顺序展开，有利于观众对故事逻辑的把握和对故事内容的理解。

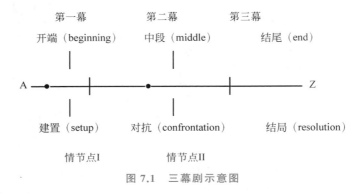

图 7.1   三幕剧示意图

这个结构把电影分成三部分，三部分之间有两个衔接点。第一幕是故事的开端，这个段落的主要功能是构建故事，把故事世界的基本运行规则和主要人物交代清楚，营造一个相对来说比较平静的世界。第二幕是故事的发展阶段，主要内容是正反两股力量的斗争和对抗，是整个故事最为跌宕起伏、震撼人心的部分，时间也最长。第三幕是故事的结局，正面角色绝地反击，战胜了反派，赢得了最终的胜利。

在这三幕之间，有两个关键点被称作情节点Ⅰ和情节点Ⅱ。情节点是影片情节发展过程中使故事发生转折并向另一个方向发展的关键点。[②] 情节点可以是有事件或事变发生，也可以是引进了新的人物或是新的人际关系。以微电影《车四十四》（图 7.2）为例，故事的开端交代了乘客们登上 44 路公交车，途中一名青年男乘客在路边招手上车与女司机简单交谈后，公交车继续行驶。接着故事进入情节点Ⅰ，即大巴车在公路上遭遇劫匪抢劫。随后在第二幕中，劫匪对乘客劫财，对女司机心生歹意。男青年下车施救，与劫匪搏斗，其余乘客则冷眼旁观、无动于衷。进而引发了情节点Ⅱ，女司机上车后号啕大哭并把男青年赶下车，这个

① 刘霍月.短视频剧本创作要素与教学方法实践探索[J].新闻研究导刊,2021,12(08)：236-238.
② 菲尔德.电影剧本写作基础[M].钟大丰,鲍玉珩,译. 北京：世界图书出版公司,2016.

转折让观众觉得很意外,激起了观众的好奇心。最后结尾解开疑惑,女司机将大巴车开下山崖,全车无人生还。

图 7.2　微电影《车四十四》

2）心理式结构

心理式结构以主人公心理活动的变化为结构线索,往往采用回忆和倒叙的方式,把过去、现实、未来自由地交织在一起,因此也被称作时空交错式结构。此类剧作结构往往超越一般伦理的表达来展现复杂的事件、情节和情感,从而揭示现实世界和人性的复杂性。[①]　如剧情类短视频《一年一年,如约而至》(图 7.3)中,就向观众讲述了这样一个故事:"小丑"和"脸谱"在小城邂逅了一段短暂的爱情,并且约定如果一年之后没有忘记彼此,就回到车站相认,揭开面纱。但是由于当时他们相遇的车站已经拆除了,所以"小丑"和"脸谱"每年都会到不同的车站等待彼此,一年一年,如约而至,却从来没有再遇见过。直到 40 年后的一天,他们在一个车站相遇,彼此相认。这时一趟火车匆匆而过,画面开始回忆两人当初分别时的场景,给观众一种时空交错、穿越到过去的感觉。通过结尾两人分别时年轻的面孔和 40 年后年迈身影的对比,让观众思考这个故事最初留给观众的问题——时间会让你忘记一个人吗?

图 7.3　剧情类短视频《一年一年,如约而至》截图

3）散文式结构

散文式结构往往通过行为、性格或细节的铺垫,用零碎的生活琐事、随机的细节暗示,以插曲式的片段为事件的发展埋下伏笔。此类剧本结构最大的特点是不重情节重细节,因此也被视为冷处理的创作艺术。例如在 Vlight 国际短视频网红大赛中,公益精品创作类的获

① 任鹏.浅析基于影视剧本创作的影视叙事结构[J].中外企业家,2020(18):225-226.

奖作品《透过心愿看到美好生活背后的来之不易》(图 7.4)就采用散文式的结构将不同人的心愿展现出来。作品通过画外音将每一个心愿连接起来,透过不同年代人的心愿揭示美好生活背后的来之不易,通过人民需求的变化展现中国的发展和腾飞。

人民对美好生活的向往就是共产党人的奋斗目标

图 7.4　《透过心愿看到美好生活背后的来之不易》截图

3. 剧情安排模式

1) 单线剧情

单线剧情指由一条单一的线索贯穿始终。例如由北京大学推出的毕业季微电影《星空日记》(图 7.5)讲述了主人公从小就有着研究天文学的梦想,却被所有人嘲笑和欺辱,他没有退缩并一直努力,直到考上北京大学遇到天文系的老教授,他的命运从此改变。在这部微电影中,只通过一条故事线索就清晰地将主人公梦想成真的故事展现了出来。

北大青春微电影系列之
《女生日记》、《男生日记》续曲

星空日记

梦是最真的现实

图 7.5　微电影《星空日记》海报

2) 复线剧情

复线剧情是指同时有多条线索,偶有交叉,并在某一点实现多线汇合。例如京东牛年贺岁微电影《顶牛》(图 7.6)通过双线叙事的方式讲述了一对总是默默关心对方却总是互相顶牛的父子。影片开头将儿子和父亲两条线索并行叙事,一边是儿子在进行摇滚演出,而另一边是父亲到社区想要为儿子谋求一份正经工作。通过双线叙事在开头就将父子的矛盾点暴露出来,他们经常互相顶牛,却又彼此默默关心。父亲为儿子搭建简易房练鼓,儿子为父亲买防噪耳塞。虽然父子俩经常意见不统一,但是在影片最后两人达到了和谐的统一。已经成为网络红人的儿子来社区为父亲的演出助阵,将情节推向了高潮。影片聚焦典型的中国式父子关系,在细节处见亲情,令观众产生强烈的共鸣感。

图 7.6　微电影《顶牛》海报

4. 剧情写作模板

剧本写作有其固定的格式,在写作时可以根据模板(表 7.2)的框架进行内容的组织。首先需要将影片的名字放置在首页最上方的中间,片名下需标注编剧姓名、影片时长、影片类型等基本信息。接下来是主旨、剧情梗概、人物介绍,在撰写剧本的正文时有一些细节需要注意:一是要注意交代环境;二是要将说话人写在句首,同时对其动作、神态进行提示,冒号后是对白;三是画外音要进行特别标注,同时角色第一次出场时也要进行标注。此外景别特殊音效、视觉效果,例如闪回、梦境、主观视角等要素也需要在剧本中标注出来。

表 7.2　剧本写作模板

片名:首页最上方居中
编剧:×××,12 分钟(每页纸的容量相当于银幕上的一分钟),浪漫喜剧

一、主旨:1～2 句话。
二、剧情梗概:(200～300 字)
三、人物介绍
角色 1:李明,一位瘦小的技术人员,是大龄剩男,他想学习如何对抗公司的不正之风,并赢得一个女孩的爱。
角色 2:
角色 3:
四、正文
场景序号、地点、时间(日、夜)、内外景
例如:
正文
场景一:
　　角色 1:台词××××××
　　角色 2:(插入动作)台词××××××
场景二……

接下来我们以微电影《车四十四》为例,介绍剧本的主体部分应该如何进行写作。

1) 主旨

主旨的描述应尽量简洁,将影片最核心的立意主题和价值观进行简单阐述。如电影《车四十四》的主旨为:影片描述了一位女大巴司机在偏僻路途上的遭遇,道出了人性的光辉与黑暗。

2) 剧情梗概

剧情梗概可以让阅读者快速了解剧本的基本内容,同时也是与投资方及主创人员进行各种沟通的基础。剧情梗概主要包括故事基本线索、人物及人物关系。如果是一部传统电影,大概 500~1000 字,微电影为 200~300 字,短视频大概 100 字。

3) 人物介绍

人物介绍能够帮助阅读者迅速了解剧情,一般需要包括性别、年龄、身份、简单的性格特征。在写作时可以从 3 方面进行阐述:首先是生理维度,即人物的性别、长相、肤色、身高、外表、仪态等;其次是社会维度,例如人物的家庭出身、教育背景、社会阶层、宗教信仰等;最后是心理维度,即人物的性格、态度、情感、潜意识等。

例如《车四十四》主要人物:

(1) 女大巴司机——女,20~30 岁,大巴司机,漂亮、热心。

(2) 乘客男青年——男,20~30 岁,青年,开朗、勇敢、正直。

4) 正文

正文部分要按照分场景的剧本格式进行写作。每个新场景都要有标头,标头包括:场景号、主场景地点、时间以及内外景提示。

例如:

3,会议室,日,内

6,学生宿舍,晚,内

8,图书馆前,日,外

除此之外,在正文中也要包括环境交待、人物行动描写、台词、动作、神态等重要元素。例如抖音账号"鹿小卷"的《家长一定要小心,谨防孩子锁车中! 遇到这种情况你会如何抉择》的短视频故事讲述了关于将孩子遗留在车内产生危险的故事,呼吁更多的家长关注儿童安全,其剧本中的正文内容如表 7.3 所示。

表 7.3   剧本案例

1. 路边,日,外
鹿小卷在路上走着,突然听到车内传来了求救的声音,她走到车窗处,里面是一个焦急的小女孩在用力拍打车窗。
女孩:救命! 姐姐救我!
鹿小卷见状,焦急地望了望车子附近,用力拽了一下车把手,发现车子被锁住了,家长也不在附近。
鹿小卷:(绕到车前)糟了,没有留挪车电话,这样她怎么能受得了啊!
鹿小卷:(掏出手机拨打电话)小陈,拿把锤子到小区楼下。
小陈:好!
2. 路边,日,外
小陈拿着锤子迎面走来

续表

鹿小卷：快！砸玻璃,救孩子！快！

小陈：不行啊,被人赖上说不清楚了！

女孩：(在车内)救命！救命啊！

鹿小卷：(一把抢过锤子走向车窗)别管那么多,救人要紧！我来！

这时女孩妈妈冲过来,一把抓住鹿小卷将要砸车窗玻璃的手。

女孩妈妈：你想干什么！砸我车窗,想偷东西吗？

鹿小卷：这你车？

女孩妈妈：废话,不然是你的？

鹿小卷：那你还说这么多,你孩子在里面呢,快救人。

女孩妈妈：有什么问题,她在里面睡觉。

鹿小卷：孩子热的受不了了,快开车门。

女孩妈妈：(十分不耐烦)行,等着。

女孩妈妈：(打开包翻找着车钥匙)诶？我车钥匙呢？

鹿小卷：别管这么多了,砸吧。

女孩妈妈：少多管闲事。

女孩妈妈：(掏出手机打电话)老公,我车钥匙丢了,你快点送过来吧。

鹿小卷：还送钥匙？！远不远的？

女孩妈妈：急什么,十分钟就到啦。

鹿小卷面露焦急的表情。

女孩妈妈：(看向车窗内)宝贝,妈妈在这呢,车钥匙很快就送过来啦,你稍微等一下啊。

鹿小卷：这车里至少 60 度,孩子能坚持十分钟吗,你这是要人命。

女孩妈妈：要你管,你给我等着,有事就是你的责任。

3. 路边,日,外

十分钟后。

鹿小卷：这都十分钟了,怎么还不来啊？

女孩妈妈拿起手机想再次拨打电话。

小陈：孩子都晕了,快来看！

鹿小卷和女孩妈妈着急地跑过去看,这时女孩在车内已经晕倒,头上全是汗珠。

女孩妈妈：(用手拍打车窗)宝贝！别吓我啊！再等等……

鹿小卷：(一把拉开女孩妈妈)我就没见过你这么不负责任的母亲！

鹿小卷：(拿过小陈手里的锤子)必须马上砸,不能等了。

女孩妈妈：(拉住鹿小卷的手)你敢！

鹿小卷：(甩开女孩妈妈的手)你的孩子我救,你的车我赔！

7.2.2　短视频剧本写作的要求

1. 剧本设计不宜过于复杂

从上面的例子可见,短视频的剧本角色和场景都不宜太多,情节也不宜过于复杂。在较短的时长内设置太多的元素,可能会让观众看不明白,增加理解难度。试想如果在短短几分钟就有十几个角色出场,还有多条故事线索,观众是不是很难清楚地记住角色并理解情节。

2. 重点写动作

短视频剧本写作应该重点写动作而不是写状态。例如要描写一个人的害怕，不要写"他很害怕"，而是通过描写能够表现出他害怕的动作或语言来展现。可以写："他浑身都在颤抖，瞪大的眼睛里满是恐惧，他大口地喘气，半张着的嘴发出一声嘶哑的惊叫。"

3. 人物台词要合理

人物的独白、对白或旁白应符合人物个性与剧情语境。影视语言不同于文学语言，口语化的表达更适合自然生动的演绎，但是在剧本中对白的比重要合理，过多的对话会冲淡画面的表现力。往往对白越少，画面感就越强，对观众的视觉冲击力也就越大。

4. 关注细节

细节是决定短视频剧本成功与否的关键。因此，在短视频的创作剧本中要关注每个细微之处，例如镜头的运动、切换，特效的使用，背景音乐的选择，字幕的嵌入等。这些细节都需要根据短视频的主题、内容、风格等方面精心设计和打磨，从而确保内容清晰流畅，具有艺术感染力。

5. 以受众为中心

在创作短视频时，要将用户作为短视频创作的出发点和核心，只有站在用户的角度思考，才能创作出用户喜欢的作品。相比传统长视频，短视频不只是文字和镜头的堆砌，它需要更密集的情绪表达去快速打动观众，吸引受众的注意力。

7.2.3 短视频剧本创作的基本原则

1. 构建价值和主题，拍言之有物的故事和情境

短视频的内容一定要有自身的价值，要拍言之有物的故事和情景，仅用流量思维去进行创作，忽视内容的核心价值，就会本末倒置。一个优质的短视频作品不仅有鲜明的主题立意、丰富的思想内涵，而且要重视并满足用户的需求，这样才能引起广泛关注，提高传播力。我们可以参考用户的九大心理满足点（表 7.4）来进行创作。

表 7.4 用户九大心理满足点

用户九大心理满足点
信息：有用的信息、有价值的知识、有用的技巧。
观点：观点评论、人生哲理、科学真知、生活感悟。
共鸣：价值共鸣、观念共鸣、经历共鸣、审美共鸣、身份共鸣。
冲突：角色身份冲突、常识认知冲突、剧情反转冲突、价值观念冲突。
利益：个人利益、群体利益、地域利益、国家利益。
欲望：收藏欲、分享欲、食欲、爱欲。
好奇：why（为什么）、what（是什么）、when（什么时候）、how（怎么做）、where（在哪里）、amazing（好神奇）。
幻想：爱情幻想、生活憧憬、别人家的、各种移情。
感官：听觉刺激、视觉刺激。

　　接下来通过几个具体的例子分析一下如何通过用户九大心理满足点，来构建短视频作品正确的价值观和主题立意。例如，由"央视网"制作并于 2021 年五四青年节推出的年度优秀网络视听作品《我，就是中国》（图 7.7），通过若干象征时代节点的影像简洁明了地讲述了从抗日战争时期至经济高速发展的今天，中国青年如何实现自身的抱负与理想。开头通过"没有人可以掌握未来""我可以"两句话制造了悬念，引起观众的好奇心，这个"我"代表的究竟是谁。观众接下来能够在抗日时期青年学子的声声宣誓中找到答案："年轻就是未来。"随后以"年轻是一往无前，是再比失败多一步的站起来"为节点，展现了激烈且残酷的抗日战场中青年军队的奋勇抗战，在一声一声胜利的呐喊和毛主席在天安门宣布中华人民共和国中央人民政府成立时，从视觉和听觉的角度引发观众的身份共鸣与情感共鸣。话音未落，一幕幕新中国成立后青年科学家获得的一项项科研成果有力说明了"未来有 10 000 个问题，我能给出 10 001 个答案"。紧接着在习近平总书记关于"青年是整个社会力量中最积极、最有生气的力量，国家的希望在青年，民族的未来在青年"讲话中，画面展现了大学生村官带领村民植树造林，青年程序员攻破困难代码，年轻志愿者积极参与抗疫工作，中国女足夺冠等画面。从无数个事例中提炼出青年与国家与未来之间紧密相连的人生哲理，从观众的认知和经历中寻求价值共鸣，进而让观众理解作品的核心思想：我是什么样，中国就是什么样子。

图 7.7　"央视网"《我，就是中国》视频截图

　　有的短视频则是通过"好奇""冲突""移情"等用户心理满足点，先吸引观众的好奇和关注，再引起其身份共鸣与经历共鸣，构建相应的价值和主题。如短视频《这个故事好到老板请编剧吃火锅！》（图 7.8）就讲述了一段既有温度又有着深刻的教育意义的师生情。作品以教室门上一块玻璃的自述展开叙事，新颖的开头激发了观众的好奇心。随后玻璃自述自己喜欢学生们的青春洋溢和学校的环境，但是镜头突然一转，切到班主任透过玻璃检查学生们的学习状况，引出故事的主角班主任老师。通过前后气氛的对比，角色的转换，产生反差和冲突。随后，班主任经常说"体育老师病了""在办公室就听到你们班在吵"等，引发观众在学生时代的回忆和共鸣，调动起共情心理。此外，玻璃说班主任喜欢撒谎，让观众产生"为什么"的好奇心。老师一边对家人撒谎说会尽快回家陪老婆过生日，一边和班级里的同学说今天没背会文言文谁都不许放学。通过他对家人和学生的谎言，塑造出班主任尽职尽责的形象。随着玻璃的叙述，这个班主任虽然严厉但也有他的可爱之处，他身上凝结着大多数老师可贵的品质。作品让人感到温暖、感动，从点赞和评论来看，满足了用户的多个心理满足点。

　　观众在欣赏短视频时收获的人生哲理和生活感悟，也是构建短视频剧本价值和主题的

图 7.8 《这个故事好到老板请编剧吃火锅!》视频截图

重要因素。如获得第 91 届奥斯卡金像奖最佳动画短片奖的《包宝宝》(图 7.9),在开端就向观众展现了一个妈妈在包包子时包出了一个宝宝,引发观众对于接下来故事的好奇。接着短片讲述了母亲将这个包宝宝视如己出,对他呵护有加。随着宝宝长大,他逐渐进入叛逆期,无论妈妈如何亲近他,似乎都离他越来越远。直到包宝宝带着女朋友回家告诉妈妈要离开她,母亲伤心欲绝,一把将他塞到了嘴里,然后跪地号啕大哭。这个特别设计的情节是为了表现父母对孩子的爱达到极致的时候,为了把他留在身边,甚至会做出过激的行为。结局揭开真相,这只是妈妈的一个噩梦。最后,她与自己真正的儿子和解了,亲子间的隔阂一下子烟消云散,一家人其乐融融。短片聚焦于中国式的家庭关系,无论是子女还是父母,都可以在影片中找到角色的代入点,进而产生一种的身份共鸣和人生感悟。影片不仅描述了母爱的伟大,还讲述了一段关于"放手"的故事,即父母不能对孩子过度保护,当他们长大了,就应该及时放手。

图 7.9 《包宝宝》截图

2. 制造冲突,减少铺垫,短小精悍为上

1) 冲突的重要性

在短视频剧本的创作中,矛盾冲突是核心,没有矛盾冲突,就没有剧本。前文在剧作结构中讲解了三幕剧的形式(图 7.1),概括起来就是触发、冲突和解决三个部分。但短视频不一定遵循这种固定的三幕剧结构,例如可以省略触发点,直接进入矛盾冲突。也可以先解决,再展示矛盾冲突。剧作家左拉在《戏剧中的自然主义》论述了在创作中遵循"自然主义"

的重要意义,他认为剧作家不应该刻意追求理论原则,而要根据表达和呈现的需要接受自然、反映自然。[①] 因此短视频的剧本创作不一定要按照传统电影剧本的结构来进行内容的写作,而应该在有限的时长内,围绕冲突设置一些"爆点"即精彩的情节,从而提高视频的完播率。在《勇敢的外卖小哥》这两个剧本中(表7.5),你认为哪个剧本写得比较精彩呢?

表 7.5　《勇敢的外卖小哥》剧本

剧本一:《勇敢的外卖小哥》	剧本二:《勇敢的外卖小哥》
1. 楼道房门门口,日,内 小哥:你好,我是送外卖的,我在给您送外卖的路上,看到有个人差点被车撞了,于是我就把他推开了,可是外卖也撒了。所以我现在特地过来向您道歉,希望您不要给我差评,我现在就回去给您重新打一份可以吗? 女:没关系呀,我知道你们送外卖也不容易,我不会给差评的,看你满头大汗的,我给你倒杯水喝吧。 小哥:谢谢。 **2. 客厅,日,内** 女主的爸爸回来了。 女:爸,你怎么了? 爸爸:今天差点被车撞了,还好有个送外卖的小伙子把我推开才没事。要不然就不仅仅是崴到脚了。 女:原来是他。	**1. 楼道房门门口,日,内** 门铃响,门打开半边。 女(着急、生气状):你怎么才来啊?这都晚点半个小时了! 小哥:对不起,我……刚才路上有个人差点被车撞,我把他推开的时候……外卖也撒了,我……又回去给您拿了一份,您看……别给我差评好吗? 女(怀疑的眼神):你们都是这样找借口的吗? 小哥(冒汗):真的,真是这样。 女(看了一眼手里的外卖,勉强点头):好吧,下不为例。 **2. 客厅,日,内** 女主的爸爸推门回家,面露痛苦,一瘸一拐。 女(抬起头,放下吃外卖的筷子):爸!你怎么了? 爸爸:刚才差点被车撞了,还好让一个送外卖的小伙子推开了,要不,就不是崴脚这么简单了! 女,瞪大了眼睛。

通过左右两个剧本的对比,可以直观地感受到短视频剧本创作中矛盾冲突设置的重要性。第一个剧本虽然有故事,但是却以平铺直叙的方式展开,没有矛盾冲突的故事就像流水账,毫无波澜起伏,甚至让人觉得索然无味。第二个剧本则带有明显的矛盾冲突感,女主和外卖小哥的冲突、女主内心的矛盾等让这个剧本很有"看点"和"讨论点",其效果明显优于第一个剧本。在创作短视频时,需要刻意地制造矛盾冲突,因为有冲突就有话题,有话题就有围观,大多数人都喜欢凑热闹、发表评论。

　　2)冲突的来源

　　(1)意愿的冲突。

　　意愿简单来说就是"想干什么",可以是愿望、想法、欲望,也可以是梦想。找到意愿之后需要再设计打击、冲击、干预、打压等,与意愿的冲突就制造出来了。例如主人公想要升职,但是可能受到来自领导、同事、家人等各个方面的制约。通常有了打压就要反弹,主人公要通过自己的种种努力与阻碍自己升职的力量做抗争,这就又产生了冲突。

　　如在人民网发布的《致2022届毕业生:用时光酿造美好!》短视频作品中(图7.10),前半部分讲述的就是几位充满热情和梦想的毕业生初入职场却遭遇困难而产生的冲突。不断失误重来的动作捕捉员说道:"那条原本规划好的路是否应该一直走下去?"失去村民信任的返乡创业者自责着:"回乡创业真的是个好的选择吗?"因紧张忘词倍感压力的博物馆讲

---

① 刘霜月.短视频剧本创作要素与教学方法实践探索[J].新闻研究导刊,2021,12(08):236-238.

解员抱怨道:"毕业后一定要坚持自己所学的专业吗?"这几个剧情反映了毕业生在工作中遇到的种种矛盾和心理冲突,引发用户对现实的共鸣并为接下来的反转做铺垫。

图 7.10 《致 2022 届毕业生:用时光酿造美好!》截图

(2)观念的差异。

针对同样一个事件,不同的人会因观念的差异而引起不同的评价,不同的评价放在一起就会引起冲突。观念的差异随处可见,例如文化的、地域的、民族的、风俗的、习惯的、内向外向的、性别的等,任何差异都可以形成观念的差异,任何差异都可以形成矛盾冲突。

(3)信息的错位冲突。

有时信息是不同步的,不对称的。例如一男一女其实彼此爱慕,但双方的信息不对称,男孩不知道女孩是否对自己有好感,女孩也不确定男孩是否真的喜欢自己,当多年后男孩鼓起勇气表白时,女孩已经喜欢上别人了,这就是信息错位带来的冲突。

又如在剧情类短视频《啥是佩奇》(图 7.11)中,爷爷不知道孙子想要的佩奇是什么,由于信息不对称,爷爷开始在村里展开了寻找佩奇的行动。最终通过大家不同的描述,爷爷在懵懵懂懂中摸索着给孙子做了一个"鼓风机佩奇"。作品通过寻找佩奇表达了老人对孩子的思念和质朴的亲情,从而讲述了一个温暖人心的故事。

图 7.11 《啥是佩奇》截图

(4)性格的差异。

这个是经常出现的冲突点,例如同在一个宿舍中的两个人,一个人喜欢安静,而另一个人喜欢热闹,不同的性格特征下两个人同处一个屋檐就很容易产生矛盾冲突。

(5)误会产生冲突。

误会往往是双方对某件事情的认知存在偏差而引发的。例如刚开始一方认为是这样,另一方则认为是那样,互相走偏了,双方怒目相视,差点打起来。经第三方解释和澄清,才发现其实双方完全没矛盾,只是一场误会,这种因误会产生冲突的情节也很有看点。

(6)规则秩序的破坏。

人类社会、自然界都有相应的规律、秩序,一旦其中的规则被打破,就容易产生矛盾与冲突。例如平时行人都遵循交通规则的右侧通行,但是当有人突然有急事,某一刻非要走左边,结果就发生了碰撞事故。破坏规则和秩序,突破道德底线等,都属于这种类型的冲突。

3)冲突设计的技巧

冲突的来源具有多样性,但是只有将冲突合理地设置在内容中,才能够达到戏剧化的效果。

(1)运用差异制造冲突。

在展现人与环境、人与人、人与自我的矛盾冲突时,运用不同层次的差异制造冲突是最为常用的方法。差异可以是种族、阶级、地位、利益、权力等,也可以是观念、文化、价值等,还可以为形象、心理、性格等,差异冲突的运用非常广泛。

(2)运用环境蕴含冲突。

环境包括外部环境和内部环境,是冲突发生的文化场。环境的运用能够将时代、社会或者文化等多冲突蕴含其中,将情节的"小冲突"镶嵌在社会的"大冲突"中,也会更富有深度和寓意。

(3)运用动作展开冲突。

动作分为外部动作和内部动作。运用动作展开冲突主要包括几种方式。一种通过直接外部动作引发暴力冲突,这在动作片、枪战片、警匪片中比较常见,视觉效果也更有冲击力。另外一种则可以通过内部动作,即自我审视、自省、拷问等心理活动展开人物内心冲突,这种表现更有精神的震撼力。例如《车四十四》中男青年为了救女大巴司机与歹徒搏斗,通过外部动作冲突表现了善良与邪恶的对抗,而影片真正的主旨是批判那些无动于衷的乘客,他们在面对与己无关的事物时冷漠麻木的态度反映了现代人的利己主义观念,这就通过内部动作引发观众对内心和灵魂的深刻拷问。

(4)运用悬念延迟冲突。

悬念就是悬而未决的矛盾,它能够有效调动观众的想象与参与,增强戏剧张力。例如《车四十四》中影片的最后男青年被赶下车引发悬念,直到结尾才得知女大巴司机与车上的人同归于尽,使故事意犹未尽。

(5)运用语言强化冲突。

运用人物台词强化冲突同样是比较常规的冲突表现手法。恰当地用对话表现冲突可以合理地表现人物的性格,强化人物之间的冲突,增强故事的可看性。

如公益广告《老爸的"谎言"你听得出来吗》剧本(表7.6)中,通过台词表现出空巢老人的孤独与对子女的体谅之间的冲突。老人与子女通话时总是在报平安,这一句句"谎言"的背后其实是父亲孤独、落寞的身影(图7.12),最后,画外音说道"老爸的谎言,你听懂了吗"发人深省,父母口中的"平安""没事"也许只是不希望让你担心和操心,引起无数观众的经历共鸣。这部公益广告要传递的核心观念就是让观众从另一个视角感受到父母善意的"谎言",理解到父母最需要的其实是子女在身边的陪伴。

表 7.6　剧本案例

1. 老房子内 父亲 孤身一人
父亲(电话音):闺女啊,我跟老朋友出去玩了,然后我们一起排节目,挺忙的。

2. 路边 父亲 独自一人散步
父亲(电话音):没问题,没问题,挺好的。
　　　　　　　我啊,吃得饱,睡得香,一天忙到晚。
　　　　　　　我啊,一点儿都不闷,那么多朋友。

3. 医院外 父亲提水果探望 与母亲窗台相视
父亲(电话音):你妈妈…你妈妈没在啊。
　　　　　　　她出去跳舞了,不在…不在。
　　　　　　　没……没事儿,没事儿,挺好。

4. 医院内 父亲照顾母亲
父亲(电话音):没有事儿的,你放心吧!
　　　　　　　你啊,好好工作啊,不要担心我们俩。
　　　　　　　你忙啊,就挂了吧。

5. 电话挂断声
画外音:老爸的谎言,你听得出来吗?

图 7.12　《老爸的"谎言",你听得出来吗?》截图

　　(6) 运用细节放大冲突。

　　细节可以增强作品的生命力,可以利用环境、动作、语言、心理、情绪等细节元素放大情节冲突。例如微电影《星空日记》中的男主在中学时期将自己摘星星的梦想写进作文中而受到老师和同学的嘲笑;求职时遇到老板不看简历直接让喝酒的情况,让他对本就不喜欢的工作更加厌恶等。作品通过这些细节展现主人公情绪的变化,从而放大人物内心的冲突,使作品的情感表达更加细腻和生动。

　　(7) 运用声音扩展冲突。

　　声音元素包括音乐、音响、对白。声音的创意性运用不仅能够有效拓展时空、增强叙事功能,还能够通过联觉作用扩展冲突。例如在微电影《百花深处》(图 7.13)中,搬家公司的卡车载着冯先生在北京市区穿梭的情节就通过有声源音响和无声源音响两类声音的矛盾,表现了传统与现代文明的冲突。大街上此起彼伏的汽车鸣笛、路边传出的流行歌曲等有声源音响营造了喧嚣躁动的城市氛围;而屋檐下的铃铛声、老北京的鸽哨声和回荡在胡同里的叫卖吆喝声等无声源音响,则代表了创作者心中深深眷恋着的逐渐衰落的老北京胡同文化。

两类声音分别象征着新旧文化,彼此交错碰撞,形成强烈的冲突和对比,从而表达出影片的主题:在高速发展的现代化城市中,传统建筑及文化被无声无息地淹没和遗忘,诠释了传统文化面对现代文明冲击的脆弱与易逝,引发观众深刻的反思。

图 7.13　微电影《百花深处》截图

4)冲突设计的必要条件

冲突的设计需要与内容和主旨产生必要的关联,使剧情不具有违和感且满足用户观影的审美需求。在设置冲突时,切忌生硬地制造矛盾点,为了冲突而冲突,这样往往会产生一些不符合逻辑的狗血剧情。

首先,冲突必须合理、真实,不能凭空捏造;其次,冲突必须有内在的依据,需要有情节铺垫并符合逻辑;最后,冲突要有结果,不同的处理方式会产生不同的结果,有时一个冲突的解决可能还会带来其他新的冲突,但最终都要有结果。

3. 迅速确立情境,调动观众情绪

1)让观众掌握的信息量多于角色自知

紧迫感是增加影片可看性的重要元素。悬疑大师希区柯克认为,在制造悬念时最重要的就是在电影中让观众知晓的信息量大于影片中人物知晓的信息量,而这也是增加紧迫感的重要方式。例如故事中的主角闯入敌人的基地,有支枪在黑暗中伸出来,而主角却不知道,这就能引发观众的紧张感。

2)设置时间限制

通过设置时间限制也可以为剧情制造紧张感。故事中某些事件若存在着时间限制,如计时炸弹,就能够给观众一股紧张的情绪,且能维持一段较长的时间。

3)设置转折点

制造紧迫感还可以通过设置情节的转折点来实现。转折点能制造意外的效果,引起观众的预期心理,加强情节张力,从而维持观众对故事的兴趣。

(1)设置有新意的转折点。

转折点的设置要有新意,不能按照人们的正常想法来设置剧情,否则既没有悬念也没有新意,这就要在情节发展中设置出乎意料的拐点,也就是通常所说的"不按常理出牌",这样才能最大限度地推动故事情节达到高潮。

(2)转折点设置要自然。

转折点的设置应做到自然且符合故事发展的规律,与整个故事的叙事线相吻合,不能显得太突兀,这样更容易让人接受。例如微电影《玩偶师》(图 7.14)中讲述了一对夫妻因为无法忍受丧子之痛,找到玩偶师为他们重新制作了一个"孩子"。玩偶师叮嘱夫妻必须严格遵守规定,每次只能和玩偶相处不超过一个沙漏的时间,否则会永远忘记现实,活在虚幻中,认为玩偶就是真正在世的亲人。然而他们却没有严格遵守约定,最终迷失自我。①

图 7.14 《玩偶师》截图

影片采用了悬念叙事的结构,开头围绕着夫妻两人成功购买玩偶的过程,但回家后,妻子显然没有遵守和玩偶师的约定,违反规定的结果将会怎样,紧紧吸引观众继续观看。最终影片的结尾揭晓真相,设置了一个局中局,构成反转性结局。丈夫妄图将妻子拉出室外让她看清手中的是玩偶,但是没想到出门的那一刻,妻子也变成了玩偶。这个反转告知观众其实丈夫也陷入了魔障,他之前也请求玩偶师为他制作了一个玩偶妻子,只是自己想陷入自己的谎言,来以此减少悲伤。

影片最终想告诉观众"沉迷谎言来弥补感情反而是对感情最大的伤害,本来是淡化悲伤的玩偶反而是魔障。当人们开始目的性行为之时,是走向另一个深渊的开始,然而感情又情愿令人沉迷。"①反转性的结局引发观众的深思,影片的观赏性与故事性十足。

7.2.4 短视频剧本创作的技巧

1. 黄金三秒

美国心理学家洛钦斯最先提出"首因效应",他认为个体在社会认知过程中,通过"第一印象"最先输入大脑的认知客体,其对个体产生的作用最大,比之后输入的信息对于事物整个印象产生的作用更强。② 因此在短视频剧本创作时,开始的三秒可以在观众的意识里留下鲜明、牢固的良好印象。在信息过载的互联网时代,稀缺的注意力成为短视频创作者争夺的重要资源。如果一个短视频不能在三秒内引发用户的兴趣与好奇,那么等待它的就只有被划走的命运,所以视频创作者不得不迎合互联网时代快节奏、碎片化的阅读习惯,把握住短视频的"黄金三秒"。

"黄金三秒"的打造也具备一定的技巧性。例如将高诱惑力的信息前置是短视频创作者们经常使用的方式。通常而言,具有悬念性的、治愈力的、与用户日常生活关联度较高的或是有冲突感的信息,更能吸引用户观看的兴趣。例如有些短视频开端的第一句话是"15 秒

---

① 《玩偶师》:反转悬疑微电影,感情令人迷失[EB/OL].百度百家号.
② 郝凤丽.首因效应在影视广告创作中的应用[J].安阳工学院学报,2021,20(05):57-59.

教你看穿一个人""30 秒快速了解天蝎座"等。这类前置信息实际上在告知用户,他们可以付出较低时间成本获得高价值的信息,自然能留住用户继续观看,进而提高视频的完播率。此外,吸引观众的注意力还可以通过"打破荧幕和观众说话"的方式来实现。例如短视频博主会对着屏幕说"别划走"等。这种拍摄手法能够拉近与观众的距离,有效吸引用户持续观看。

2. 钩子定律

一条短视频通过黄金三秒初步留住用户之后,接下来要考虑的是如何确保用户不会中途划走。因此,完播率是一个非常关键的数据,它在很大程度上决定着一个短视频的流量。一般来说,悬念、雷人、分享东西等能够给观众建立期待的手法都可以扮演短视频剧本中的"钩子"。

例如在抖音、快手等短视频平台中,虽然文字一般作为"辅助角色"出现,但语言运用得当会产生很好的效果。因此,在剧本创作中可以适当添加一些网络流行语言来吸引观众的眼球,以此缩短与受众的心理距离。除此之外,合适的背景音乐不仅会让剧本增色不少,而且受到很多年轻人的喜爱。BGM 有时可以起到解说和辅助表达情感的作用。例如诙谐的音乐,可建立"会好笑"的期待;煽情的音乐,可建立"会感动"的期待;附带反转梗的音乐,可建立"会怎样"的期待。"彩蛋"和"悬念"也能让用户在好奇心的支撑下尽可能久地观看视频。例如很多创作者会在开篇就告诉用户"我把×××资料放在视频后面了,需要的自己截图",让用户带着发掘彩蛋的预期去看完视频。

3. 台词标签

设计独特的台词标签可以让用户快速产生熟悉感和亲切感,因此创作者可以在视频中植入一些属于自己特有的"金句",让用户通过这样的台词标签对账号内容形成固有的印象,提升用户对内容的记忆度。这也可以称之为一个账号的"视觉锤"或"听觉锤"。

如"Papi 酱"(图 7.15)在创作初期最让人印象深刻的就是会在视频开头或结尾用原声或变声器介绍的"大家好我是 Papi 酱,一个集美貌和才华于一身的女子"。这句醒目且洗脑的标签台词逐渐成为 Papi 酱爆红短视频的"水印"。

图 7.15　"Papi 酱"视频截图

又如种草带货类账号"哦王小明"(图 7.16),首先她并没有在视频开头就设置广告,而是将"女明星真的在用的便宜好用的东西"作为高诱惑力的信息放在视频开头介绍。其次她的视频也运用了"钩子定律"，在视频开头讲到"尤其是最后一个,等涨价吧",其实是将悬念放在最后一个产品,引起观众的好奇心,提高完播率。最后每条视频都有专属介绍自己的金句"你好! 我是隔壁家元气满满的王漂亮",提升用户对博主的记忆度。

图 7.16　抖音博主"哦王小明"短视频截图

4. 巧设反转

反转是一种从语义组织角度出发的叙事手法,是情节由一种情境转换为相反情境、人物身份或命运向相反方向转变的故事结构方式。[①] 特别是在剧情类短视频剧本的创作中,把握住"反转"这一核心至关重要。通过在必要的情节点设置反转剧情,可以引导观众的情绪波动,让情节的转折既出其不意又要在情理之中,进而增强故事的可看性。

反转的一种外在表现形式也可以是人物身份或命运的前后二元对立。例如可以从财富身份对比、干净邋遢对比、人设年龄对比等方面设置人物的反转。以短视频作品《缘分这东西,也许一个钩子就勾来了》(图 7.17)为例,在视频中打造了男主邋遢与干净的对比,给人眼前一亮的感觉。反转的内在表现为情节向相反情境的转化,创作者经常通过增加关键信息的方式人为促成情节的反转,强化表意效果。该反转在运用上的特点是,每次重新开始时,必然有标志性的事物出现或发生,与前一轮形成明显重复。故事结尾处为证明"无限",通常以重复的事物作为标志结束。例如《无限大反转系列之顾客评价》短视频(图 7.18)中几乎每一句都设置了反转,在这个视频中标志性的反转点则是黑人厨师反复的表情。

---

①　短视频剧本.有反转,才爆款! 短视频反转怎么做? [EB/OL].豆瓣网.

图 7.17　《缘分这东西,也许一个钩子就勾来了》视频截图

图 7.18　《无限大反转系列之顾客评价》视频截图

　　从总体上看,这些让人眼前一亮的反转剧情并不是毫无规律的。以下将通过人民网发布的《公职人员醉驾的五个处罚结果》短视频为例,介绍一套在短视频脚本创作中巧设反转的万能公式。

　　1)制造假象误导观众

　　第一步,先制造假象,让观众产生误解,以便让观众在剧情反转时产生一定的心理落差感,强化反转效果。如剧情的开头是一位穿着制服的警官坐在驾驶座上,准备接受检查酒驾的巡警的检测,嘴里还念叨着"自己人! 自己人""我可不可以不吹"。通过慌张的神态和语言的假象让观众产生误解,以为他喝了酒。

　　2)隐藏重要信息,引发悬念

　　悬念和反转往往是相辅相成的,反转剧情需要在前半段营造一种能够引起观众好奇或紧张的氛围,加强剧情的张力,为接下来的反转做好铺垫。如案例中驾驶座上的警察一边推开酒精检测仪一边紧张地询问:"如果我真的喝酒了,身为公职人员酒驾会收到怎么样的处罚?"巡警义正词严地回答:"公职人员醉酒驾驶机动车,除了和其他人一样吊销驾驶证,五年后才能重考,法院罚款一万元。情节严重者判刑 6 个月以内,公职人员开除公职! 律师医师教师同样吊销资格证!"通过对酒驾处罚的一连串科普知识来为接下来的反转剧情做铺垫。而驾驶车辆的警察到底喝没喝酒这一重要信息,依然是隐藏的。

3) 增加关键信息

在经历了一系列假象和铺垫后,如何制造一个令人大吃一惊的反转时刻是整个剧情的核心,而有效揭晓反转真相的秘诀就是在结尾处增加关键信息,与之前隐藏的信息相呼应,让反转剧情实现既出其不意又在情理之中的效果。例如,在驾驶座上的警官在推脱无果后紧张地吹了几口酒精检测仪,当看到酒精检测仪显示酒精含量为零后放心地笑了笑,这时警察原来没有饮酒这一关键信息被揭示了出来,制造了第一个反转。没想到检查酒驾的巡警还是严肃地示意他下车,驾驶座上的警官感到十分疑惑地问道:"显示 0,我下车去干嘛?"又一个反转的设置,让观众感到很好奇。检查酒驾的巡警把酒精检测仪扔给在驾驶座上的警官说道:"周末没人! 加班!"这样的反转不仅幽默风趣,而且反转的结果也合乎情理。

最后再总结一下巧设反转万能公式:制造假象——隐藏信息——引发悬念——揭示关键信息——导致反转。依据这个套路在短视频脚本创作中多设置反转,就可以让情节更加跌宕起伏,令人欲罢不能。

◇ 7.3　短视频文案中的营销设计

短视频可以被看作一种视觉消费品,在短视频中不仅要有高质量的内容,创作者也需要通过引入商业广告的形式进行变现,因此在短视频的剧本创作阶段就需要平衡好艺术性与商业性。以抖音、快手为代表的头部短视频平台,改变了传统货架商品出售的方式,通过短视频、直播等方式插入广告,从而带动电商的发展。在这样的背景下,广告植入类短视频剧本的创作则需要更为高超的技巧。

7.3.1　短视频的营销类型

当前,广告营销可大致分为四类。第一类是品牌定制类广告,这类广告往往通过剧情向观众传达品牌理念。第二类是植入类广告,将营销的产品作为道具、场景等要素插入剧情中,起到宣传推广的作用。第三类是创可贴广告,指将与剧情相关的广告字幕贴在画面上,起到产品宣传的效果。第四类是贴片广告,这类广告常见于电视剧或电影的前、中、后,在短视频中比较罕见。下面将为大家重点讲解前三类广告的营销特点。

1. 品牌定制类广告

品牌定制类广告植入的特点一般是通过剧情演绎吸引用户观看下去,将品牌理念与故事融为一体,传达品牌的价值观念。例如短视频《番茄炒蛋》(图 7.19)讲述了不会做饭的留学生想靠厨艺撑场面,情急之下向妈妈求助成功,后来才意识到自己和中国相差几小时,母亲是深夜起床做菜给自己演示。视频从一个家庭切入,以温暖动人的故事表现父母对孩子无私的亲情。

整个故事进程中都没有产品露出,只有在高潮部分才出现字幕:"想留你在身边,更想你拥有全世界。你的世界,大于全世界。"(图 7.20),随后是招商银行留学信用卡的画面。这

图 7.19 《番茄炒蛋》视频截图一

一点睛之笔不仅表现父母对海外留学子女无私的关爱,极易引发社会的共鸣共振,而且以亲情作为营销的连接点,也符合招商银行留学信用卡是由父母起主导权的信用卡附属业务这一品牌定位。

图 7.20 《番茄炒蛋》视频截图二

2. 植入类广告

植入类广告的特点是将产品作为剧情的一部分呈现,与剧情进行高度融合。在短视频内容中柔性植入商品,是最常见也是最能被用户接受的一种变现方式。例如将化妆品、饮料、电子产品等在短视频的内容场景中露出,或是通过人物台词直接提到某产品或品牌,还有人物使用某产品进行学习、创作时,可以通过演示这些工具的功能和价值进行"种草式"营销。可见,植入类软广告的核心不是直接卖货,而是在不破坏内容的同时,自然巧妙地把商品融入其中,刺激用户的购买行为。植入类广告也要注意植入的时机,一般来说,植入类的视频广告会在视频的三分之一以后接入和出现产品,这样可以减少用户的跳出。图 7.21 这条视频中将素颜霜作为女主反转的重要道具出场,配合"越是这种时候,越要稳住"的台词,展示了产品良好的效果。

3. 创可贴广告

创可贴广告往往需要将文案与剧情相融合,更好地展出产品。例如 Papi 酱联合天猫小黑盒推出的短视频《反套路过新年》(图 7.22)将与剧情相关的产品信息贴在画面中。通过三个反套路将合作方的产品一一展出。视频选取了在新年大家熟悉的拜招财猫、和家人聊天、

图 7.21　《越是这种时候,越要稳住气势》视频截图

同辈攀比三个场景,通过反套路花样过新年,既符合主题,又将安慕希、百事可乐等多个品牌产品展出。

图 7.22　《反套路过新年》视频截图

7.3.2　短视频广告的叙事策略

1. 首因效应,打造精彩的剧本开头

"首因效应"认为"第一印象"对个体产生的作用最大。因此在创作营销类短视频时,创作者必须先保证创作的故事内容足够吸睛,尽量能够在前几秒留住用户。因此,在创作剧本

时可以设置一些"诱因",在观看者心中植入某种"动机",为用户建立"观看期待"。例如可以在剧本开头设置一些悬疑的剧情,引起受众的好奇心,抓住用户的眼球;再例如在开头设置一些赏心悦目、轻松愉快的画面,增加用户在其视频中停留的时间等都是打造精彩开头的重要方式。

2. 把握用户思维,精准捕捉用户需求

短视频平台的社交属性决定了在剧本创作中要遵循用户导向思维,写用户想看的,创作用户喜欢的内容,因此,抓住用户心理就显得尤为重要。抓住用户心理就要先了解用户心理,具体可参见前文受众九大心理满足点(表 7.4)思考。

例如字节跳动的公益平台宣传广告短视频《微小的善意》就从人们生活的细节出发,抓住并放大用户萌生善意的片刻进行讲述。开头旁白说道:"我们知道,你不是一个冷漠的人。"接着,配合不同的生活场景画面,展示了普通人表达微小善意的种种瞬间(图 7.23),旁白说道:

图 7.23　《微小的善意》视频截图一

"你可能是一个爱猫的人,也会心疼流浪的小动物。"
"你关注一日三餐,也会留意助农产品。"
"你常常会被音乐的旋律打动,也会为听障宝宝搜集令人快乐的声音。"
"你爱热闹,胜过别离,也会为留守儿童的孤独而心酸。"
"我们知道你是一个有爱的人。"
与这一串场景相连的是字节跳动公益平台发起的一系列用户参与的公益项目(图 7.24):

图 7.24　《微小的善意》视频截图二

"头条寻人"中有 416 万人愿意用一个转发帮助了 17 000 多个家庭团圆。

"海嘎少年的夏天"中有 203 万人观看了一场属于山谷里热爱音乐的孩子的直播演唱会。

"感光计划"下有 775 万人愿意用一个点赞,帮助 3425 个困难家庭得到资助。

"医务基金"里有 852 万人愿意用一声鼓励,为 3737 名抗疫医护人员提供帮助。

这部公益宣传广告通过从生活中提取人们萌生善意的时刻让观众产生共鸣,展现字节跳动公益平台将这些点滴的善意汇聚成海,通过手机上的抖音、今日头条、西瓜视频等 App,让用户在享受美好生活的同时,也在关注公益事业,成为连接用户与公益项目的纽带。让观众感悟到这些生活中微小的善意也是公益,以此唤醒观众对公益的重视,同时宣传并加强了字节跳动公益平台的品牌形象和社会影响力。

3. 借势营销,紧跟热点

近年来,随着互联网技术和移动社交媒体的深入发展,受众随时随地都可以获得新闻资讯,了解网络空间热点事件,因此借势营销的理念在互联网经济时代得到了更广泛的应用。借势营销是指将销售的目的隐藏于营销活动之中,将产品的推广融入消费者喜闻乐见的大环境中,使消费者在这个环境中了解产品并接受产品的营销手段。具体表现为通过媒体争夺消费者眼球、借助消费者自身的传播力、依靠轻松娱乐的方式等潜移默化地引导市场消费。①

例如在抖音上爆火的"海底捞网红吃法"短视频得到很多用户的关注。番茄牛肉汤、鸡蛋虾滑油面筋等新型吃法,成为许多网友去海底捞体验打卡的必选项。短视频让海底捞火爆全网,而海底捞也趁势打造出了新菜单去迎合顾客。短视频巨大的流量和红利,让海底捞获得了巨大的顾客量。可见能够抓住互联网热点,把握时机进行合理营销,可以为企业带来事半功倍的效果。

4. 利用逆向思维,打造"眼球经济"

逆向思维也被称作求异思维,是对习以为常的事物或观点反过来思考的一种发散性的思维方式。② 在短视频广告的剧本创作中,逆向思维常常能达到变被动为主动的传播效果。看似不可思议,但结局往往出乎意料,通过"反其道而行之"的方式更好地突出产品的特点。例如得物广告宣传片《得物就是毒》(图 7.25),通过葛优教学、李小龙打斗、许文强谍战、穆桂英挂帅、一休参禅、史泰龙枪战七个经典桥段,反复循环"得物-毒(de wu du)",让观众可以了解到得物品牌的前身就是毒 App。通过新旧品牌名称关联广告词,加深观众印象,达到意想不到的宣传告知效果。

7.3.3 短视频营销文案创作技巧

1. 创作步骤

短视频营销往往以内容作为支点,激发消费者的购买兴趣。一些网络红人也会利用粉丝对自己的信任或自己的人设来通过短视频带货。富老师品牌的创始人韩松庭认为短视频

---

① 赵子嘉.社交媒体中的借势营销研究[D].哈尔滨:黑龙江大学,2017.
② 张纯静.互联网时代故事型文案的创作策略研究[J].写作,2019(04):50-60.

图 7.25　《得物就是毒》视频截图

营销文案需要满足以下四个步骤：体会处境、阐明处境、推荐产品与解决问题（表 7.7）。[①]　通过环环相扣的步骤，可以有效把握消费者心理，助力内容生产者创作出符合粉丝效应的短视频营销文案。

表 7.7　短视频营销文案创作步骤

步骤	短视频营销文案创作技巧
体会处境	换位思考，考虑潜在客户的处境。只有真正走进目标用户的内心世界，才能理解他们的处境，进而生产出与他们产生共鸣感的内容
阐明处境	通过讲解告诉消费者如果再这样下去将会有什么不好的后果，促使他们想要改变当前状况的愿望
推荐产品	向消费者指明想要改变当前的现状可以选择此项产品，帮助其扭转困境
解决问题	告诉消费者想要解决问题，立刻购买产品

2. 案例分析

以"知乎"品牌广告《发现更大的世界》（图 7.26）为例，作品完全站在用户的角度思考，通过第二人称"你"快速与用户拉近距离。作品采用陈述句和反问句的方式阐明用户的处境，例如"你知道她会让你感到安全""你想知道下次见面是什么时间"等，将用户带入问题之中。接着将解决问题与推荐产品合二为一，告诉用户你的好奇可以在知乎中找到答案，在知乎可以发现更大的世界，充分宣传了知乎作为一款问答社区平台的特点。

你想知道你们的未来在哪里

图 7.26　《发现更大的世界》视频截图

①　简书用户韩松庭.如何写出短视频带货脚本文案？［EB/OL］.简书网.

◆ 7.4　其他类型短视频脚本设计

7.4.1　Vlog 脚本创作

Vlog 主要以记录自己的生活为主,我们通过提前构思,把视频内容文字化,对于明确主题和故事线,提高拍摄效率具有至关重要的作用。

1. 创作技巧

1)明确故事主题

明确故事主题是撰写脚本的第一步,也是短视频故事的中心。确定故事主题即确定要拍什么,将地点、人物和事件等简单元素罗列,做到心中有数。例如"记录去海南旅行Vlog""记录周末在家下厨 Vlog",主题的确立能够更好地确定接下来的拍摄内容和视频框架。

2)确定 Vlog 的风格

Vlog 的风格大致可分为三种,第一种是以主角的口头叙述为主,第二种是以配音旁白为主,第三种是无旁白解说,以字幕和音乐来配合画面呈现要表达的内容,打造一种沉浸式的氛围。主角口述类型的 Vlog 往往需要主角有娓娓道来、清楚地讲述自己目前状态的能力,从而让观众可以逐渐走进主角的世界,感受主角的生活。因此,这类视频对于脚本设计的完整性要求不高,关键是主角的表述能力、感染能力等。配音旁白类则对前期脚本的设计有较高的要求,主角需要提前设计出想要拍摄的画面和效果,或者根据已经拍摄好的素材来组织内容,然后撰写解说词,后期也要用一些剪辑技巧来突出故事主题。一般而言,此类视频的创作者需要有强大的逻辑串联能力,才能更好地体现画面的美感。

3)撰写 Vlog 脚本

Vlog 短视频主观性较强,往往需要根据实际情况灵活应变。因此,在撰写脚本时无须像剧情类短视频一样将每个画面的时长、景别等详细标注,只需要将视频的大体框架列清楚即可,方便后期剪辑时形成 Vlog 的叙事逻辑。例如,剪映 Vlog 博主"风光喵"的 Vlog 脚本示范(表 7.8)就清晰地为大家示范了如何撰写一份既简明又清晰的 Vlog 脚本。

表 7.8　主角口述为主 Vlog 脚本

开　　场	空　　镜	串　　场	人　与　景	结　　尾
开场介绍,告诉观众要做什么、去哪里	美食、美景、不带人的空镜头等	通过自述来串联每一个地点画面等	拍摄主角与目的地、餐厅、美食一起的画面等	跟大家说再见,结束这支 Vlog

比起主角口述类型的 Vlog 脚本,配音旁白类的 Vlog(表 7.9)需要围绕主题由点到面扩展内容,我们可以把主题事件分解成几部分,接下来对每一部分进行扩展,细化整个过程。脚本的设计可以按照表 7.9 的形式设计每个镜头的拍摄技巧、背景音乐以及转场效果等,类似于分镜头脚本,表中的类别和元素可以根据自己的需要更换或增减。

表 7.9　配音旁白类的 Vlog 脚本

画　面	景　别	转　场	音　乐	解　说　词
不同场景、不同地点的画面内容	运用合适的景别表达画面内容,向观众传达信息	拍摄时设置转场或者剪辑时设置转场,使画面转接流畅	符合主题表达的音乐类型	通过画面难以表达出的信息可以通过文案加以解释

2. 案例分析

1) 主角口述类 Vlog

以央视记者王冰冰在 B 站的第一支 Vlog(图 7.27)为例,其故事主题就是记录在查干湖直播的日常。作品选择了主角口述类的风格,不仅符合她主持人的身份,同时也带大家了解了中央电视台记者日常的直播工作,对于传播查干湖本地的风土人情也有非常重要的意义。

图 7.27　"吃花椒的喵酱"Vlog 截图

视频以两块冰的特写作为开端,暗示是"冰冰"的 Vlog。接着是直播地点的环境和人物,例如卖冰糖葫芦的小哥、悬挂起来的胖头鱼等。随后王冰冰向大家介绍胖头鱼以及当地的情况。Vlog 的第二部分是介绍其作为主持人具体在查干湖直播的全过程,向观众介绍了直播连线之前工作人员所需要做的准备工作等。第三部分是工作结束后体验当地的美食,她一边品尝当地的胖头鱼,一边和大家聊天,分享自己平时关注的 UP 主等。最后介绍了自己作为媒体记者走过祖国的大好河山,以及自己平时生活中的琐碎日常。视频结尾和大家互动,询问大家的新年愿望以及自己新一年的愿望。Vlog 给人以轻松、亲切、美好的感觉,既符合央视主持人的身份,又不同于平时直播中官方、正式的语气,同时也满足了受众窥探主播工作日常的心理,符合自媒体时代传播的特点。

2) 配音旁白类 Vlog

B 站 UP 主 AirDanie 发布的 Vlog《西藏旅拍 14 天 剪辑 2 个月 给你一个不一样的西藏》(图 7.28),就选择了配音旁白类的表现方式。通过画面和音乐展现自己的旅途过程。开头将自己踏上雪地作为开始,暗示旅途的开启。随后通过在飞机上的拍摄画面来表达在旅途过程中的故事,接着重点展现了自己在西藏记录下的风土人情。视频的画面和音乐的节奏进行了卡点处理,同时每个画面的转场都设计得十分精美,增强了画面的震撼力。

图 7.28　Vlog《西藏旅拍 14 天 剪辑 2 个月 给你一个不一样的西藏》视频截图

Vlog 是讲述自己的故事,没有一个模板可以套出自己的人生。因此,在 Vlog 的创作中要展现个人魅力和独特性,更好地让观众记住你,并且喜欢你。

怎么设计
Vlog 脚本

7.4.2　知识类

1. 创作技巧

1)遵循趣味性原则

知识类短视频的制作较为简单,而且拍摄的效率很高。因为此类视频一般信息量比较大,而且主要以解释为主,不需要复杂的脚本和剪辑技巧,只要将知识讲清楚即可。但是如何在较短的时间内将科学的知识讲明白,同时还需要有一定的趣味性,这是制作知识类短视频的关键。为了使视频开始就锁定用户,此类短视频往往将关键信息前置。例如视频以反问句开始"可乐喝多了到底有什么问题""轻断食不掉称怎么突破?"等。

2)解释性文案与直观画面展示

知识类短视频为了更好地帮助受众关注了解相关知识,往往需要一些直观性的画面或者解释性强的文案予以辅助,因此提前撰写好短视频脚本(表 7.10)就显得格外重要。知识类短视频脚本关键在于如何通过文案和画面的配合,更易于让观众了解知识。

表 7.10　知识类短视频脚本设计

开　　场	解　说　词	画面(动画)
以反问句或者不同于平常认知的结论作为开场以吸引观众的注意力	相关科学性知识的解释	主角口述知识或者配合动画进行形象化表达,方便观众理解知识

3)分点阐述知识重点

知识类短视频的细化主要有产品介绍、开箱测评、行业信息和专业知识等。[①] 其中产品介绍多为高科技产品,例如讲解 VR 眼镜的功能、手机的性能等;开箱测评一般是去亲身体验一些产品,给用户一种可看感;行业信息主要是关于某个行业中的一些最新信息;专业知识则讲究价值的输出,专业性更强,例如一些医学科普类的视频往往具有较高的门槛,医学专家来讲解往往更有说服性。

---

①　易撰自媒体.自媒体人该怎么去制作知识类的短视频,是有哪一些方法呢?［EB/OL］.百度百家号.

由于知识类短视频通常信息量较多,内容有一定专业性,因此组织好内容逻辑尤为重要。我们可以把分享的知识分成几个小标题,来突出要点,然后清晰地进行分点阐述,必要的时候加上案例辅助说明,但要注意例子一定要简短,不要喧宾夺主。最后,我们可以在视频结尾处加上对重点知识的干货总结,方便用户截图和记忆的同时,还能提升用户对账号的好感。

2. 案例分析

以科普类短视频作品《人体冷知识——眼皮为什么会跳?》(图 7.29)为例,视频开始就通过疑问句吸引观众的注意力"眼皮为什么会跳",并且引用了大家耳熟能详的俗语"左眼跳财右眼跳灾"来引出接下来详细的解释。通过科学知识的解释和相关图像的展示,让大家了解眼皮跳动的原因,进而破除不科学的俗语。这条知识类短视频从生活入手,在讲明干货、进行价值输出的同时也很有趣味性,更容易吸引观众的眼球。

如"央视新闻"的科普类短视频节目《不懂就问》(图 7.30)每期的核心内容与医疗、科技、互联网等领域的舆论热点相关。开场白通过设问的形式提出舆论中的热点问题,如"进口车厘子检出阳性,还能吃吗?""什么是碳达峰?碳中和?""嫦娥五号为什么要去月亮上'挖土'?"等。主持人段纯身着长衫,在科普知识时以"讲相声"的形式,用风趣的谈吐和丰富的肢体语言吸引观众的注意力,再配合着新闻图文和专业资料向观众一一解释相关问题。如在解释网络热词"内卷"时,主持人先是打趣说"内卷是卷啥呢,卷饼子卷烤鸭?"然后以专业的社会学知识进行解释,并通过"996"等现实例子来印证这些自我消耗的现象,最后以"内卷多做无用功,千篇一律很雷同,只有寻找差异化,人无我有能成功"数来宝形式的金句做结尾。

知识类短视频创作脚本

图 7.29　《人体冷知识——眼皮为什么会跳?》视频截图　　图 7.30　《不懂就问》视频截图

7.4.3 美食类

1. 创作技巧

1) 脚本设计突出重点

美食类短视频脚本虽无须像电影脚本一样事无巨细,但是也需要将文案、画面和景别等关键要素标注清楚(表7.11),让拍摄者做到心中有数。文案具体包括标题、文字和字幕等信息,在美食类视频中经常需要标注食材等信息,因此选择合适的字体、位置等至关重要。此外就是画面,即拍摄的主体是什么,景别就是拍摄物体在画面中所占的比例。例如一些食材的特写、整个烹饪环境的全景等。

表 7.11　美食类短视频脚本设计

开　　场	画　　面	景　　别	解　说　词
空镜头,向观众展示活动的场景、环境等	制作美食的具体过程,所用到的食材等	根据画面想要向观众传达的内容设计景别	一些关键的操作步骤、食材等,帮助受众更加详细了解美食的制作过程以及美食背后的文化

2) 按照时间顺序娓娓道来

一般而言,美食类短视频制作的过程可以依照时间的流程,首先交代主题和背景,然后向观众展示美食制作的过程,最后就是成品的展示及品尝。主题和背景往往可以烘托氛围或者交代想要制作一道美食的初衷和原因等;中间具体制作的过程是视频的主体部分,需要将关键步骤进行展示。此外还可以将一些注意事项标注到画面中,方便观众及时获取有价值的信息。最后的展示环节往往是最容易吸引观众的地方,美食的精美和诱人往往会让观众产生想要尝试制作的冲动。此外还可以记录作者的心情、一些唯美的空镜头等,让整个视频变得有独特的个人风格,形成辨识度。

2. 案例分析

以美食类短视频作品《又麻又辣很上头——水煮牛肉》(图 7.31)为例,视频开端是李子柒拿着竹筐去采摘花椒的情景,不仅展示了食材的准备过程,还将乡村幽静美好的氛围展现出来。接着从腌制牛肉、清洗蔬菜等步骤一一展开,其中运用了大量特写镜头,高清的画面

图 7.31　《又麻又辣很上头——水煮牛肉》视频截图

和精美的调色,都展现了美食的诱人,让观众在学习之余更多地去感受中国美食文化的魅力。在制作期间还穿插了李子柒与奶奶的对话,让整个作品更为生动和温情。最后在菜肴的展示环节中,采用了中国书法字幕标明"水煮牛肉",更加凸显了文化感。此外,大家围坐一堂品尝水煮牛肉的画面,也十分温馨,拉近了和观众之间的距离。

◈ 7.5 本 章 小 结

本章重点介绍了短视频脚本的创作,从剧情类短视频的剧本创作、短视频营销文案的撰写以及 Vlog、知识类和美食类三种比较有代表性的短视频脚本设计入手,向大家介绍了短视频脚本创作的方法、流程、思路和技巧。短视频脚本的创作虽然需要发挥创作者较强的主观创造力,但是也并非无规律可循。随着短视频领域的持续发展,未来将会出现更加形式多样的短视频类型,而短视频脚本的创作也应该顺应当下时代的潮流,立足于现实生活,不断创新短视频脚本的构思和创作技巧,打造有深度、有价值的短视频内容。

◈ 习 题 7

1. 结合短视频脚本创作的基本原则,谈谈短视频作品如何体现其核心价值。

2. 结合实例,分析四大技巧"黄金三秒""钩子定律""台词标签""巧设反转"在短视频脚本创作中的必要性。

3. 以一个特定品牌为例,分析其短视频广告营销设计的内容特点。

4. 简要分析 Vlog、知识类和美食类短视频脚本设计的异同。

短视频分镜头脚本设计

第 7 章主要介绍了短视频脚本创作的相关知识,但是有了脚本之后是不是就可以直接拍摄了呢?其实,在开拍之前还少了一个重要的步骤——分镜头脚本设计,只有实现了从文字到镜头的具体转化,才能让拍摄和剪辑有据可依。分镜头脚本就像建筑大厦的草稿图,创作团队成员依据分镜头脚本来领会导演意图和剧本内容。无论是小成本的短视频制作,还是大电影的创作,分镜头脚本都是标准化工作流程中的重要一环。本章将分为两节,8.1 节将详细介绍分镜头的概念、目的、作用、基本依据和方法;8.2 节教大家如何撰写分镜头脚本,并针对创作过程中的常见误区提出一系列解决方法。

◆ 8.1 认识分镜头

在了解分镜头之前,首先需要了解镜头以及镜头组的含义。正确划分镜头的方式有两种:一是从拍摄角度划分,从开始到停止录制之间拍摄的一段连续画面,不论持续时间长短,都是一个镜头;二是从剪辑角度划分,镜头就是两个剪辑点之间的那段画面。镜头是构成影片最基本的单位,几个镜头可以组成一个镜头组,一个镜头组可以表达同一场景下一个完整的意思,几个镜头组可以表现一部完整的短视频作品。

8.1.1 分镜头的概念

什么是分镜头呢?分镜头又被称为摄制工作台本,也是将文字转化成视听形象的中间媒介①。一般来说,就是把文字脚本分切成的一系列可以拍摄的镜头称为分镜头,分镜头是拍摄和剪辑的重要依据。

例如,要将"一个小朋友在街边捡到了一分钱,把捡到的钱交给警察叔叔"这一事件转化为分镜头,则可以设计一组镜头。

(1)全景,小孩在路上边蹦边跑,突然停下。

(2)近景,小孩低头看。

(3)特写,地上的一分钱。

---

① 克里斯提亚诺.分镜头脚本设计教程[M].赵嫣,梅叶挺,译.北京:中国青年出版社,2007.

（4）中景，拍摄小孩弯下腰捡起钱。

（5）全景，小孩向警察叔叔跑去。

通过列出这样一组分镜头，创作者就可以把这一句文字剧本分解并转化为一系列清楚且直观的镜头语言，进而指导后续的拍摄。俗话说：磨刀不误砍柴工，编写分镜头脚本可以帮我们提前把视频框架和拍摄流程都梳理清楚，避免漏拍、错拍的情况，大大提高拍摄和剪辑的效率。如果没有它，我们在拍摄现场浪费的不仅是时间，还有人力、物力和金钱。

8.1.2　分镜头的目的

分镜头设计是短视频拍摄前最为重要的一项前期准备工作，分镜头设计的好坏将直接影响短视频的内容质量和艺术价值。因此，不论是专业工作者还是初学者，拍摄前进行细致规范的分镜头设计是十分必要的，分镜头可以达到以下几个目的。

1. 将文字脚本转换为可视化形象

分镜头设计是将文字剧本转换为可视化形象，它可以让拍摄者提前梳理清楚视频框架和拍摄流程，对于将要拍摄的内容更加清晰，从而避免漏拍错拍，也有助于提高后期剪辑的效率，进而节省人力、物力、金钱。

2. 提高创作效率和质量

整个制作组由导演、编剧、演员、摄像、后期等多个部分组成。分镜头脚本便于制作组人员之间实现沟通、交流与合作，能够使团队各个成员对于视频的节奏风格、情节走向、艺术手法有更清晰的了解和认识，最终成为制作组成员沟通协作的通用语言。

3. 便于后期修改调整

分镜头脚本的设计还有利于所有创作人员在拍摄过程中进行临时改动和创意发挥，对脚本中的内容不断精细打磨，最终在表意清楚的基础上呈现摄制团队的创作思想和风格，将剧本内容顺畅、完美地呈现。

8.1.3　分镜头在短视频创作中的作用

怎样设计
分镜头

1. 分切组合画面

一段视频需要按照情节发展的流程、因果关系等要素，来分切组合镜头、场面和段落，从而引导观众理解剧情。[①] 即使是脚本中的一句话，其实也需要进行正确的分切组合，从而利用视听语言艺术塑造和丰富一个形象。那么分切组合画面的具体依据是什么呢？

1）内容分解合理

短视频的分镜头设计需要清楚表达剧本内容。例如表现战争场面，则可以分解设计以下一系列镜头来全方位地表现战争中的典型场面。

镜头 1：远景镜头展现丘陵崎岖的地形，战场的硝烟弥漫在灰暗的空中。

---

① 张俨. 电影"蒙太奇"于商业步行空间初探[D].天津：天津大学,2007.

镜头 2：全景镜头拍摄坦克接连开进战场，全副武装的战士奋勇杀敌。

镜头 3：全景镜头展现地堡射击孔火舌喷吐的场景。

镜头 4：近景镜头展现士兵中枪倒地。

镜头 5：特写镜头拍摄医务人员为伤者包扎伤口。

镜头 6：全景镜头拍摄抬着担架的身影穿过烟雾，进入丛林的场景。

2）画面逻辑清晰

镜头的组合方式可以分为并列式和因果式。

并列式分镜是将几个性质相近的镜头相接，可以表达情感、渲染气氛或强调重点，镜头之间可以没有逻辑上的递进或因果关系。例如上述的镜头 2 和镜头 3 就是并列关系，通过连续的战争画面可以冲击观众的视觉和心理，让观众产生叠加印象而更加感受到战争的激烈和残酷，彼此先后顺序可以交换。

因果式分镜的镜头衔接需要交代清楚前因后果，让观众明白内容的逻辑关联。例如镜头 4、5、6 之间则具有因果关系，彼此之间的先后顺序不能交换，需要按照事件的发展顺序、视觉心理规律和画面连贯性等原则来进行设计，引导观众理解剧情。

3）分切组合需具备传意性

短视频镜头的分切组合必须具备传意性，以便精准表达视频主题。例如表现一个女孩听见敲门声不敢开门的情景，就可以按照事件的发展顺序和视觉心理规律，考虑人物动作连贯性来设计分镜头，"听到敲门声—穿鞋—与门外人交谈—从猫眼查看"（图 8.1～图 8.3）这样一组有因果联系的分镜头能够准确表达视频主题，引导观众理解剧情。

图 8.1　听到敲门声并穿鞋　　　图 8.2　与门外人交谈　　　图 8.3　从猫眼查看

2. 传达镜头主题

每个镜头要有每个镜头的要义，即每个镜头需要有其不可替代的重要性和含义，在一段成片中，没有一个镜头是多余的；而一组镜头也要有一组镜头的中心，即这一系列镜头组合在一起试图呈现什么主题。详细的分镜头设计和流畅的剪辑可以塑造清晰连贯的内容，增强画面表现力，让观众感受到特定气氛和意义。

下面以"好丽友派"广告（图 8.4）为例，来分析创作者是如何通过分镜设计来表现"友情"

这一主题。

图 8.4　好丽友广告分镜头脚本

镜头 1：俯拍两个男孩在教室中学习的全景，表现故事发生的地点和场景。

镜头 2：二人中近景，重点突出上半身，短袖同学在看长袖同学。

镜头 3：侧面平角特写镜头，短袖同学观察到长袖同学在打瞌睡。

镜头 4：特写镜头表现手部动作和好丽友产品。

镜头 5：近景表现长袖同学头即将磕到桌子，短袖同学为其垫一个巧克力派。

镜头 6：中近景表现长袖同学头磕到桌子上的动作。

镜头 7：中近景表现长袖同学从桌子上抬起头，脑门上粘着一个巧克力派。

镜头 8：二人中近景，突出二人上半身的互动。

镜头 9：近景表现短袖同学拿走好丽友的动作以及长袖同学疑惑的表情。

镜头 10：二人中近景，一起笑着吃好丽友的互动场景。

上述例子将一系列镜头根据因果式分镜逻辑"串联"设计，按照线性蒙太奇衔接，沿着顺叙的时间线索和因果关系推动剧情发展和情绪演变，最终表达出暖心愉悦的友情主题。

8.1.4　分镜头的基本依据

设计分镜头的基本依据主要有三个（图 8.5）：画面内容表现需要、视觉心理规律和蒙太奇组接原则。

图 8.5　分镜头的三个基本依据

1. 画面内容表现需要

分镜头需要清晰表达剧本内容并让观众感受和理解情节和主题。如图8.6、图8.7所示,在B站账号"梨视频"发布的短视频《何为青年》中,通过快递员"包装快递—扫码登记—放置快递到货架上—在计算机系统中录入信息"等一系列镜头,完整全面地向观众展示了一个快递员日常的工作内容与工作状态。

图 8.6　《何为青年》截图一

图 8.7　《何为青年》截图二

2. 视觉心理规律

在进行分镜设计时,应该根据观众的视觉规律和心理需求来设计分镜头。以短视频《脑洞是超酷的运动!》为例,31～45秒的分镜头如下。

(1) 远景、推镜头拍摄一个遛狗的女孩在晴朗的夏日正在大街上行走。

(2) 全景、俯角,一片阴影笼罩了她并在地面上留下大片阴影(图8.8)。

(3) 全景、仰角,表现天空飘过一条鲸鱼(图8.9)。

(4) 全景、俯拍悬浮在空中会喷水的巨型"鲸鱼"(图8.10)。

(5) 近景拍摄站在陆地上的"何同学"迅速展开雨伞避免淋湿并说话的场景(图8.11)。

这样一组分镜设计既表现了脑洞大开的神奇场景,又符合视觉心理规律。前两个镜头让观众跟随主角视线,对突然出现的阴影产生心理疑惑,随后通过把视线从陆地转移到天空,对设下的悬念进行了揭示,满足了观众的好奇心。最后视角从天空回到陆地,通过何同学的台词表现创意的浪漫、神奇,配合说明视频的主题。

图 8.8　《脑洞是超酷的运动！》截图一

图 8.9　《脑洞是超酷的运动！》截图二

图 8.10　《脑洞是超酷的运动！》截图三

图 8.11　《脑洞是超酷的运动！》截图四

3. 蒙太奇组接原则

所谓蒙太奇，是指用局部组合成整体的思维方式，将一系列在不同地点、不同时间，从不同距离和角度，以不同方法拍摄的镜头排列组合起来，叙述情节、刻画人物。[①] 首先，按照蒙太奇的组接方式对镜头分切组合，可以实现画面的流畅转换，让观众对内容产生完整印象，准确理解短视频的主题思想；其次，蒙太奇可以让视频段落清晰，结构完整、节奏鲜明；最后，蒙太奇可以加强视频的艺术表现力和感染力，利用情绪感染观众。若干镜头，经过合乎逻辑的剪辑组接后，能够表达完整意思，并且可以产生比单个镜头更丰富的意义。我们在设计短视频分镜时，需要从剪辑的角度来进行考虑，根据蒙太奇的组接规律和不同的组接方式，设计一系列符合影视创作规律的画面镜头，这样的分镜设计将有助于提高后期剪辑的效率。在这里将简单介绍两类蒙太奇组接方式：叙事蒙太奇和表现蒙太奇。

1）叙事蒙太奇

叙事蒙太奇主要用来展示情节、交代故事发展走向、凸显冲突，核心作用是讲述故事，将剧情按照时间流逝、空间转换、因果关系来切分组合镜头，帮助观众理解剧情。叙事蒙太奇又包括线性蒙太奇、平行蒙太奇、交叉蒙太奇和重复蒙太奇等。

线性蒙太奇又称连续蒙太奇，是按照故事情节结构顺序，将镜头画面条理分明地组接起来，线性蒙太奇在组接镜头时最为常用。平行蒙太奇又称并列蒙太奇，指在不同的时间和空间或者相同时间不同空间的多条线索分头叙事、穿插呈现，通过省略内容达到加快叙事的效果，在短视频《何为青年》中，作家梁晓声与脱口秀演员李雪琴两人通过书信往来完成对话，视频将两人在不同空间各自书写的镜头连接起来，这样的组接方式就是平行蒙太奇（图8.12，图8.13）。交叉蒙太奇也有多条线索，但线索之间交叉更频繁且有着密切的因果关系，一般用于剧情的高潮段落，可以创造特殊场景，制造紧张的节奏。重复蒙太奇则是将具有一定寓意的画面反复呈现，在电影创作中可以塑造一种强烈的艺术效果。

图8.12 《何为青年》截图三

2）表现蒙太奇

表现蒙太奇将前后不同形式、不同内容的镜头进行组接，实现相互对照、对比或冲突，重在表情达意的功能。表现蒙太奇可以分为四类：隐喻蒙太奇、对比蒙太奇、抒情蒙太奇、心理蒙太奇。

[①] 许南明.电影艺术词典[M].北京：中国电影出版社，2005.

图 8.13 《何为青年》截图四

隐喻蒙太奇通过类比、比喻的艺术手法,含蓄却又生动地表达某种深意或情绪,往往可以激发观众的想象、联想。对比蒙太奇是指通过镜头或画面、段落之间在内容上的强烈对比,产生互相冲突而又互相强化的效果以表达创作者的某种寓意或强化所表现的内容、情绪和思想。① 在抖音账号"人民日报"发布的短视频《我,就是中国》中,前一个镜头是阳光下女孩站在乡间院落眺望远方,下一镜头是夜色中青年男子站在楼顶欣赏城市霓虹(图 8.14,图 8.15),两个镜头之间的光线与环境形成强烈的反差对比,表现出拼搏人生不设限,青年拥有无限可能的主题。抒情蒙太奇又称为诗意蒙太奇,通过表达情绪的镜头或诗意的空镜,展现人物的心

图 8.14 《我,就是中国》截图一

图 8.15 《我,就是中国》截图二

① 王次超.艺术学基础知识[M].北京:中央音乐学院出版社,2006.

理和视频的情感基调。《我,就是中国》中出现的毛笔书写画面和点亮的油灯等空镜画面则展现出了一代一代传承的奋斗精神和青年一往无前的奋斗热情。心理蒙太奇是指穿插回忆、梦境、幻觉、潜意识等镜头,生动形象地展现人物丰富的内心,带有较强的主观色彩。

8.1.5 设计分镜头的方法

1. 确定镜头数量

分镜头的数量不是越多越好,其数量的确定应本着既简洁又丰富的原则。

1)数量简洁

简洁体现在对镜头数量的节省上。在设计分镜时,镜头数量并不是越多越好,镜头数量过多会让短视频节奏拖沓,同时在后期剪辑时也会难以取舍,所以需要在保证叙事逻辑清晰的前提下,用尽可能少的镜头来表达内容。

2)表意丰富

丰富是指镜头的内涵和表意的丰富。我们要尽量让镜头来表现丰富的含义。例如,在视频《我,就是中国》里,青年乡村干部在田野中与乡亲交流庄稼长势(图8.16),这个镜头表现出了青年的工作内容,同时乡亲的笑容以及身后大片长势良好的金黄稻田也象征着丰收的喜悦与希望,镜头画面简洁但意义深远。

图 8.16 《我,就是中国》截图三

2. 确定镜头长度

巴拉兹在《电影美学》中写道:"一个镜头稍长一些或稍短一些,对画面效果能起决定性作用。"[①]理论上,每一个镜头都有一个最佳长度,每一个镜头都包含一个信息或观点,一旦信息和观点传达完毕,就是切到下一个镜头的时刻。短视频最大的特点在于时长较短,用户也逐渐养成了碎片化的观看习惯,单个过长的固定镜头,会让观众感到画面重复和枯燥无聊,所以在短视频分镜头脚本设计时,要将一个镜头时长尽量控制在3~5秒,减少无效镜头,增加单位镜头内的信息密度,采用多个镜头组合来传达视频主题。在决定镜头时长时,要考虑以下三方面。

---

① 巴拉兹.电影美学[M].何力,译.北京:中国电影出版社,1978.

1）满足观众视觉心理需要

镜头长度首先要让观众充分感知画面内容,镜头太短会让观众看不清画面而感到迷惑,而镜头太长则会让人觉得枯燥乏味。镜头画面的构图、亮度、运动状态、景别等都对镜头长度产生影响。[①] 根据人的视觉习惯,画面前部的物体比后部的物体更容易被看清楚,所以主体若位于画面后景,镜头需要更长;人对亮度高的画面一目了然,对明度低的画面则反应迟钝,所以低调画面镜头时间应比高调画面更长;运动镜头容易吸引人的注意力,所以可根据镜头运动方式的变化,增加镜头长度。根据不同景别的复杂程度,也可适当调整镜头长度,远景、全景画面中所囊括的视觉元素较多,需要停留较长时间让观众看清;而近景、特写镜头则因包含的信息量少,不需要过长的镜头来展现。但是以上规律并不是绝对的,在创作短视频时要以表达内容及思想感情作为主要依据,根据作品风格合理设置镜头时长。

2）符合叙事节奏和作品风格

短视频的节奏和风格也与镜头长度息息相关,通常镜头越短,节奏越快;镜头越长,节奏越慢。例如《脑洞是超酷的运动!》(图 8.17)片段以平均每 2 秒一个镜头的节奏,实现了不同场景之间的快速转换,展现出多个将创新想法付诸实践的科技脑洞,表现出年轻人活力四射、锐意进取的特质,打造出节奏明快、时尚炫酷、创意十足的风格。而《何为青年》(图 8.18)则通过时长较长的镜头,展现不同人物各自的生活与工作活动,以及主角之间通过书信往来进行对话、答疑解惑、交流思想的场景,以一种娓娓道来的方式进行观点分享,引发观众的理性思考和情感共鸣。

图 8.17   《脑洞是超酷的运动!》截图

图 8.18   《何为青年》截图

---

① 　吴徐君.浅谈视频剪辑中镜头长度的确定[J].北京印刷学院学报,2009,17(05):83-86.

3)镜头长度与解说词容量相符

通常在拍摄有解说词的片段时,要根据文案的字数提前设计好镜头的时长,我们可根据3字/秒的规律设计镜头时长。如一段20字的解说词需要配合约7秒的画面。该画面可以由多个镜头或一个镜头组成,所以我们在拍摄短视频之前要根据脚本的长度预估镜头时长,合理设计镜头数量和长度。

3. 确定镜头类型

在分镜设计时,我们可以把镜头分为三种类型:支点镜头、交代镜头和过渡镜头(图8.19)。

三种镜头
帮你搞定
分镜设计

图8.19　分镜头的分类

这三类镜头都十分重要,把握好它们的特点和关系,就可以帮我们轻松搞定分镜设计。首先要围绕中心思想先设计重要的支点镜头,再围绕支点镜头,设计起修饰说明作用的交代镜头,过渡镜头也很重要,它决定着短视频能否实现自然顺畅的场景转换。

1)支点镜头

支点镜头是最重要的镜头,是对主题起点题、释义作用的镜头。确定支点镜头的一个简单方法就是排除法,即将一段视频中的每个镜头一一列举出来,试着对比分析,哪些镜头是最能表达中心思想的、绝对不可以删除的,这些就是支点镜头。

在理解支点镜头时,可将其比作动漫创作中的关键帧。原画师负责设计和绘制动漫作品中的重要画面即关键帧,而动画师则只需根据原画师设计好的关键帧,绘制剩余后续的动作部分。支点镜头同关键帧一样,在短视频中起着点题释义和表达中心思想的关键作用,而交代镜头则是围绕支点镜头创作并为其服务的。

下面,结合音乐微电影《忆江南》来分析哪些是支点镜头(表8.1)。

表8.1　《忆江南》支点镜头

序号	时间	画面内容	分镜头分析
1	00:11	主角背着乐器走出航站楼	表明了归国游子的身份,为后续的重新游历故乡做铺垫
2	00:26	主角走在巷子中,到了老宅门前	展现了江南小巷的独特风景,表达出游子回到故土的感慨心情
3	01:40	主角幼时练习毛笔字,老师在一旁演奏洞箫	主角回忆幼时学习传统书法的情景,同时展现了传统乐器——洞箫
4	02:14	主角幼时阅读古籍,老师在一旁演奏笙	主角回忆幼时读书学习的情景,以及和老师之间互相陪伴的学习状态,展现了传统乐器——笙
5	02:49	老师教幼时主角演奏洞箫	银发老人与稚气少年之间的教学过程,更展现出演奏乐器的技巧与传统文化的传承过程
6	03:38	成年后的主角背着箫行走在繁华都市的街道上	象征着传统文化被一代代传承延续,获得更多关注与发展空间

《忆江南》主要讲述游子自海外归来,重回江南故土,在进行场景游历时回忆起幼年从师学习传统琴棋书画的情景。视频选取了朱家角、新场、周庄等古镇景色来体现江南水乡雅

韵,也引入陆家嘴、外滩、多伦路等地标景观来表现上海的国际都市风貌。视频以清雅悠扬的丝竹声作为背景音乐,琵琶、洞箫、箜篌、笙等传统乐器的使用也向世界表现出国乐的魅力。多个支点镜头的配合使用,表现出归国游子回忆过往眷恋故乡的情怀,幼年与成年两个时空的穿插连接了过去与现在,更体现出中华传统文化薪火相传,在信息高速发展的现代社会仍能勇立潮头、不断发展的主题。

2) 交代镜头

交代镜头是指围绕着支点镜头起修饰、说明作用的镜头,主要帮助交代环境、过程和关系等。交代镜头与支点镜头有紧密的逻辑关系,但是二者在编排顺序上没有固定的程式,谁先谁后都可以。

同样以短视频《忆江南》为例,图 8.20 是一个支点镜头,以全景展现主角练习书法,老师在一旁演奏洞箫的场景;图 8.21 则是一个交代镜头,用特写对纸张笔触细节做了描绘,交代了主角练习书法的具体过程。

图 8.20　《忆江南》截图一

图 8.21　《忆江南》截图二

3) 过渡镜头

过渡镜头是指穿插在支点镜头和交代镜头之间的镜头,它可以表现时间的过渡、空间的转换和内容节奏的过渡。

《忆江南》中练习书法时出现的两个过渡镜头,一个是日暮时候的水巷行舟(图 8.22),一个是门缝透露的日出时分(图 8.23)。行舟划船的镜头在空间上衔接幼年主角在桥上奔跑玩耍和回到家中学习的两个场景,实现了空间的转换。门缝中透露的日出光线,则在时间上表明了新的一天已经开始,极具古典特色的雕花镂空门也与接下来的学习场景风格相一致,这一镜头很好地完成了时空转换和情节过渡。

图 8.22　《忆江南》截图三

图 8.23　《忆江南》截图四

在电影《阳光灿烂的日子》中,幼年马小军向天空中扔书包的镜头也是一个经典的过渡镜头,书包升起又落下,下一个镜头接住书包的竟是少年马小军。导演利用同一物体——书包作为转场衔接的因素,一抛一接的连贯动作,不仅连接了两个时空,而且表现了一种神奇和浪漫的效果,完成了巧妙漂亮的转场过渡(图 8.24)。

图 8.24　《阳光灿烂的日子》截图

三种不同类型的镜头各自有不同的特点和作用,我们在进行分镜设计时需要全面考虑,让它们相辅相成,才能相得益彰,让画面更好地为主题和内容服务。

◈ 8.2　短视频分镜头脚本创作

分镜头脚本是摄制的重要依据,摄制人员依据分镜头脚本的要求展开摄、录、编各项分工合作。接下来将带大家了解分镜头脚本组成的各个元素,学习如何规范地撰写一个分镜头脚本。

8.2.1　分镜头脚本的概念

分镜头脚本也就是将文字脚本划分为若干个可供拍摄的镜头,并按照创作意图,将镜头的内容、艺术特点和摄制要求,在脚本上用文字或图画体现出来,由它们去表现文字脚本的内容含义。[①]

分镜头脚本的特点是景别、动作、画面主体、拍摄技巧描述都十分具体,是创作人员设计的施工蓝图,也是摄制团队各成员理解导演的具体要求,统一创作风格,敲定拍摄计划和评估短视频拍摄成本的依据。分镜头脚本大多采用表格形式,没有统一的格式,内容或详细或简略。有些较详细的分镜头剧本,还附有画面构成手稿和艺术手法阐释等。

8.2.2　分镜头脚本的分类

1. 文字分镜头脚本

文字分镜头脚本是视听语言的拉片表,即将镜头的内容、艺术特点、摄制要求用文字表述出来。一般设有镜号、时长、景别、镜头角度、运动方式、光线、色彩、人声、音响、音乐、组接方式等元素(表 8.2)。

表 8.2　文字分镜头脚本

镜号	时长	景别	镜头角度	运动方式	光线	色彩	人声	音响	音乐	组接方式
1	0:05~0:07	近	侧、平	推	顺	淡红	无	降落时的风声	《忆江南》	线性蒙太奇
2	0:07~0:08	全	侧、平	固定	顺	白	无	无	《忆江南》	线性蒙太奇
3	0:08~0:14	近	正、平	固定	顺	白	无	无	《忆江南》	线性蒙太奇
4	0:14~0:15	全	正、平	固定	逆	淡黄	无	水流声	《忆江南》	线性蒙太奇
5	0:16~0:17	特写	正、俯	固定	逆	灰	无	水滴落下	《忆江南》	线性蒙太奇

2. 画面分镜头:故事板

画面分镜头又称故事板,也就是将每个镜头像连环画一样画下来,每个画面要尽可能细致地描绘清楚环境、人物、位置、动作等(图 8.25)。画面分镜头比较直观,便于理解,但是对

---

① 黄腾飞.浅谈视觉素养在影视创作中的作用[J].数字传媒研究,2019,36(11):40-44.

于绘画功底要求较高。

图 8.25　电影《龙门飞甲》故事板

8.2.3　分镜头脚本的内容

　　分镜头脚本虽然没有固定格式,但设计得越细致,考虑得越周全,在拍摄、剪辑时就越高效省力,游刃有余。笔者根据拍摄和剪辑的规律进行了模板表格设计(图 8.26),包括镜号、时长、景别、镜头角度、运动方式、光线、色彩、画面内容、人声、音响、音乐、组接方式、备注。下面将对分镜头脚本的具体内容进行详细介绍。

镜号	时长	景别	镜头角度	运动方式	光线	色彩	画面内容	人声	音响	音乐	组接方式	备注

图 8.26　分镜头脚本模板

景别

1. 景别

　　景别是指由于摄影机与被摄对象的距离不同,而造成被摄体在画面中所呈现出的范围大小的区别。[①] 景别通常分为以下几种。

　　远景:广阔的场面,人物所占比例很小。用于视频开头或结尾,交代故事发生的背景,呈现主人公所处的环境空间。

　　全景:刚好呈现一个成年人的全身。由于全景既能看清人物又能看清环境,所以常用来表现人物与周围环境的关系,呈现人物在某一场景中的动作。

　　中景:成年人膝盖以上。用于完整地呈现一个人上半身的动作,还可以表现几个人物之间的关系冲突。

　　近景:成年人胸部以上。用于展示人物的局部的音容笑貌和内心情感活动。

---

① 周密.电视综艺节目制作管理研究[D].大连:大连海事大学,2012.

特写：成年人头部或更小的部分。它能更细微地表现被摄主题细微的情感变化，是视频艺术价值重要的表现手段之一，展现人物丰富的内心世界。

多种景别的配合使用可以让画面重点突出，使视频更有层次感。例如短视频《大山里的音乐课》中，采用远景交代学校全貌开场（图 8.27），让观众对学校概况有初步了解，随后用全景镜头记录老师上音乐课的场景，紧接着是孩子们的特写镜头（图 8.28），戴着红领巾的孩子们吹着手中的口风琴，眼神中透露出专注和认真。老师与孩子们结伴在教室、操场或者野外草地一起吹口风琴的全景镜头（图 8.29，图 8.30），不仅表现出同学之间团结友爱、共同学习的场景，也呼应了"大山"与"音乐课"的主题。多种景别配合使用，表达出不同的重点，营造不同的情绪氛围，让整个视频更有层次感与艺术表现力。

图 8.27　《大山里的音乐课》截图一

图 8.28　《大山里的音乐课》截图二

图 8.29　《大山里的音乐课》截图三

图 8.30 《大山里的音乐课》截图四

2. 镜头角度

镜头角度是指摄影机光轴相对于被摄主体在水平方向和垂直方向的变化。在设计分镜头脚本时，一定要兼顾方向和角度，减少摄制组人员对分镜头脚本的困惑和可能的理解分歧，提高拍摄效率。

水平方向的角度通常分为正面、侧面、背面。正面拍摄可以表现人物的脸部特征和表情动作。侧面拍摄可以展现人和物的轮廓、运动、人物之间的交流，呈现出很强的立体感。背面拍摄无法呈现人物面部表情和事物信息，可以引发观众联想，制造悬念。

垂直方向的角度通常分为平拍、仰拍、俯拍。平拍是指摄影机与被摄主体处于同一水平高度，符合人的正常视线习惯，可以表达平等、客观、冷静、亲切之感。仰拍常被用来表现被摄对象的高度和气势，渲染庄严、伟大的气概。俯拍有利于表现开阔的场面，也用于表现人物的孤独、渺小，可以表达贬低、蔑视的意味。

3. 运动方式

镜头运动主要有推、拉、摇、移、跟、升、降、甩这几种形式，也可以在一个镜头中综合运用多种运动方式。与固定镜头相比，运动镜头可以展现丰富的景别和角度，复杂的空间和层次，赋予画面更丰富的艺术审美效果。

1）推镜头

推镜头是镜头沿纵深方向朝被摄主体不断推进或镜头焦距由短焦向长焦连续变化的拍摄方式。推镜头能形成视觉放大的效果，强调突出环境中的人物、细节，还可以表现人物内心状态，暗示其思想和后续行动。

2）拉镜头

拉镜头是逐渐远离被摄主体或镜头焦距由长焦向短焦连续变化的拍摄方式。拉镜头能形成视觉缩小的效果，画面聚焦从局部到整体，强调主体所处的环境。同时，拉镜头由于逐渐远离场景，常用于做结束性或结论性的画面。

3）摇镜头

摇镜头是指机位不动，借助三脚架活动底盘或人体作上下左右旋转的拍摄方式，犹如人们转头环顾四周的效果，模拟人的主观视觉。通过摇的运动方式，将视觉范围向四周扩展，使画面更加开阔。快速的摇镜头称为甩镜头，既可以表现几个事物的内在联系，又可以强调紧张的氛围或突然的情绪转换。在《脑洞是超酷的运动!》中(图 8.31,图 8.32),小球从主角手中抛出弹到墙上然后冲入人群,跟随小球运动轨迹的镜头就是甩镜头,该镜头模拟小球视角完成了两段场景之间的衔接和转变,节奏感强,动感十足。

图 8.31　《脑洞是超酷的运动!》截图一

图 8.32　《脑洞是超酷的运动!》截图二

4）移镜头

移镜头是指镜头沿轨道或升降机等设备在垂直或横向方向上移动的拍摄方式,其中垂直方向上的移动又称为升、降。移镜头通过位移,可以突破画框的限制,开拓新的空间,呈现出独特的视觉艺术效果,例如为了展现一幅十多米长的敦煌壁画时,最好使用移镜头。

5）跟镜头

跟镜头是镜头与运动的被摄主体始终保持相同速度运动的拍摄方式。跟镜头可以是跟推、跟拉、跟摇、跟移,它可以连续详细地表现运动中的被摄对象,表现主体对象在整个运动过程中的情形和场景变化,同时还能揭示主体与周围环境之间的关系。

在《脑洞是超酷的运动!》中,结尾采用摇、移、拉、推等多个运动镜头,记录了创意青年们齐聚"脑回路"操场一起冲刺,最后画面回到"脑回路"logo 的情景(图 8.33,图 8.34)。多种运镜方式的组合展现了青年们依次蹲下准备出发的画面,拉镜头展现整体环境,推镜头将画面重点收束至创意 logo"脑洞"上,突出了视频主题,也完成了一次完整立体的场景展现。

4. 光线

世界著名的摄影大师维托里奥·斯托拉罗说:"光是一种最重要的东西,它给你一种世

用光线
讲故事

图 8.33   《脑洞是超酷的运动！》截图一

图 8.34   《脑洞是超酷的运动！》截图二

界的观念，它造就你并改变你。"①光线设计作为分镜设计中的一个重要元素，可以帮助塑造人物形象、营造独特氛围，合理巧妙地使用光线，则会让短视频更具表现力和艺术张力。

　　光线的角度、方向和不同性质会对拍摄对象带来不同的影响，进而产生不同的艺术效果与作用。顺光使被摄对象正面均匀受光，侧光使被摄对象更具有层次感和立体感。《大山里的音乐课》中，日落时逐渐照射到口风琴上的侧面光线，让画面明暗对比，更有层次感，同时暖黄的光线也营造了温馨的氛围（图 8.35）。逆光又被称为背面光，它可以在黑暗环境中突

图 8.35   《大山里的音乐课》截图

①　刘勇宏.用光参与叙事和表意的电影摄影理念——斯托拉罗的摄影艺术［J］.北京电影学院学报，2001(01)：70-75.

出被摄对象的轮廓,在《忆江南》里,逆光的小巷,斑驳的墙面和积水的石子路,在逆光的作用下增加了画面的空间感,营造出怀旧的氛围(图 8.36)。顶光是来自被摄对象顶部的光线,可以使得画面重点更加突出。在抖音账号"河南卫视"发布的舞蹈视频《祈》中使用了顶光,不仅突出了画面主体,更为视频主角增加了一种梦幻神秘的气息(图 8.37)。

图 8.36　《忆江南》截图

图 8.37　《祈》截图

5. 色彩

色彩包括视频画面基调色、画面重点色、演员服装颜色以及化妆颜色等多个部分。色彩是一种直观视觉体验,可以营造独特画面氛围与情绪基调,也会影响观众的观看感受。如灰色通常带来一种沧桑、压抑感,暖黄色则更多用以营造怀旧、温馨的氛围。

短视频的
色彩运用

抖音账号"河南卫视"发布的 2021 年"七夕奇妙游"舞蹈视频《龙门金刚》(图 8.38),以土红色为画面基调色,与"瑰宝珍窟百丈岩,神工鬼斧历千年"的龙门石窟背景完美融合,同时也营造出庄严肃穆的氛围。而"端午奇妙游"开场舞蹈《祈》中(图 8.39),深蓝色的画面基调色为观众带来一种神秘感,舞者身披橙红色的绸缎,这种与环境色差较大的色彩使得人物更加突出,也更吸引观众注意,成功表现出"翩若惊鸿,婉若游龙"的神女洛神形象,带来一种瑰丽玄幻的美感。

6. 画面内容

画面内容应该包括拍摄的时间、地点、画面主体、主要动作。画面主体是画面构图的结构中心,是视频画面中所要表现的主要对象,是反映内容与主题的主要载体。主要动作则要

图 8.38　《龙门金刚》截图

图 8.39　《祈》截图

描写主人公说话、张望、跑步、静坐等动作状态,或人物之间的位置、互动关系等。另外,还应在分镜头脚本中详细注明构图、画面变化、演员的表情细节等。

7. 人声

按照表现方式不同,通常将人声分为对白、独白和旁白三种。对白是人物之间的对话和沟通,起到推动情节、交代信息的作用。独白也称心声,以画外音和第一人称的形式出现,常用来解释人物内心活动进而刻画人物性格。旁白则是画外的议论和评说,是叙事抒情的重要手法。

确定了人声的表现方式后,还需考虑声画关系,需使用声画同步、声画分离、声画对立三种手法之一。声画同步可以增加视频的真实感,常用于记录真实生活和现场实况。声画分离将声音与画面不同步呈现,常用于配音旁白类作品。而声画对立的适当使用则可以凸显艺术表现力。如电视剧《红楼梦》黛玉之死一幕中,黛玉在潇湘馆里奄奄一息时,传来了宝玉在怡红院中大婚的喜乐之声,画面和声音在情绪上产生强烈的矛盾反差,从而达到以喜衬悲的效果。

8. 音响

音响是指除了人声和音乐之外的其他声音,通常指同期声或音效。音响能够直观地反映周围环境,为观众带来真实感和沉浸感。如李子柒的短视频作品多表现鸡鸣犬吠、风吹水流、采摘切菜等环境声音,展现出乡村原生态风貌和温馨自然的田园生活。

音响

9. 音乐

短视频中的背景音乐对于视频效果有着很大的影响,通常可以起到渲染情绪、烘托气氛、强调节奏、分割段落的作用。在进行音乐选择时也需要依据视频主题,结合视频内容、气氛、情绪和节奏来进行选择。在分镜头脚本写作时要注明音乐的强弱,并在音乐的开头和结尾处分别写明"起""止",中间用连续的线表示。

例如《脑洞是超酷的运动!》视频本身极具科技感和创新性,所以采用快节奏和动感十足的电子音乐来营造氛围,表现主题。《大山里的音乐课》采用了口风琴吹奏的《萱草花》作为背景音乐,也与视频中小朋友们天真纯朴的形象相符合,同时为视频营造出温馨治愈的氛围。在短视频创作中,也需要在设计分镜头脚本时提前考虑音乐部分,例如用炫酷卡点的音乐来搭配旅拍碎片,也可以用缓慢抒情的音乐来记录自然真实的生活,恰当的音乐设计可以让视频风格更加鲜明。

10. 组接方式

组接方式可以分为叙事蒙太奇和表现蒙太奇两个大类,这部分的设计是后期剪辑的重要依据。在进行分镜设计时提前对每个镜头的组接方式进行构思,不仅可以提高后期剪辑的效率,还有助于产生一些巧妙转场镜头的创意。例如推镜头挡黑画面,下一个镜头才黑场拉出来,完成巧妙的场景转换,同时也会让视频具有延伸感与连续性。在《脑洞是超酷的运动!》中,在画面放大和缩小的动态变化中完成自然过渡与衔接,使视频充满变化,节奏鲜明,创意十足。

8.2.4　分镜头脚本的创作过程

1. 准备工作

正式开始脚本创作前,充分收集素材和资料,包括打磨文字脚本、设计场景效果、考察拍摄场地等。

2. 导演构思

常使用的分镜头脚本构思方法有两种:一是"添加法"或"扩展法",即首先设计好能够反映主题的关键性镜头作为支点镜头,然后再根据主线逐步地完善交代镜头和过渡镜头,充实视频内容,最终使其丰满成型;二是"删减法"或"压缩法",即将与主题紧密相关的镜头按照时间顺序排列出来,对其进行逐个分析对比,将那些表现力欠缺、非典型的镜头逐步删减,最终使视频画面简洁精炼。

导演构思是分镜头脚本创作的核心,体现了导演对视频故事的理解和解读,也体现了其对视频的整体把握。在这一过程中,导演需要提炼视频主题思想、确定视频层次结构和艺术风格,拟定故事情节,构思画面造型、音效应用以及蒙太奇表现手法。一个成熟的分镜头脚本需要经过"剧本研读—策划设计—团队讨论——修改完善——形成草案"等步骤。为了使自己的作品达到更高的水准,导演应该在分镜创意上下工夫,求变求新,摒弃那些平庸肤浅的风格,从作者、观众和题材的不同角度进行综合思考,使自己的短视频作品独具特色。

3. 将文字脚本转换为分镜头脚本

（1）根据故事框架、人物情绪、事件发展，将内容分成若干场次。
（2）依据情节发展和蒙太奇需要，将每场分为若干镜头。
（3）设计支点镜头和交代镜头。
（4）考虑转场的方式，设计不同场景之间的过渡镜头。
（5）不断修改调整，直至完成分镜头脚本。

8.2.5　分镜头脚本设计常见问题

分镜设计避"坑"指南

1. 镜头分解不细致

短视频创作新手经常会出现镜头设计不合理的问题，把本该由一组镜头组成的片段，设计为一个长镜头，这主要是创作者在设计时缺少分镜头意识和思维导致的。

要解决这个问题需要增加镜头分析的训练，多做拉片分析，逐步培养和训练镜头感，学会分切画面内容、分解角色动作，从不同景别和角度多设计几个镜头来立体完整地呈现情节。

2. 景别设计不合理

分镜设计中另一个常见问题是没有选择合适的景别，不同的景别对应着不同的表现重点与视觉体验。当观众想看人物的表情或细节时采用全景拍摄，想看环境时却用特写描绘，这样的设计不仅不符合用户的观看和欣赏习惯，还会让人抓不住重点而失去兴趣。对于这类问题，创作者需要综合考虑观众的心理需求和画面内容的表现重点，合理进行景别设计。

3. 设计元素不完整

分镜头脚本包含景别、镜头角度、运动方式、时长、光线、色彩、画面内容、人声、音响、音乐、组接方式、备注等许多元素。但在实际进行设计运用时，创作者可能会因为嫌麻烦而删除色彩、光线、音响等条目。但这些元素往往会对作品的视觉效果和艺术风格起着重要作用。色彩可以影响人的情绪和感受，光线可以帮助塑造人物、营造氛围，同期声则可以为观众带来真实感和沉浸感。因此，在设计分镜时，需要更加全面、周详地考虑。

4. 镜头衔接不合理

在分镜头设计过程中，镜头之间的因果关系、排列顺序、衔接节奏也容易出现问题。每个镜头表达的内容之间都是息息相关的，需要按照正确的逻辑顺序进行衔接。新颖独特的过渡设计，可以使场景的连接自然且流畅，还能调节视频节奏，展现出独特的创作风格，而不恰当的过渡镜头，则可能会造成镜头之间关系断裂、因果混乱，从而影响观众的视听效果。

5. 视频节奏单调

保持不变的节奏平铺直叙会让短视频显得单调，要合理安排节奏，包括整体节奏、不同段落间的节奏、关键段落的内部节奏、声音和画面的节奏等。高潮或者戏剧矛盾点较为集中的地方,应该保持紧张、快速的节奏,但节奏一直很快也会让观众感到疲劳,因此短视频的节奏需要富有变化,张弛有度才能更有吸引力。

还需要区分重场戏与过场戏,重场戏往往是影片的关键部分,占据的时长比例较大,要通过设计外部动作、内部动作、塑造冲突,来实现重场戏的表现力和冲击力,达到好看、过瘾的效果;过场戏是一个可解释、补充、衔接的部分,镜头应该尽量简洁,时长占比相对较小,不宜喧宾夺主。分镜头的设计需要考虑重场戏和过场戏的特点,把握叙事重点,处理好场景之间的主次关系,从而呈现出张弛有度的节奏。

◆ 8.3　本 章 小 结

本章介绍了分镜头(也称为分镜)的作用、原理、基本依据,以及分镜头脚本的创作流程及常见的问题。对于短视频创作的新手来说,一定要遵循细致、恰当、周全的原则设计分镜头脚本,根据主题内容的表现需要、用户的视觉心理需求、画面的组接逻辑来设计分镜头,前期工作越完备,在拍摄、剪辑时就越高效省力,游刃有余。

另外,创作者要想得心应手地设计分镜,不仅要掌握本章介绍的分镜设计方法,还需要平时多锻炼制作分镜的能力。例如对经典影片片段逐个镜头地进行拆解分析,通过拉片,把每个镜头的信息都记录在分镜脚本模板表格里,深度解读优秀作品镜头的设计和衔接的逻辑。还需要平时在观看他人优秀作品中多学习总结,在分析优秀作品中不断学习,在实践中积累丰富的经验,俗话说:“书读百遍,其义自见”。在日积月累的基础之上,分镜设计的水平自然也会提升。所以,优秀的分镜设计不只靠精巧的构思,更离不开平时的训练和持续的积累。

◆ 习 题 8

1. 分镜头有什么作用? 设计分镜的依据有哪些?
2. 结合教材中的分镜头脚本模板,对一个优秀短视频进行拉片分析。
3. 试着为你的短视频脚本创作一个详细的分镜头脚本。

短视频拍摄技巧

　　拍摄是短视频创意实现的主要环节，一条优质的短视频在镜头设计、构图和色彩运用等多方面都需要仔细考量，本章将为大家介绍短视频拍摄的整个流程。在拍摄过程中，从准备到分工再到执行拍摄，每个细节都需要认真打磨。从前期准备、人员分工、拍摄录制、运镜方式，各个方面环环相扣，只有熟练地掌握每部分的操作要点，才能制作出高品质的短视频。

◇ 9.1　短视频制作流程

　　短视频制作流程按照时间顺序可以大致分为前期准备、拍摄录制和后期制作三部分(图 9.1)。每部分彼此独立又相互关联，各个环节彼此联动、互为前提。每个环节背后都需要负责人员进行配合，反复打磨细节之处，最终才能制作出优质的视频内容。

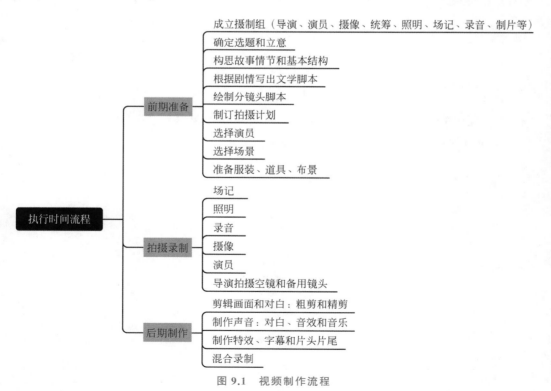

图 9.1　视频制作流程

9.1.1　短视频拍摄的时间线

1. 前期准备

在前期准备阶段,需要做大量的预备工作,为后续的拍摄录制和后期制作奠定良好的基础。首先需要确定短视频的选题和立意,为短视频奠定整体的内容框架与作品风格。接着创作者就需要构思故事情节和基本结构,并根据剧情写出文学脚本、绘制分镜头脚本。在脚本创作完成后,导演需要选择演员以及确定拍摄场景。短视频的摄制组一般包括导演、演员、摄像、照明、录音等,一个配合默契的摄制组可以极大地提高后续的拍摄效率。

2. 拍摄录制

1）人员分工

进入拍摄录制阶段,就需要落实摄制组各个人员的具体工作。摄制组往往由一个庞大的团队组成,每位职员要分工明确、各司其职,如同一台机器中的各个零件,只有相互配合、彼此协调才能共同高效地推进一部影片的成功拍摄。以微电影摄制组为例,其常见的职员分工如表 9.1 所示。

表 9.1　微电影摄制组职员分工表

职位	工作内容说明
编剧	完成微电影剧本,协助导演完成分镜头剧本
制片人	代表出品人负责具体的影视项目策划、生产、发行、人事、财务、法律等一系列经营活动
监制	负责摄制组的支出总预算和编制影片的拍摄进度,同时也协助导演安排具体的日常事务
顾问	较为专业题材的影片中,为使影片更具说服力或可信性,以及提供必要的指导及帮助,会邀请权威人士担任影片顾问
导演	负责将剧本中刻画的各个人物角色,利用各种拍摄资源(道具、场地、演员等)将剧本演绎出来
副导演	协助导演创作和指挥现场,检查拍摄现场的准备工作,调度群演完成相关镜头拍摄,拍摄剧照、花絮,协助导演完成影片的后期工作
统筹	负责协调各部门,统筹安排拍摄计划,与导演沟通,综合演职员和其他部门的情况,并根据拍摄进度和天气、场景的各种条件,制订拍摄计划表,保证在预定的日期之前完成所有拍摄工作
演员	依照剧本扮演某个角色的人物,包括主演、配角和群演等
场记	在拍摄过程中记录场数、镜数、条数、拍摄内容、时间码,并且要对导演满意的条数做记录,为后期剪辑、配音等提供数据和材料(场记板、场记单、剧本)
摄影师	用镜头完成导演的构思,协助调整灯光运用,对拍摄素材适时进行回放检查和保存
场务	负责提供拍摄影片所必需的物品及便利措施,如准备道具、选择场景、维护片场秩序、搞好后勤服务工作等
布景师	负责按照剧本及导演的要求布置片场的场景
灯光师	为达到电影艺术效果,按照剧本及导演的要求布置片场灯光效果
录音师	负责人声、音响、音乐的设计与创作,有前期录音、同期录音和后期录音

续表

职位	工作内容说明
造型师 服装师 化妆师	根据剧本及导演要求为影片中的演员定出造型、服装与妆容
道具师	负责道具部门的美术创作。设计、组织、制作、购买各种道具
剪辑师	根据台本和导演意图进行视音频剪辑处理
包装师	根据台本和导演意图对画面进行数字合成处理
特效师	负责特殊效果处理，一般指高难度复杂的画面，普通包装师、动画师无法处理的效果
混音师	根据情节要求及导演意图，负责音效、音乐、旁白等设计与创作，保证最终影片的音响效果

短视频往往也需要团队协作才能保证制作出精品。为了保证稳定的更新率，通常网红博主背后都有团队帮其合力完成短视频脚本、拍摄、后期、统筹等一系列工作。例如，李子柒在2017年后组建了属于自己的小团队，包括两名负责拍摄的摄影师和一个负责其他事宜的助理，而后期剪辑通常由李子柒自己完成。"陈翔六点半"团队由导演陈翔以及多位固定演员共同组成，他们表演经验丰富，能够生动演绎并灵活混搭各种角色。B站UP主"导演小策"的《广场往事》系列由导演、编剧、制片人、摄影师、录音师、剪辑师、场记、场务、化妆师多名人员共同完成。

2) 备用镜头的拍摄

在实际拍摄中，备用镜头的拍摄和留存有很重要的意义。如果停机之后再补拍，将会损失时间、金钱、人力成本，还会遇到一系列难题，如重新召集摄制组成员，寻找与前面拍摄相符的服装、道具与场景，天气变化、拍摄期限和制作经费等。因此，在每一场景的规定镜头拍摄完毕后，导演需要及时回看拍摄的素材，根据分镜头脚本判断是否有漏拍、少拍的镜头。此外，导演也需要仔细检查每个图像的画面质量，确认画面是否存在抖动、虚焦以及穿帮等问题。除了画面之外，导演还需要确认现场人声的录制是否清晰，有没有出现音量过大、过小以及杂音等问题。

在确认完分镜头脚本上的镜头拍摄无误之后，导演还应注意拍摄一些多景别、多角度的镜头。同时还需拍摄一些空镜头，以备后期剪辑时使用。

空镜头是指没有人的景物镜头，可以起到介绍背景、创造意境、深化主题的作用，通常也用于转场过渡，善用空镜头可以让情与景相得益彰，为视频锦上添花。例如，短视频《大山少年的歌》中落日余晖的画面(图9.2)不仅使大山更唯美壮阔，还完成了从白天到夜晚的场景过渡。地上的蘑菇(图9.3)展现出少年采摘蘑菇的劳动日常，也为后面出售蘑菇换芦笙做了铺垫，这些空镜头的添加使作品清新自然，富有生机。

3. 后期制作

拍摄完毕后就进入后期制作的阶段。后期制作主要包括粗剪、精剪、配音、配乐、包装。剪辑一般情况下分为粗剪和精剪。粗剪需要按照剧本中的先后顺序将人物的动作、对话等大量独立、零散的片段按照逻辑顺序组合在一起，使故事逻辑清晰流畅。[1] 而精剪则是一项

空镜头的
作用

---

[1] 刘丽倩.浅析影视后期制作中的剪辑[J].艺术评鉴,2018(22)：170-171.

图 9.2　《大山少年的歌》视频截图一

图 9.3　《大山少年的歌》视频截图二

具有创造性的工作,要求剪辑师通过蒙太奇语言,创造出艺术性的画面叙事效果。此外,字幕、特效、短视频封面、片头和片尾的制作等也是影片中重要的元素。字幕的制作主要包括对白、独白以及片尾的演职员表等。在这些工作都完成后就可以将影片中所有的声音、画面、效果混合录制,至此影片基本定型。

9.1.2　导演的全程把控

1. 前期准备

导演的全程把控,是指导演应该是短视频的总负责人,需要把控整个拍摄流程,这就要求导演对剧本和分镜了如指掌。剧本是一部作品的核心和灵魂,熟悉剧本可以帮助导演在拍摄中把握好影片的内容和主题。而分镜头脚本是将文字剧本拆解为一个个可供拍摄的画面,提前制作好分镜头脚本,可以确保拍摄工作按照逻辑有条不紊地进行。

演员和场景的选择也是在拍摄之前最重要的工作之一。导演组需要根据剧本中角色的设定选择合适的演员。此外,拍摄场景的选择也格外重要。导演不仅需要考虑环境和故事情节的匹配度,还要充分考虑到可行性,并提前踩点设计好分镜头脚本,这样才能为作品的拍摄奠定良好的基础。例如,在微电影《忆江南》中,放生桥、青石巷、荷花池等场景(图 9.4,图 9.5)展现出江南水乡的婉约美景和江南文化的独特韵味。

2. 拍摄录制

在片场,导演必须要有具备调度演员、灯光师等资源的能力,从而对现场拍摄进行有效

图 9.4 《忆江南》截图一

图 9.5 《忆江南》截图二

把控。当演员的表演不理想时,导演需要根据剧本结合实际情况与演员进行沟通。此外,导演也需要调度摄影师,把握拍摄质量,对于一些特殊的镜头设计需要提前和摄影师进行沟通,以确保导演的拍摄想法和创意以最好的方式表达出来。有时导演还需要随机应变,根据实际情况进行即兴创作和改编。总之,导演是拍摄现场的"主心骨",也是确保拍摄工作顺利进行的重要推动力量。

3. 后期制作

后期制作阶段是对影片加工和提高的过程,不仅是技术化处理的过程,也是艺术再创造的过程。因此,导演需要对镜头的取舍、编排和组合的再创作进行把关,以达到通过视听语言完成塑造形象和讲述故事的目的。同时在后期制作阶段,导演还需要把控影片整体的风格样式和叙事节奏,确保剪辑之后的作品可以表达创作意图和艺术构思。

◇ 9.2 拍摄器材和道具准备

"工欲善其事,必先利其器",恰当的拍摄器材和道具可以有效提高短视频作品的画面质量。随着摄像技术的更新和迭代,拍摄工具也越来越多样化,手机、微单、单反、摄像机等拍摄设备都可以拍摄出画面精美的视频。除此之外,合理使用灯光设备、三脚架、云台等辅助设备也可以为拍摄增光添彩。在选择拍摄的器材和道具时,我们需要充分考虑到短视频的类型风格、表现需求和投放平台等多重因素,根据不同的需求来选择合适的器材,提高视频作品的质量与对观众的吸引力。

9.2.1　拍摄工具

1. 手机拍摄

现在随着技术的发展,手机成为了短视频拍摄的重要工具。当前大多数智能手机已经具备非常强大的摄像功能,同时手机还具有便于随身携带、易充电等优点,能兼顾拍摄、剪辑和分享等多个需求,如果现场有多名人员,每人提供一部手机,就可以非常便捷地实现多机位同时拍摄,不仅能提高短视频拍摄效率,而且可以让景别、角度更加丰富。

当然,与专业的单反相机和摄像机相比,手机拍摄也有其不可避免的局限性。如果没有云台和三脚架的支撑,长时间用手机拍摄会存在画面抖动的问题;手机在暗光环境下,画质上与专业摄像器材会有一些差距;与此同时,手机的收音效果也不太理想,在嘈杂环境下如果不借助外接录音设备很难把声音录清楚。因此,建议在拍摄时结合无线蓝牙麦克风来提高收音的质量。

2. 微单拍摄

除了手机以外,微单也是拍摄短视频一个不错的选择。微单结合了单反和手机的两个优势,既比较轻便,同时成像质量也比较高。此外微单还有专门的挂绳,可以有效增加画面的稳定性。对于预算有限又有视频画质改进需求的个人和团队,不同类型的微单都是不错的选择。

3. 单反拍摄

如果创作者对画质要求较高,要随时手动调整拍摄参数,就需要考虑更加专业的单反相机。单反相机相比手机和微单来说,在对焦、调节光圈、白平衡、快门速度等方面都更加专业。此外当拍摄微距或超长焦镜头时,单反相机的优势格外突出。单反配套的镜头较为多样,比如长焦镜头、广角镜头、中焦镜头、鱼眼镜头等,创作者可以根据拍摄需要随时更换不同的镜头。

优质的内容表达离不开专业拍摄设备的加持。随着时代的发展,摄像工具也在进行着日新月异的变革,近年来,越来越多的 VR 相机、运动相机、航拍器等设备成为拍摄的重要"利器"。作为内容创作者,需要不断了解和学习使用业界的新式设备,将不同摄像器材的优势完美地发挥出来并相互配合使用,不仅可以提高作品的艺术性和表现力,也能为短视频内容锦上添花。

9.2.2　灯光布置与设备

1. 三灯布光法

摄影在本质上是一种光影的艺术。灯光是打造画面立体感的重要道具,但是在拍摄时灯光经常被忽视。很多新手在拍摄短视频时只会采用自然光,但实际上自然光有很多局限。例如在夏天正午时刻是顶光,拍摄人像往往效果欠佳,人物在强光下很难睁开眼睛,而且当光线从人物头顶正上方入射,容易使人物产生"骷髅脸"的丑化效果。此外,正午的光线比较

小型直播间
的布光秘诀

硬,大光比会使拍摄物体线条生硬,缺乏层次感。因此,学会基本的布光方法是拍摄短视频时非常重要的技能。这里介绍一种可以满足基本拍摄需求的基础三灯布光法(图9.6)。"三灯"主要是指 Key Light(主灯)、Fill Light(辅助光灯)和 Black Light(轮廓光)。

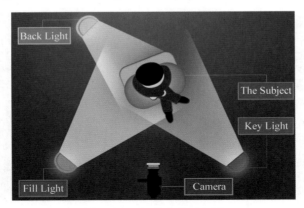

图 9.6　三灯布光法示意图

主灯是布光中最重要的灯,也是拍摄环境中主要光照的来源,主灯通常放在主体的侧前方,在主体与摄像机之间 45°~90°的范围,其作用是照亮被摄主体。主灯能够决定光源的主方向、控制阴影的方向以及光线的软硬,进而实现某种艺术效果。

辅光灯是对主光的辅助和补充,一般与主灯相对,放在摄像机的另一侧。辅光灯的作用是平衡图像的明暗对比,提亮阴影部分,减少光比。光比可以理解为明暗反差的比例。主灯和辅灯的光比没有严格要求,常见的是 2∶1 或 4∶1,但是辅光的亮度通常不能超过主灯。

轮廓光主要用来分离主体和背景,位置大致在拍摄主体后侧方,与主光相对的地方。其本质就是修饰和美化主体。轮廓光一般用于打亮人物的头发和肩膀,起到勾勒边缘的作用,从而增强画面的层次感和纵深感。

不同的光线产生的效果也不同,例如图 9.7 中直观地展现了每种光线打在人物身上所呈现的结果。在效果图中从左至右依次是 Key(主光效果)、Key+Rim(主光+轮廓光)、Key+Rim+Fill(主光+轮廓光+辅助补光)以及仅有 Rim(轮廓光)的效果。可以看出,每个灯位都有它独特的作用,通过对比可以直观地看到不同的布光带来的视觉差异。因此,在拍摄中需要根据实际情况灵活组合。

光线——高
颜值画面
的关键

图 9.7　三灯布光法效果图

2. 灯光设备

在室内拍摄短视频或在直播时,常用到柔光箱来进行照明,让环境更加明亮,主体更加突出。柔光箱分为八角柔光箱(图 9.8)、长方形柔光箱(图 9.9 左)和柔光球(图 9.9 右)。八角柔光箱覆盖面积大,光线均匀,通常作为主光,来照亮人物与环境,常用于直播;长方形柔光箱主要作为辅助灯光,起到补光的作用;柔光球则可以 360°发光,不用考虑放置角度,操作简单方便。通常情况下,一个八角柔光箱与一个长方形柔光箱的灯光布置就可以满足照亮环境且清晰拍摄主体的要求,当环境空间较大导致光线过暗时,可以增加灯的数量来进行调节。

图 9.8　八角柔光箱　　　　　　　　图 9.9　长方形柔光箱与柔光球

在经费与场地都有限制的情况下,还可以使用直播美颜灯。目前市场上的美颜灯主要分为两种:小型美颜灯和落地美颜灯。小型美颜灯(图 9.10)可随身携带,固定在手机上实现画面补光、美颜的功能,同时还可以自由调节镜头的亮度。通过美颜灯,能够让美食变得更加鲜亮,让观众更有食欲,还可以让人物脸部更加明亮且立体。另一种是落地的美颜灯(图 9.11),它可以直接嫁接于云台和手机架,释放我们的双手,从而达到直播、自拍两不误的目的。美颜灯一般会有暖光、冷光和日光三色,在自拍或直播时使用非常方便。

图 9.10　小型美颜灯　　　　　　　　图 9.11　落地美颜灯

9.2.3　三脚架

三脚架(图 9.12)是短视频拍摄时十分重要的辅助工具,其最大的作用就是保持拍摄工具的稳定,让拍摄的画面更平稳,并且可多角度流畅旋转,实现平滑运镜。在选择三脚架时首先要考量它的稳定性,通常来说,三脚架越重,稳定性越好,但也要兼顾便捷性,太重的三脚架不利于随身携带。

图 9.12　三脚架

如果拍摄器材选择使用手机,并且拍摄主要以固定镜头为主的话,例如拍摄学习或做菜的短视频,桌面三脚架(图 9.13)和俯拍支架(图 9.14)也是很好的选择。桌面三脚架的体积较小、重量轻,且有多节的设计,全部拉开后的高度虽不能与大三脚架比,但它的稳定性也可以满足基本的拍摄需求。而俯拍支架则更适合拍摄俯角固定镜头,它通常可以调节高度和角度,放置在桌面或地面上使用,拍摄美食教程的操作步骤或产品细节。

图 9.13　桌面三脚架

图 9.14　俯拍支架

9.2.4　手持稳定器

手持稳定器(图 9.15)是可以手持拍摄的稳定器,也被称为"手机云台",它的作用就是用来保持手机拍摄的稳定性,让用户在站立、走动甚至跑动时都能够拍摄出稳定顺畅的画面。手持稳定器可以分为架设手机和架设相机两个种类。架设相机的重量不同,稳定器的体积、重量和相关配置也有很大差异。

运用手持稳定器可以拍摄出很多精彩的镜头,例如以下常见的 8 种运镜方式。

(1) 过肩镜头:将稳定器贴着人物的头部一侧,慢慢地向后拉,直到露出人物的上半身。此类镜头一般用来开场,起到交代人物和场景的作用。

（2）跟随镜头：人物在前面走或者跑，摄影师可屈膝小碎步跟随人物跑动。跟随镜头可以连续而详尽地表现拍摄对象的动作或表情，进而形成连贯流畅的视觉效果。

（3）拉镜头：人物固定位置，稳定器从人物的近景拉远到中景或远景，即画面镜头由近及远，景别由小变大。拉镜头也可以交代人物和场景。

（4）倒退跟随镜头：和正面跟随类似，人物正面朝向摄影师走动或跑动，摄影师跟随人物倒退拍摄。倒退跟随镜头可以让观众直观地看到拍摄主角的全貌，有利于突出人物的情绪和神态。

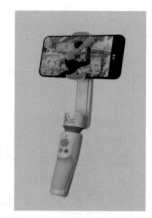

图 9.15　手持稳定器

（5）环绕镜头：以人物为圆心，摄影师围绕人物做圆周运动，注意要及时调整稳定器，使其一直朝向人物。当被摄人物保持不动时，摄影师降低重心靠近环绕拍摄，可以打造出主角高大的气场。如果配合广角镜头快速移动拍摄，可以突出背景的移动空间感，经常用来表达时间从人物身边快速流逝的感觉。

（6）横移镜头：从左至右或从右至左平移手持稳定器，注意同一片子中，横移方向最好保持一致。两段方向一致的横移镜头剪辑在一起也可以形成转场的效果。

（7）环绕跟随镜头：把稳定器和人物的手放在一起，使其跟随人物旋转，有第一视角和临场感。

（8）低角度跟随镜头：低角度跟随镜头是模仿宠物的视角，使用低角度跟随拍摄时也可以配合超广角镜头，倒置稳定器，使稳定器尽量贴近地面，跟随拍摄的人或物。这样的搭配可以增加画面的空间感和动感。

◆ 9.3　构图的平衡与留白

你会构图吗

构图也可以称为布局，最初起源于西方的绘画学，后来逐渐延伸到摄影和摄像。拍摄者通过高、宽、深之间的关系，排列组合画面中的元素，从而增强画面的艺术感和视觉美感。成功的画面构图可以使画面主次分明，达到赏心悦目的视觉效果。

9.3.1　画面构图的内容

不管影视画面如何千变万化，构图的基本内容是相对固定的，具体表现为主体、陪体、环境这三大部分，其中环境又包括前景、后景和背景。

1. 主体

主体是画面所要表现的主要对象，是摄像师用于表现主题思想，同时也是构成画面的主要部分。[1]　主体在画面上必须显著突出，并应与陪体、背景形成有机的整体，从而生动地表达主题思想。[2]

---

① 朱金娥，刘永福.浅谈电视新闻节目画面拍摄的技巧[J].电影评介，2008(21)：74-75.

② 胡钟才，李文方.简明摄影辞典[M].哈尔滨：黑龙江人民出版社，1984.

你能找到图 9.16 的主体是谁吗？是不是看了半天都很难确定,这就说明这是一个失败的构图,主体不突出会显得画面平淡和混乱,不能吸引观众眼球。相反在电影《英雄》截图中(图 9.17),主体是不是一目了然？远处的士兵作为背景被虚化,使前方的主体人物明确醒目。

图 9.16　主体不明确的构图　　　　　　　图 9.17　电影《英雄》截图

2. 陪体

陪体是画面中帮助主体表达内容的对象。陪体的出现是为了丰富画面内容,其目的是陪衬、突出、烘托主体,它在画面构图上具有均衡、对比、照应等作用。[②] 陪体与画面主体有紧密联系,帮助主体进行主题思想的表现、说明画面的内涵,使观众可以更准确地理解主体的特征、神情动作和内在含义等。陪体在画面中可以是完整的形象,也可以是不完整的形象。

3. 环境

1）前景

前景是画面中位于被摄主体前面并离主体稍远或更远的景物,属画面中整个环境的一部分。[①] 前景能够烘托主体,帮助主体表达主题内容。如图 9.18 所示,柳条作为前景,不仅可以强化画面的纵深感和空间感,增加画面的视觉空间深度,同时也可以均衡构图和美化画面,产生形式美感、节奏感和韵律感,从而达到活跃画面气氛或者强化情绪的表达效果。

图 9.18　前景

---

① 胡钟才,李文方.简明摄影辞典[M].哈尔滨:黑龙江人民出版社,1984.

在图 9.18 中,柳条是前景还是主体呢? 如果你认为柳条是前景就错了,因为在画面中通常焦点实的是主体,被虚化的是陪体。所以主体是柳条,陪体是亭子,表达出春意盎然的主题。假设在这幅画面中将焦点对到亭子上,亭子变成实的,柳条是虚化的,那么亭子就是主体,柳条就既是陪体又是前景了。

2) 后景

后景是摄影和美术作品中位于主体后面的一切景物。它包括人物、景物、装饰等。后景可用来表现时代、环境、气氛,衬托主体,使画面具有纵深感。[①] 例如在图 9.19 中,人物后面的锅炉作为后景,可以交代主体所处的环境。后景也会与主体形成特定的联系,增加画面表现内容,烘托主体形象,帮助主体解释主题,并推动事件的发展。此外,利用后景还可以再现环境的地方、时代特征,表现环境的气氛和意境、丰富画面的结构,产生强烈的生活真实感。例如在图 9.20 中,通过后景我们可以感受到战争的氛围。

图 9.19 后景一

图 9.20 后景二

3) 背景

背景是照片画面中位于主体之后并距离主体较远的景物,属主体所处的周围环境的一部分。背景可烘托和突出主体形象,表现空间,从而帮助主体说明主题。此外,背景还可以增加画面的景物层次,拓展画面的纵深空间,形成一定的透视关系。例如,新华社在 B 站中发布的《如果当时 2020》片段中(图 9.21),用亭台楼阁与仿古建筑作为背景,不仅展示出了主角演唱表演的环境,让画面更加丰富,同时也与两位主角相互呼应,表现出古典与现代相

① 王庆生.文艺创作知识辞典[M].武汉:长江文艺出版社,1987.

结合,传统文化在创新中得以延续并不断发展的主题。

图 9.21 《如果当时 2020》截图

构图技巧——
拯救你凌乱的构图

9.3.2 画面的静态构图技巧

在静态构图中,被摄对象与摄像机都处于静止状态,镜头内的构图关系基本固定,这样可以让观众的视线固定从而看清拍摄对象。静态构图是摄像构图艺术的基础构图形式,掌握好画面的静态构图技巧可以让画面具备艺术美感。

1. 平衡式构图

平衡式构图(图 9.22)是将画面中不同对象的色调、形状对比用杠杆平衡原理组织起来的构图形式。这种构图往往需要选定一个中间体作为平衡的轴点,然后利用重近轻远、大近小远的规律进行构图。[①] 这种构图形式用在短视频中,可以让庞大的物体与体积较小的物体相平衡,让深色区域与亮区相平衡,让画面均衡,疏密得当。此类构图给人以满足的感觉,画面结构完整,安排巧妙,对应而平衡,常用于月夜、水面、夜景等场景的记录。

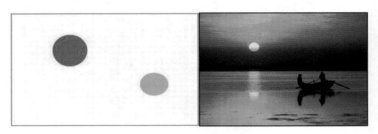

图 9.22 平衡式构图

2. 对称式构图

对称式构图(图 9.23)是指利用画面中景物所拥有的对称关系来构建画面的拍摄方法。这类构图方式具有平衡、稳定、相呼应的特点,构图给人以对称美感。[②] 在短视频拍摄时,常用于表现对称的物体、建筑或者特殊风格的物体等。这种构图方式操作较为简单,但是其缺

---

① 胡钟才,李文方.简明摄影辞典[M].哈尔滨:黑龙江人民出版社,1984.
② 杨燕玲.电视剧《白鹿原》改编艺术研究[D].日照:曲阜师范大学,2019.

点也比较明显,画面可能会显得呆板、缺少变化。

图 9.23　对称式构图

3. 变化式构图

变化式构图(图 9.24)又称作留白式构图,将景物故意安排在某一角或某一边并留出大部分空白画面,画面上的空白是组织画面上各对象之间相互关系的纽带,并使被摄主体所占比例较其他陪体略高,这样就造成了画面的轻重对比,造成画面流通的效果。这种构图方式用在短视频拍摄中,往往能给人留下思考和遐想的空间,赋予画面更加强大的表现力。这种构图的留白富于韵味和情趣,常用于山水小景、体育运动、艺术摄影、幽默照片等。[①]

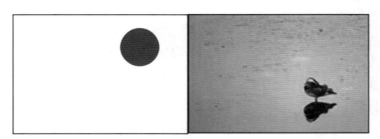

图 9.24　变化式构图

4. 对角线构图

对角线构图(图 9.25)又称斜侧面构图,由被摄体斜侧面方向拍摄所形成的画面构图效果。这种构图能使陪体在各种情况下与主体发生直接的联系,画面线条结构多变而富有动感,显得活泼自然。[②] 使用对角线构图,会让短视频画面产生透视线条的会合点,吸引人的视线,从而突出画面主体。

5. 三角形构图

三角形构图是画面上的景物以三角形布局出现的构图形式。通常是以三个视觉中心点为景物的主要位置,形成稳定的三角形。[②]这种三角形可以是正三角也可以是斜三角或倒三角,其中斜三角较为常用,也较为灵活(图 9.26)。

---

① 　沈秀珍.摄影构图的技术形态及原则浅探[J].科技信息,2011(07):453+464.
② 　胡钟才,李文方.简明摄影辞典[M].哈尔滨:黑龙江人民出版社,1984.

图 9.25　对角线构图

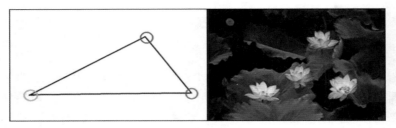

图 9.26　三角形构图

6."九宫式构图"(趣味中心)

"九宫式构图"(图 9.27)又称"井"字构图,即在画面上横、竖各画两条与边平行、等分的直线,将画面分成 9 个相等的方块,俗称九宫格。[①] 九宫格中 4 条线交汇的 4 个点是人们的视觉最敏感的地方,在国外的摄影理论里这 4 个点被称为"趣味中心"。所以在进行短视频拍摄时,需要将被摄主体放在这 4 个点附近,来突出主体,吸引用户眼球。

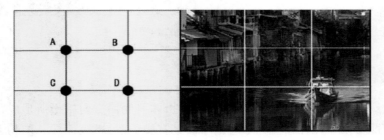

图 9.27　九宫式构图

9.3.3　画面的动态构图技巧

动态构图中,画面构图要素处于运动状态,摄像机亦可运动摄影。由于构图要素不断运动,画面构图呈现出运动性和持续性。它是在运动中呈现构图的美学含义。[②] 在动态构图中,不同的元素组合可以为观众带来不同的视觉感受。

---

①　张群群.摄影构图八法[J].青年记者,2007(14):75-76.

②　邱沛篁,吴信训,向纯武,等.新闻传播百科全书[M].成都:四川人民出版社,1998.

1. 摄像机静止，被摄对象运动

当摄像机处于固定状态时，画面中展示的是固定的空间范围，当需要拍摄运动的对象时，需要在了解被摄对象的运动范围和运动幅度的基础上，在构图时为被摄对象预留出运动空间。例如在拍摄人物走向镜头或从镜头前向纵深走去的画面，其环境没有发生变化，但是景别发生了变化，人物形体、动作都可以在画面中得到展示。在这种情况下，摄像师可以在静态构图的基础上进行创作，但是需要注意人物在画面中的平衡。

2. 摄像机运动，被摄对象静止

当被摄对象保持静止，镜头进行推、拉、摇、移等不同的运动时，画面中的构图中心和景别都会发生相应的变化。这样的拍摄方式可以为观众展现出方位、景致等不断变化的画面。在拍摄时，摄像机是在运动中完成构图的，因此被摄对象的位置、角度、光线等都会发生新的组合，产生新的变化，所以在拍摄过程中，起幅和落幅都应当明确、利落且有一定的停顿，以此使画面的主体清晰。拍摄前可以进行必要的演练，确定好构图中心，避免出现漫无目的的偏离主体的情况，应当使主体停留在构图的形式美点上。

3. 摄像机和被摄对象同时运动

摄像机和被摄对象同时运动是更为复杂的动态构图方式，在这种情况下画面空间各种元素都会随着镜头的运动随时发生变化，因此在拍摄时需要不断调整画面结构，以确保被摄对象始终在画面的视觉中心上，并保持相对的稳定。此外，也要注意镜头运动的速度需要均匀，尽量与运动对象的速度保持一致，否则会出现被摄对象在画面中忽前忽后的现象。

在短视频拍摄中，需要对画面的动态和静态关系进行合理协调，以实现画面的动与静相互融合与影响，进而呈现出精彩的画面效果。以李子柒发布的短视频《一百多年不曾停歇的盐井，仍在续写名为"味道"的故事》为例，在开头处拍摄李子柒缠绕藤蔓时就采用了摄像机静止、被摄对象运动的动态构图方式（图 9.28）。摄影师将虚化的花朵作为前景，与清晰的主体构成强烈的对比，同时前景的静与主体的动彼此协调，给人以动静相宜的视觉感受。此外，作为前景的紫色花朵也丰富了画面的色彩，避免了画面色调单一，突出了田园清新自然的风光。

图 9.28　《一百多年不曾停歇的盐井，仍在续写名为"味道"的故事》视频截图一

在拍摄李子柒走在乡间小道时（图 9.29），采用了摄像机和被摄对象同时运动的跟拍构

图方式。此时，摄像师与李子柒的运动速度保持一致，在保持景别不变的同时，也使李子柒始终保持在画面中心。摄影师通过跟镜头展现了李子柒走出家的运动过程，既展示了道路两边开满向日葵的自然景色，李子柒不时回头与镜头互动，也拉近了与观众的心理距离。

图 9.29 《一百多年不曾停歇的盐井，仍在续写名为"味道"的故事》视频截图二

◆ 9.4 镜头运动的时机与技巧

9.4.1 镜头运动的时机

镜头运动的时机选择对于短视频作品内容的表达至关重要。要解决"镜头什么时候该运动，什么时候不该运动"的问题，则需要先来思考另一个问题：什么情况下观众会感受到摄像机的存在？其实一般而言，打破电影中的"第四面墙"或者当摄像机在做无机运动时都会让观众感受到摄像机的存在。

1."第四面墙"

影视作品中的"第四面墙"（图9.30）是指一面在传统三壁镜框式舞台中虚拟的"墙"。镜

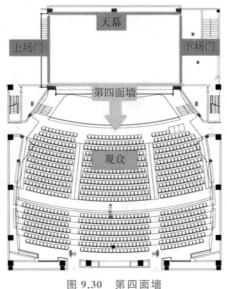

图 9.30 第四面墙

框式的舞台一般只有三面墙,沿台口的一面不存在的墙,被视为"第四面墙"。这个概念是为了适应戏剧表现普通人的生活、真实地表现生活环境的要求产生的。"第四面墙"试图将演员与观众分隔开,它对于观众来说是透明的,而对于演员来说则是不透明的,即演员的表演被封闭在第四面墙内。演员以角色的身份在舞台上,潜心于角色的塑造和演绎,以确保在表演过程中彻底融入角色,不必理睬观众。而观众在假定性的前提下忘记自己是在欣赏戏剧,而仿佛是在观看一件正在发生的事。

在影视拍摄中,"第四面墙"指的是镜头。凡是让剧中人知道镜头存在或者观众存在以及透过镜头对观众施加动作的手法,皆被称为"打破第四面墙"。恰当运用这种手法的关键在于要与主线的叙事规则统一,且不能将观众的注意力从故事主线上转移。打破第四面墙应该是为了加强故事叙述能力与更深刻地塑造角色形象而存在的,不能生硬地把它塞进故事里。尤其是在采访中,非常忌讳采访对象突然看向镜头,否则就会破坏观众的沉浸感。

2. 无动机运动与有动机运动

镜头的有动机运动是指视频中有引领摄像机运动的因素。例如剧情类短视频《三分钟》(图 9.31)中火车进站、丁丁奔跑,这些镜头用运动镜头拍摄,观众是知道镜头为什么要动的,在逻辑上是通顺的,所以观众不会疑惑"镜头为什么要动"。而无动机运动是指除了导演意志以外,没有驱动镜头运动的主体。既然没有驱动镜头运动的主体,观众不明白镜头运动的逻辑,就会很容易将注意力转移到摄影机的运动上,也就是发现了摄影机的存在。所以我们在拍摄短视频时要慎用无动机运动镜头,否则就会让观众产生一种"跳戏"之感。

图 9.31　微电影《三分钟》宣传海报

9.4.2　运镜的手法和效果

基础的镜头运动方式是推、拉、摇、移,将这几种运镜方式熟练掌握并运用好是做好一支短视频的基本功。如果在作品中使用了过多的固定镜头,会让观众感觉画面缺少变化、枯燥乏味。在快节奏或者有戏剧性的矛盾冲突时,如果都使用固定镜头,会降低视觉上的冲击力和震撼感。所以在拍摄短视频时一定要合理搭配使用运动镜头和固定镜头。

1. 推镜头

推拉镜头的妙用

推镜头使距离拉近、主体放大。推镜头可以生动地表现整体与局部、客观环境与主体人物之间的关系。利用推镜头,可以缩小摄影范围,去除环境中非重点因素,突出主体内容。推镜头还可以影响运动物体的动感,具体而言,与运动物体运动方向一致的推镜头,会减弱该物体的动感;而与运动物体运动方向相反的推镜头,则会增强该物体的动感。推镜头速度的快慢也可以烘托故事的节奏,例如快推往往显得节奏急促,会给观众带来较强的视觉冲击力,从而制造一种震惊、紧张的感觉;而慢推则会显得故事节奏舒缓,常常用来表达安宁、幽静的气氛,有比较强的抒情意味。

2. 拉镜头

拉镜头是指被摄对象位置不动,摄影镜头逐渐由近及远拍摄的方式。[①] 拉镜头的画面取景范围是由小变大的,可以形成视觉后移效果,画面会逐渐远离被摄主体,将表现重点放在交代主体所处的背景与环境上,常常被用作结束性的镜头。因此,推镜头强调的是环境中的主体,而拉镜头突出的是主体所处的环境。拉镜头可以使观众在同一个镜头内,逐渐了解到局部与整体的关系,从细节和局部起幅,也会营造悬念,引起观众对于完整形象的想象。较长的推拉镜头一般是利用轨道实现的,但在实际拍摄中,我们可能没有专业的轨道设备,就可以借用自行车、滑板、轮椅、重力平衡车、无人机等道具去拍摄较长的推拉镜头。

3. 摇镜头

摇镜头是指摄影机位置不动,机身依托于三脚架上的底盘进行上下、左右、旋转等运动的拍摄方式。[①]根据方向的差异,摇镜头又可以分为横摇、直摇、斜摇等。快速摇摄即快速转向某人或者某物的摇镜头被称作"甩镜头",它可以瞬间带来镜头活力或紧张感,并转移着我们的注意力焦点,也常用作转场镜头。慢摇镜头则可以实现拉长时间、扩大空间的效果,能给观众带来一种扫视观察周围环境的主观感受。巴拉兹在《电影美学》中认为:"摇镜头不仅可以使画面显得特别真实,而且能使观众与摄影机一同移动时,产生一种身临其境之感。"[②]例如抖音账号"央视新闻"发布的《康辉 Vlog》中(图 9.32),摇镜头的使用让画面从摄像师和摄像机转到了桌面上的话筒,观众的视线跟随主角康辉一起移动,增强了观看时的代入感。

图 9.32   《康辉 Vlog》截图一

摇移镜头
怎么用

4. 移镜头

移镜头是指摄像机移动拍摄的运镜方式,当被摄主体是静止状态时,通过移镜头让景物从画面中依次划过,造成巡视或者展示的视觉效果;当被摄物体呈现动态时,摄像机伴随移动,可以形成跟随的视觉效果,也可以创造特定的情绪和气氛。移镜头在表现多景物、多层次的复杂场景时具有气势恢宏的造型效果,适用于拍摄群山、草原、沙漠、海洋等深远开阔的场景。例如 B 站账号"星球研究所"与"共青团中央"联合出品的 MV《这山,这河,这中国》中

① 章柏青,吴明,蒋文光.艺术词典[M].北京:学苑出版社,1999.
② 巴拉兹.电影美学[M].北京:中国电影出版社,1986.

（图 9.33），镜头跟随飞鸟横向移动，不仅形成了跟随的视觉效果，而且突破了空间限制，更表现出了呼伦贝尔草原的深远开阔和恢宏气势。同时移镜头表现的空间画面是完整而连贯的，可以拍摄长镜头，提升短视频的连续性与叙事感。

图 9.33　《这山，这河，这中国》截图

5. 引领镜头和跟随镜头

跟随镜头的
大作用

引领镜头是指摄像机在演员前面，引导着演员行走。而跟随镜头则相反，是演员在前，摄像机在后。跟随镜头和引领镜头可以连续详尽地表现运动中的被摄主体，让主体的运动连贯而清晰，为观众营造流畅的视觉效果。同时跟镜头还能营造一种主观视角，详细地展现主体的神态变化及相关细节。例如，《如果当时 2020》中（图 9.34）采用引领镜头让人物出场，不仅让主角不断靠近镜头，给观众带来一种接近感与亲和力，还展现出她演唱黄梅戏时美目流转的表演状态，让表演过程更加细腻完整。

图 9.34　《如果当时 2020》截图

镜头运动的形式多种多样，可供结合的方式也各不相同。所有的形式都是为表达内容和吸引观众服务的，只有思考如何"引导受众目光"时，镜头运动才是真正有目的的。因此，我们在运镜之前一定要思考这样拍摄有什么好处，不要让观众因为放太多的精力在镜头运动技巧上，而忽略了对故事本身的注意。

回到本章最初的问题：镜头什么时候应该运动，什么时候不应该运动？其一，没有想清楚为什么要让摄像机运动的时候，就不要运动。漫无目的的运动，可能会增加观众的疑惑，产生负面作用。其二，视听语言的目的是引导观众的注意力，要时刻思考不同的镜头运动给观众带来的心理感受。当镜头运动为表情达意服务时，才是好的镜头。

9.4.3　人物对话的拍摄技巧

在拍摄人物对话时往往会采用固定镜头在观众与演员之间建立情感的连接。二人对话的镜头调度,主要有9种不同的基本镜头形式(图9.35)。我们在拍摄短视频中二人对话场景时就要灵活使用如图9.35所示的这几种机位设置。

1. 1号镜头

1号机位通常被称为主机位,因此1号机位的这个镜头也就被称为主镜头。它展现了二人对话的全景,是关系镜头、背景镜头,也是整体镜头。主镜头可以确定人物在空间中的位置、人物之间的关系以及人物与空间的关系。

2. 2号、3号镜头

2号、3号镜头(图9.36)属于平行镜头,拍摄的是单人的侧面。从单人分切的角度,分别拍摄A角和B角,景别大多是中景、近景或特写镜头。

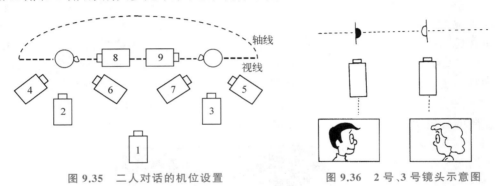

图9.35　二人对话的机位设置　　　　图9.36　2号、3号镜头示意图

3. 4号、5号镜头

4号、5号镜头(图9.37)叫作外反拍镜头。在镜头形式上,将二人同时放在画面中,呈斜侧面构图形态,主要讲话的人物为前侧面,听者为后侧面,人物交流的视线彼此对应,以中近景别为主。4号和5号镜头承担着具体刻画人物关系、动作、细节、特征、过程等任务,因此它们也是正反打镜头重要的构成部分。

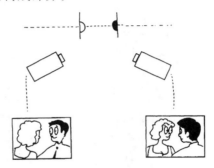

图9.37　4号、5号镜头示意图

4. 6、7 号镜头

6 号、7 号镜头(图 9.38)属于内反拍镜头,景别通常以中景、近景、特写镜头为主。画面呈现为单人镜头,人物视线一概向外,从这个角度拍摄的镜头以人物面部表情为表现的重点,镜头内容富有戏剧性。

5. 8、9 号镜头

8 号、9 号镜头属于骑轴镜头(图 9.39)。人物居中,视线直接与观众接触交流,直接暴露人物内心世界。但是骑轴镜头由于会打破"第四面墙",会让角色直接看向镜头或面对观众讲话,可能会让观众"跳戏",因此要慎用。

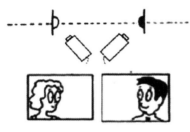

图 9.38　6 号、7 号镜头示意图

图 9.39　8 号、9 号镜头示意图

9.4.4　客观镜头与主观镜头

1. 客观镜头

主观镜头
的作用

客观镜头是以旁观中立的视角客观表现人物活动和情节发展的镜头。一部影片中的绝大部分镜头都是客观镜头,它担负着叙述剧情、介绍环境、刻画人物、烘托气氛等任务,观众可以通过客观镜头理解人物和情节。

2. 主观镜头

主观镜头是一种特殊的镜头语言,它能让观众以剧中人的眼睛来观察事物,将角色的感受与自己的体验相融合,或者表现人物的幻觉、梦幻、情绪等。因此,带有明显的主观色彩,可以使观众产生身临其境、感同身受的效果。例如,在抖音账号"工人日报"发布的《感人瞬间》微视频(图 9.40)中,使用第一视角记录了主角王进爬上特高压电力铁塔的过程,高度的上升与镜头的摇晃再现了真实的攀爬过程,让观众更加切身体会到高空作业的危险与困难。同时,主观镜头的使用还可以营造悬念,引发观众好奇,通过限制观众的观察范围而增强观看的紧张感,起到直达人心的效果。主观镜头就像观众与片中人的超链接。

由于单一视点镜头很难完成复杂叙事要求,所以完全用主观镜头叙事的影片较少,还要配合客观镜头来辅助观众理解情节和主题,一般都选择用主观镜头带观众"入戏",然后用客观镜头"缝合"观众认知,只有将二者巧妙结合才能达到叙事的完整流畅。

图 9.40 《感人瞬间》视频截图

◈ 9.5 短视频的拍摄要领

9.5.1 拍摄五原则

1. 平

在拍摄时,保持画面水平是一项最基本的要求,我们在取景屏上观察时,固定镜头和运动镜头的画面通常都是横平竖直的,不仅起幅、落幅画面要平,而且在拍摄过程中也应保持水平。当然有时为了表达某种特殊艺术情况,地平线可以是倾斜的。当我们借助三脚架、手持稳定器拍摄时,也要尽量将地平线与取景框边缘保持平行,先预演一遍,观察效果后再进行实拍。同时要注意被摄物在整个拍摄范围中的位置,如果偏离水平,要随时加以校正。

2. 稳

不管是运动镜头还是固定镜头,在拍摄时应该保持画面的稳定,无摇晃和抖动的现象。在拍摄中,跑动和镜头的变换都会对画面的稳定性产生较大的影响,晃动大的画面容易使观众产生眩晕感。[①] 使画面保持稳定的最好办法是使用三脚架、手持稳定器等器材进行辅助拍摄。

3. 匀

在拍摄运动镜头时,除了表现特殊的心理状态和特定的情绪要求外,一般都要求摄像机移动或镜头的运动速度要保持均匀,不能忽快忽慢。均匀运动的镜头往往给观众稳定、舒适的视觉感受。

4. 清

正常的拍摄情况下,拍摄的画面应该力求清晰,这不仅跟我们选择的拍摄设备配置有关,而且也与光线和各种参数有关。因此,我们在拍摄短视频时,要尽量使用 4K 高清模式拍摄,同时也要做好曝光处理,保证白平衡与色彩还原度。在拍摄时要及时根据环境和光线

---

① 李宏兴.融媒体时代电视节目的摄像艺术技术要点分析[J].记者摇篮,2021(07):162-163.

的变化调整器材的参数,这样才能拍摄出高分辨率的画面素材。

5. 准

在拍摄时,拍摄范围和对焦都要准确。拍摄范围的准确,主要体现在运动镜头的落幅上。起幅一般都经过观察处理不难把握,但落幅常常因之前没考虑或没演练好而不够准确。因此,我们在拍摄前一定要提前设计落幅范围并多次演练后,才能拍摄出起落幅都明确精准的镜头。对焦准确即焦点要对在拍摄主体上,在使用长焦镜头拍摄时要保证画面中的主体是清晰的,而此时画面的背景部分往往会产生虚化效果,使得被摄主体更加突出。

焦距的运用也是拍摄中非常重要的一个方面,在这里介绍一些关于焦距的知识。根据焦距不同,镜头可以分为焦距为 12～35mm 的广角镜头、焦距为 35～75mm 的中焦镜头和焦距 75～300mm 的长焦镜头。选择焦距时遵循的原则是:焦距越小,视野越宽,焦距越大,视野越窄。例如 B 站账号"理塘融媒"发布的宣传片中,用广角镜头拍摄的画面,呈现了河流与周围树木的全貌,视野范围大给人以开阔的感受(图 9.41);而用长焦镜头拍摄并放大的景物局部,展现了水流冲刷石头的情景,从细节描绘表现出水流湍急、水质清澈的景色(图 9.42)。

图 9.41　广角镜头拍摄画面

图 9.42　长焦镜头拍摄正面

同时要注意的是,焦距越长,景深越小,背景越虚。例如在短视频《丁真的世界》中,用广角镜头拍摄的画面,从山峰积雪到天空云层都清晰可见(图 9.43);而由长焦镜头拍摄的画面,山峰与天空都被虚化了,突出了丁真与小马珍珠(图 9.44)。在拍摄短视频时,为了让人物更加唯美动人,可以选择在长焦模式下拍摄人物的近景或特写,以还原面部形态、让人脸比例均匀,还可以减少杂乱背景的干扰,使人物更鲜明突出。而用广角镜头近距离拍摄人像,则会产生一定的漫画畸变效果。所以广角镜头适合拍摄景物或远景中的人物,长焦镜头更适合拍人物特写和景物细节。

图 9.43 《丁真的世界》视频截图一

图 9.44 《丁真的世界》视频截图二

9.5.2 拍摄注意事项

1. 避免"拉风箱"

在拍摄时应避免前后多次推拉或左右来回摇摄像机的运动,镜头运动过快会使整个画面不协调、不稳定,而且这样会给观众造成一种内容重复的感觉,快速的运动也会使观众看了发晕,降低观众的观看兴趣。

2. 注意预练和预演

拍摄前应该进行必要的预练,多演练几遍再进行正式的录制。尤其在剧情类短视频中,通常需要演员熟悉台词剧情与自身的表演情绪,预演排练可以让演员有一个缓冲和熟悉的过程,从而在正式开拍后快速进入表演状态。同时在拍摄 Vlog 等生活记录短视频时,提前演练也可以让拍摄者不断测试寻找合适的运镜方式和拍摄角度,反复打磨和比较,提升画面美感,达到预期最佳的艺术效果。

3. 注意画面的连续性

在拍摄时,不仅要把注意力放在单个镜头的构图或运镜方式上,还需要考虑画面之间的连续性和逻辑关系。为了保证镜头衔接流畅,需要根据事件的发展顺序、视觉心理规律、动作的连贯性设计好分镜头,从而清晰完整地表达故事主题。例如,表现一个女孩听到敲门声不敢开门的情景,就可以通过主角"听到敲门声—掀开被子—下床穿鞋—与门外人对话—从猫眼查看"(图 9.45)等一系列连贯动作表现故事与主题。画面拍摄与分镜头脚本息息相关,因此要保证画面连续性,要在分镜设计时进行充分考虑,设计出符合逻辑的镜头来作为指导拍摄的依据。

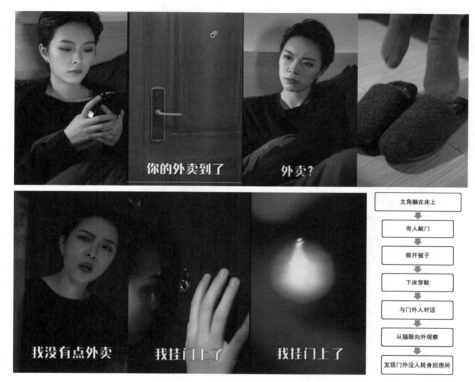

图 9.45　短视频分镜头案例

4. 遵循"轴线原则"

在拍摄时,还特别需要遵循轴线规则,否则就会发生越轴问题。在视频中,人物的视线方向、运动方向,或者人物之间会有一条虚拟的线,这就是轴线。轴线虽然看不到,但它却像一只无形的手,指挥着视频的拍摄和剪辑。轴线原则规定,拍摄时所有的机位都要保持在轴线的某一侧 180°范围内进行,这样才能保证人物位置与空间关系的统一,几个镜头组接起来也不会造成方向上的混乱。例如抖音账号"共青团中央"发布的《40 秒 40 年》中,主角小明在听到妈妈呼叫时回头,两个镜头都在小明的右侧 180°范围内进行拍摄(图 9.46),让观众清楚地理解了"妈妈"的所处方位,保证了空间的一致性。

如果"越轴",即摄像机越过轴线到另一侧进行拍摄,就会造成空间方位混乱,让观众感到疑惑。通常情况下拍摄时需要避免出现越轴,但有时越轴也会在影视作品中产生独特的艺术效果。例如电影《喜剧之王》中采用了越轴镜头(图 9.47,图 9.48),一左一右两个相反方向的镜头相接,反映了男主表白时内心的挣扎与纠结。有时采用越轴镜头,可以加强戏剧张

什么是越轴

怎样合理越轴

图 9.46 《40 秒,40 年》视频截图

力,产生意想不到的效果。电影《无间道》中拔枪的越轴镜头加强了双方对峙的紧张感,而电影《让子弹飞》中通过频繁越轴营造荒诞不经的喜剧氛围。

图 9.47 《喜剧之王》截图一

图 9.48 《喜剧之王》截图二

5. 选择合适的角度方向

拍摄从水平方向,可以分为正面、侧面、斜侧面和背面,从垂直方向可以分为平角、仰角和俯角。

怎样选择拍摄
方向和角度

1）水平方向

（1）正面。

正面是指与被摄对象正面成垂直角度的拍摄位置，可以表现人或物的正面部分，展现出更多的正面细节。从正面拍摄，也可以让观众与被摄主体在心理上产生平等的感觉，增加交流感，提升亲和力。正面角度常用于日常 Vlog 的拍摄中。例如在《康辉 Vlog》中，主角康辉则多采用正面第一视角记录并与观众进行分享，拉近了与观众之间的距离（图 9.49）。

（2）侧面。

侧面拍摄可以看清人物的轮廓特征，同时侧面角度还适合拍摄运动状态，呈现出更强的动感。例如视频号"人民网"发布的视频《用时光酿造美好》中（图 9.50），侧面角度拍摄了主角在台阶上快速奔跑的画面，人物轮廓清晰，动作记录完整，也让画面具有了较强的动感和感染力。

图 9.49　《康辉 Vlog》截图

图 9.50　《用时光酿造美好》截图

（3）斜侧面。

斜侧是从左侧、右侧、前侧、后侧等方向拍摄主体的位置，斜前侧面 45°拍摄，既可以展现正面的细节，也可以表现主体的轮廓和姿态，因此被称为"万能的 45°角"，常用于人像拍摄中，达到视觉美化的效果。例如《如果当时 2020》中（图 9.51），从前侧方向拍摄了主角演唱黄梅戏的表演场景，展现出更完整的表情神态与表演动作。

（4）背面。

从背面进行拍摄，可以营造神秘气息，展现出一种含蓄的美感，给观众联想和思考的空间。例如人民网发布的短视频《用时光酿造美好》中，从背面拍摄的镜头（图 9.52），为观众展现了主角从校园走向社会的未知与神秘感,增加代入感,引发思考。

图 9.51 《如果当时 2020》视频截图   图 9.52 《用时光酿造美好》视频截图

2) 垂直方向

(1) 平角。

平角是摄像机与被摄对象处于同一水平线的一种拍摄角度。可以营造平等对话的氛围,拉近与观众的距离。例如在短视频《大山少年的歌》(图 9.53)中,从平角拍摄弹吉他的小女孩,可以让观众产生一种亲切感。

图 9.53 《大山少年的歌》视频截图

(2) 仰角。

仰角是摄像机从低处向上拍摄。仰摄适于拍摄高处的景物,能够使人或物显得更加高大雄伟。在短视频作品《用时光酿造美好》(图 9.54)中,仰角拍摄不仅让主角显得修长挺拔,还展现出一种跌倒后站起来继续前进的精神力量。

(3) 俯角。

俯角是摄像机由高处向低处拍摄的角度。俯拍镜头视野开阔,常用来表现宽广开阔的场景,凸显出景物的悠远辽阔与恢宏气势,常用作开头或结尾的定场镜头(图 9.55)。仰角与俯角镜头还经常运用在剧情类短视频中,来展现人物所处的地位,带有强烈的感情色彩。仰拍可以让人物显得更权威、强大、有气场(图 9.56),俯拍则会让人物更卑微、渺小、弱势。

拍摄的方向和角度存在于每一个镜头画面中,各有其独特的作用和表现重点,也会影响短视频作品的艺术效果和情感表达。因此,在拍摄时更加需要细致的设计,采用丰富的角度来增强短视频的艺术表现力。

图 9.54　《用时光酿造美好》视频截图

图 9.55　《这山，这河，这中国》视频截图

图 9.56　《用时光酿造美好》视频截图

◇ 9.6　本章小结

　　本章为大家介绍了短视频拍摄的流程、器材、手法和注意事项等，从前期准备到现场实拍再到后期制作，从器材、地点、演员的选择，到画面构图、运镜以及具体拍摄要领，每个链条之间环环相扣，每个步骤都需要制作团队协同合作。在短视频拍摄和制作过程中，要紧密围绕作品的主题和内容来拍摄，依据分镜头脚本使拍摄高效规范，拍摄不同角度、景别和丰富的运动镜头来使画面更具动感和变化，多拍空镜头、创意转场和让短视频更具个性与风格。

　　融媒体时代，大浪淘沙。随着短视频的崛起，用户对于短视频的消费将不仅局限于单纯的消遣，而是具有更加专业和多元化的需求，因此短视频拍摄的专业化和精细化势必会成为潮流。作为短视频内容创作者,我们势必要在扎实掌握拍摄知识的基础上与时俱进,持续更新对短视频拍摄器材、表现手法的了解,加以吸收创新并提升自己的拍摄水平,不断提高作品的内容质量和艺术品位。

◇习　题　9

1. 对一个优秀短视频进行分析,列举其使用了哪些构图技巧。
2. 运镜方式有哪些? 各自的作用是什么?
3. 拍摄的焦距该如何选择?
4. 什么是轴线原则? 如何巧妙处理越轴问题?
5. 列举经典影片的越轴镜头,并分析其艺术效果。
6. 拍摄画面的角度与方向有哪些? 各自有什么特点?

第
10
章

短视频剪辑技巧

　　经过剧本创作、视频拍摄后,制作短视频的素材已基本收集完毕,但想要创作一条优质的短视频还需进一步的合理化、艺术化剪辑。当下,为了使自己的作品在网络中脱颖而出,如何通过剪辑实现更加完美的视频衔接、深化短视频的内容主旨,也早已成为专业化内容创作者必须思考的重要问题。本章将对短视频剪辑概念、流程、技巧等内容进行讲解,帮助短视频学习者全面掌握短视频创作的整体流程,并从理论与实践两个层面学会短视频剪辑点的确定、转场的实现方式等剪辑的要点。

◆ 10.1　视频剪辑概述

10.1.1　剪辑的概念

　　剪辑是影视创作过程中的关键一环,它将影片中的图像、声音以一种特殊的、有意义的方式进行选取、分解和组接,最终形成一个连贯流畅、主题明确、有艺术感染力的作品[①]。剪辑也是一个动词,其中的"剪"是剪刀的"剪"。最初的剪辑就是把一段又一段的胶片在合适的位置剪开,再根据需求在恰当位置再次拼接的循环往复的过程。

　　虽然短视频比电影或电视剧内容时间更短、节奏更快,但是一个精心制作的短视频作品也需要拍摄充足的素材,剪辑者则需要在大量素材中选取精华并加以组接。以记录类短视频为例,此类短视频时长一般在5～10分钟,创作者至少要拍摄30～60分钟素材量。因为创作者需要从人物经历中挑选典型情境,从采访和对话中筛选有效信息,解说词也需要配上合适的画面,如果拍摄的素材不够,就无法表达作品的主旨和思想内涵。

　　除却准备充足的素材,剪辑还需要以"正确"的思维来统筹流程,组合视觉符号。由于剪辑的素材并非总是按照剧本或文案脚本的拍摄顺序排列好,因此剪辑时需要在海量素材中选取一些必要的镜头,将它们以一种"正确"的方式组合起来。"正确"这两个字对于剪辑师来说囊括了很多维度,包括技术层面、艺术层面,甚至是直觉层面的一些东西。要想探索剪辑的奥秘,就必须学习掌握剪辑的思

---

① 杨明.视频剪辑技巧在影视作品中的运用[J].中国电视,2015(05):109-112.

维、原则和技巧,在千锤百炼中总结出自己独一无二的视频剪辑宝典。

10.1.2 短视频剪辑的工具

1. 手机剪辑软件

手机剪辑软件安装便捷,操作简单,可以帮助零基础的剪辑者快速掌握基本的剪辑手法。目前市面上的手机剪辑软件很多,其功能也非常丰富,既有 VUE、Inshot 这类为用户提供较多视频模板的软件,方便用户导入视频素材,快速成片;也有 Videoleap、iMovie 这类功能比较细致、专业的软件;当然,也有像剪映这样的全能手机剪辑软件,其既能提供给用户海量的剪辑模板,也能进行非常专业化的剪辑操作,因此得到了许多短视频创作者的青睐。在这里主要介绍五个手机剪辑软件。

1) VUE

VUE 既是一个视频拍摄及编辑工具,也是一个原创的 Vlog 短视频平台。其特点是拥有较多的滤镜、模板、字体,软件内的背景音乐素材多且质量高。因此,VUE 也被很多博主认为是最好用的 Vlog 编辑工具。VUE 曾在 2016 年和 2017 年连续两年获选"App Store 年度精选",被全球超过 120 个国家和地区 App Store 首页推荐。

2) Inshot

Inshot 拥有较多的视频模板和贴纸,整体调性时尚、年轻和活泼。用户可以通过软件添加音乐、过渡效果、文本和表情符号,也可以模糊背景、修改视频比例等。该软件能满足剪辑中的大部分需求,海量模板可以一键生成炫酷的视频。同时,Inshot 还兼具图片编辑功能,其主张模糊视频和图片的界限,可以为图片添加滤镜和调整亮度、对比度、曲线,也可以添加文字和贴纸来制作拼贴照片,一切为社交分享服务。

3) Videoleap

Videoleap 被使用者称为堪比专业软件 Premiere 的神级手机剪辑工具。虽然专业性较强,但对于新手来说比 Premiere 难度要小很多,专业制作人士也可以利用其高端编辑功能制作精巧的视频。加之 Videoleap 能在手机上使用,更使其获得了市场的欢迎。

4) iMovie

iMovie 是由苹果公司推出的视频剪辑软件,可以创建 4K 分辨率的影片和好莱坞风格预告片,用户还可以集中编辑片段,然后添加动画字幕、音乐、滤镜和效果,制作专属于自己的电影质感短视频。

5) 剪映

剪映是由深圳市脸萌科技有限公司出品的手机视频编辑工具,其操作界面简单易上手,同时还具有很多专业化的功能。2019 年 5 月,剪映移动端上线。2019 年 9 月,剪映上线剪同款专栏,让人人皆可创作。同月,剪映登上 App Store 的榜首。2020 年剪映继续开发出专业版,以供专业用户在计算机端操作,并且持续在更新剪映手机端的专业功能。

剪映的视频编辑功能包括切割、变速、倒放、画布、转场、贴纸、字体、滤镜、变声等基本功能,更独一无二的是其曲库海量化,拥有独家抖音歌曲,此外剪映还可以对视频人物进行美颜,以上功能满足了绝大部分短视频创作者的需求。软件内置视频创作学院课程社区,也可以为新手提供脚本构思、拍摄、剪辑、调色、账号运营等多维度的指导。

以上这些手机剪辑软件各有优点,初学者可以选择几款下载尝试,而后选择最适合自己的一款进行深入学习。

2. 计算机剪辑软件

计算机剪辑软件适合那些需要处理较大素材量的专业剪辑者使用,在操作、使用方式上都比手机软件门槛略高,其专业度和功能种类更强大,建议有能力的剪辑者进行深入了解。

1) Final Cut Pro

Final Cut Pro 是苹果公司开发的一款专业视频非线性编辑软件,适配于苹果计算机macOS 系统,其功能专业化程度高,流畅性比 Premiere 等第三方剪辑软件要高。导入并组织媒体、编辑、添加效果、改善音效、颜色分级以及交付等诸多功能均可在程序中找到。

2) Premiere

Premiere 是专业影视工作者使用较多的工具,很多影视剧、综艺节目都是用它剪辑并合成的。它可以进行剪辑、调色、美化音频、字幕添加、输出、DVD 刻录、特技处理等。该软件兼容性强,可在不同的计算机系统使用,还可与 Adobe 公司推出的其他软件相互协作,例如 AfterEffects、Photoshop。但 Premiere 专业度高,操作难度比较大,初学者入门所需精力较多。

3) 会声会影

加拿大 Corel 公司推出的会声会影(英文全称 Corel VideoStudio)是一款普及度很高的视频剪辑软件,短视频剪辑者也可以尝试学习。根据会声会影官网介绍,软件可提供超过100 种的编制功能与效果,可导出多种常见的视频格式,可以直接制作成 DVD 和 VCD 光盘。会声会影主要的特点是操作简单,适合家庭日常使用,可以提供完整的影片编辑流程解决方案。

当然,有专业化的剪辑软件,也会有剪辑软件的配套工具,例如达芬奇。专业的影视内容对于视频的色彩有一定的要求,该软件则可以对画面中不同对象分层调色,提升视频的整体质感。此外使用较多的配套软件还有 Adobe After Effects,简称 AE。该软件是 Adobe公司推出的一款图形视频处理软件,主要用来添加视频特效,短视频平台上一些炫酷、有科技感的视频基本都是由 AE 制作输出。

◆ 10.2　短视频的剪辑流程

在学习剪辑的原则和技巧前,需要对短视频剪辑的流程加以熟悉。短视频剪辑一般来说分为 7 个流程:研读脚本、认识和归类素材、粗剪、精剪、处理混音、调整字幕和设计封面。

10.2.1　研读脚本

以往,传统的电影剪辑师在剪辑前需要仔细研读电影的剧本。在接触到拍摄素材之前,剪辑师会反复阅读剧本,以呈现最精彩的内容为己任,思考哪些场面需要被强调,哪些场面又可以适当省略。此外,传统的电影剪辑师也会跟导演、拍摄者进行交流。从导演处,剪辑师可以发现自己对剧本的理解是否正确;从拍摄者处,剪辑师则可以对拍摄者的画面效果意图更加了解,方便与其沟通后期的素材补充和调整。

新媒体时代的短视频剪辑同样需要剪辑师认真研读脚本。倘若短视频创作者是独立完成脚本策划、拍摄、剪辑等全流程,研读脚本这一环节则可以快速进行,直接进入到认识和归类素材的步骤。若短视频脚本策划者、拍摄者和剪辑者不是同一人,剪辑者则需要研读脚本,并且与脚本撰写者、拍摄者进行沟通,以期更好达到视频效果。

10.2.2　认识和归类素材

剪辑者在剪辑前还需要认识和归类素材。在这个过程中,剪辑者需要浏览并熟悉每段素材的内容,在脑海中大致记忆素材主题,然后对素材进行科学的归类整理,对重要素材进行标注。

1. 归类中要考虑的问题

在进行素材归类时,剪辑者需要反问自己以下问题。

(1) 你对整个短视频素材、人物表演、主题的第一印象是什么?

(2) 这个镜头是否达到什么目的?属于哪个场景?

(3) 场景之间、段落之间层次是否清晰?

(4) 这个场景是关于什么的?处于故事的哪个阶段?作用是什么?需要如何转场?

(5) 某个特定的角色是什么作用?演技如何?是否需要花些力气去掩盖演技上的不足?观众会认同还是憎恨这个角色?

(6) 需不需要强化一些细节来展示人物或情节?

(7) 哪里需要制造意外或震惊的效果吗?

(8) 短视频的整体节奏如何,需要加快或者减慢吗?

通过以上问题的思考,相信剪辑者可以科学归类素材,为后续真正进行剪辑动作做铺垫。

2. 认识和归类素材的注意事项

在认识和归类素材的过程中,还有一些注意事项。

(1) 学会挑选素材很重要。每一个镜头,不管是多简单的镜头,它都是各个部门共同合力的结果。因此,可能有很多意外状况发生,例如演员表演不到位、镜头调度不到位等,剪辑者要懂得在海量素材中选择最完美的镜头。

(2) 素材当中的同一个动作,一般需要以不同的景别去展现。需要展示全貌的用全景,进一步细节展现的用中近景,需要放大突出的内容则使用特写;也可以从窗内、窗外等不同角度去展现同一主体。

(3) 要事先清楚素材并非按照剧本的拍摄顺序进行。例如,某一短视频中有海边和室内两个场景的戏,通常来说为了场地和效率问题,都会集中拍摄完一个场景的戏再去下一个场景。

以一个人物访谈的短视频为例,在整理素材时可以先将受访者关于同一问题的回答各归类到一个文件夹,再将背景资料、空镜头等内容分别建立素材文件夹。将这些内容归类清晰后,就可以在后期粗剪时快速挑选这一部分他讲述最好的内容进行剪辑。

10.2.3　粗剪

好莱坞著名的剪辑师沃尔顿·默奇生前曾写过一句话："粗剪的过程其实就是睁一只眼闭一只眼的一种剪辑状态。"这句话放在粗剪环节,可以理解为剪辑师不要太快、太早、太过武断地把自己的想法呈现;不要太早按照剧本和分镜头的要求,将素材中的最佳镜头直接进行组合;更不要被一些鸡毛蒜皮的小细节牵绊住,镜头动作的衔接、转场或者声音等因素都是后续才需要考虑的问题。剪辑师只需要按照脚本进行简单的画面组接即可。

粗剪的时长可以适当超过目标时长。粗剪的过程中会保留更多的镜头以供后面进行选择,所以一般来说粗剪影片的长度会比最后的成片长 10%～20%,这可以作为剪辑师把握粗剪时长的数量标准。

10.2.4　精剪

精剪就是在粗剪的基础上进行"减法"操作,修剪掉多余的部分,对细节的部分做精细调整,使镜头之间的组接更流畅,节奏更紧凑[1]。这个过程需要剪辑师对视频反复修改和调整,对一些音乐、转场、人声的细节加以把控,保证视频各部分的质量,最后呈现出一个结构清晰、逻辑清楚、情绪饱满的视频作品。

在精剪时,首先要树立一种不惧怕修改的强大心态。剪辑师要敢于"舍",剪辑师要站在观众的角度,不断拷问自己这些内容场景是否真的需要,不断地去修改自己的作品。

10.2.5　处理混音

在短视频中,声音起到了传递信息、建立气氛的作用,也是作品的一大灵魂。在精剪过程中绝对不能忽视对声音的细致化处理。

1. 声音的分类

1）人声

人声指视频中的人物在表述信息、传递情绪时发出的声音,人声又可以分为对白、独白和旁白。对白指的是两个或多个人物之间进行交流的语言;独白指人物的内心语言,就类似于写作中的心理描写,演讲、自言自语都属于独白;旁白与内心独白相似,也是以画外音的形式出现的,指画面外的人声对影片的情节、人物心理进行描述,旁白常用于影片的开头处,快速交代故事发生环境或概况,其陈述相对客观[1]。

2）音乐

音乐是指需要通过乐器演奏或者人物演唱从而形成的声音,一般分为"无声源音乐"和"有声源音乐"两种。

无声源音乐指视频中的音乐并非来自画面中可见的发声体所产生的音乐,也就是人为添加的背景音乐,包括主观音乐、画外音乐和功能性音乐。无声源音乐通常出现在情节发展到高潮处,用于渲染气氛、表达情绪。

有声源音乐指视频中出现的音乐是画面中的有声源产生的,例如画面中电视节目发出

---

① 李远博. 从零开始做短视频——视频策划、拍摄与剪辑[M]. 北京：电子工业出版社,2021.

音乐、酒吧等场所的环境音乐等，这些都是客观音乐、画面内的音乐。

3）音响

音响是指影视作品中除了音乐和有声语言之外的其他声音。当音乐和现场声不具备独立意义时，也属于音响。典型的音响就是环境声。环境声（Wild Track）是影视作品中现场或稍后录制的背景声音，它并不意味着是完全同步录音，录音师经常还会收录一些像人群喧闹或随意的对话等作为环境声[1]。

2. 混音的主要方式

1）对白的剪辑

对白即人物对话，对白剪辑的第一要求就是流畅，对白的音量、清晰度等与画面场景得到最大程度的匹配，最后呈现的画面与声音组合越自然越好。其次，短视频中的对白最好同期进行录制，以增强对白的现场感。若人声的同期录制出现了问题，也可以联系导演和演员进行后期补录。

2）音乐的剪辑

短视频中一般会使用背景音乐对环境和情节等进行衬托，在恰当时候插入歌曲或无人声乐曲可以起到渲染情绪、烘托气氛、刻画人物心理和增强情感表达的效果。

短视频需要在较短时间内传达尽可能明确和详细的感情信息，因此选择的背景音乐要能够让观看者马上知晓视频的情感与情绪。最好选择与视频内容最匹配的音乐风格，音乐风格即音乐的流派和特点，也就是曲风，指音乐作品在整体上呈现出的具有代表性的独特面貌，音乐风格分为流行、摇滚、R&B、电子、Hip-Hop、爵士、轻音乐、ACG（动漫）等。音乐情绪则是指音乐本身带给人的感知影响，通常可分为安静、轻快、浪漫、感人、悲伤、积极等情绪[2]。目前大部分的手机剪辑软件中都对音乐类型进行了详细划分，剪辑师可以参考一些热门音乐榜单进行创作。

3）音响的剪辑

影视作品中的音响分为主观音响和客观音响两类。

客观音响是指在拍摄时自然收录的音响，它不是主观增加的，而是伴随着拍摄环境存在的。例如在拍摄人物吃饭时，会有咀嚼食物的声音；拍摄车水马龙的商业街时会有嘈杂的人声和车辆声，这些都属于客观音响。客观音响能够有效还原场景，体现场景的真实性并营造出在场感，因此剪辑师也需要注意客观音响的剪接。

主观音响是剪辑师为了达到一定的视听效果而有目的性地选择使用的音响[1]，例如综艺中经常添加的"震惊""鼓掌""疑问"的音效等。其目的是挑动观看者的神经，起到强调突出的作用。剪辑师在短视频剪辑时也可适当使用一些主观音响增强画面的感染力和趣味性。

10.2.6　调整字幕

短视频剪辑的另一重要元素就是字幕。字幕可以帮助观看者节约时间，使观看者更清

短视频字幕
怎么加

① 严富昌.影视剪辑[M].北京：北京大学出版社，2017.
② 李远博.从零开始做短视频——视频策划、拍摄与剪辑[M].北京：电子工业出版社，2017.

晰地看懂视频所要传达的内容,在不方便打开声音获取信息时,观看者也照样可以快速接收短视频信息。因此,字幕起着必不可少的辅助阅读作用。如图 10.1 所示,B 站账号"共青团中央"于 2021 年中国制造日发布《挖掘机变身》短视频,短视频将中国制造的先进挖掘机进行拟人变装的场景呈现,每个变装的场景中字幕均位于横屏视频中间偏上位置,选取超大字号的书法字体强调中国特色。此外,四个变装场景的四字成语字幕将"中""国""制""造"四字标黄加大重点显示,再次突出"中国制造日"主题。该短视频通过字幕不仅清晰表达了对祖国制造业的祝福,也增加了趣味性,强化了内容传播的感受力。

图 10.1　《挖掘机变身》短视频字幕截图

添加字幕要充分考虑观看者的体验感,选择合适的字体在恰当的地方添加字幕可以提升作品的完播率,反之则会引发观看者的抵触。添加字幕时可以多加注意以下几方面。

1. 字幕位置与大小

字幕要添加在恰当的位置。在手机剪辑软件或者 PR 中,都会有一定的框线辅助我们添加字幕,一般都是添加到视频底部偏上的位置。而且不论是添加片头片尾字幕、对应语音字幕还是花字的装饰字幕,都要注意排版,根据框线或者画面比例放置字幕,能够达到更好的画面效果。例如,图 10.2 就是剪映 App 添加字幕时的界面图,其会在剪辑者调整字幕位置时出现绿色的框线,帮助剪辑者确定最佳的字幕位置。

此外,字幕的大小也要根据其作用进行调整。若只是作为辅助性的字幕,自然不能让字体太大,以免喧宾夺主;但若是画面中以字幕为主体,或者想要突出文字传达的意义,就可以将字幕的字体适当放大使其更加突出。

图 10.2　剪映 App 添加字幕界面截图

2. 字幕的颜色

恰当的字幕颜色搭配,可以提高信息传达的效率,同时也能提升画面的美观度[①]。普通的字幕一般以黑色或白色为主,为让字幕显示更清楚,也经常会在字体外加上阴影和轮廓。一些起装饰或者强调作用的字幕在颜色选择上则更加灵活,只要颜色与画面不冲撞、具有美感,即可采用。当下像是剪映这类剪辑软件中预设了很多的花字颜色样式,剪辑师可以通过多次尝试来选择最适合自己视频的字体颜色。

3. 字幕的时间把控

剪辑师在添加字幕时需要考虑到观众的"读字"速度,具体实践时则可以把自己当作是观众,确认自己能否跟上字幕的速度。字幕停留时间过短或过长都会影响观看者的感受,因此这一细节的把控非常重要。

在短视频新闻中,字幕发挥着非常关键的作用,它需要尽量在 15 秒钟内传达尽可能完整的新闻要素,即把时间、地点、人物、事件的起因、经过、结果通过字幕表达清晰。在新华社的抖音账号对中国女篮参加世界杯预选赛进行报道时(图 10.3),其在十几秒钟的时间内通过"主副标题+展开阐述重点"的方式,使用黄色和红色加粗加大字体作为主副标题,并将新闻消息的提炼内容放到画面下方展开阐述,此时画面内容只起到了辅助作用,上下的字幕则成为新闻要素的重要载体。

图 10.3 中国女篮世界杯预选赛短视频新闻截图

---

① 李远博. 从零开始做短视频——视频策划、拍摄与剪辑[M]. 北京:电子工业出版社,2021.

10.2.7　设计封面

短视频封面有诸多作用：首先,短视频平台一般会根据视频封面初步对视频的合格性进行鉴定,好的封面可以帮助创作者快速通过审核。其次,短视频封面是用户第一眼看到的内容,决定着用户是否会对视频产生观看兴趣。此外,当用户对账号产生兴趣后,很可能点进去账号的内容主页浏览历史内容,此时封面以及醒目的字幕就能帮助用户迅速定位到自己感兴趣的内容,这种便捷性会提升用户对该账号的好感度。

封面制作有以下几种主要类型：视频截图类封面、固定模板类封面、文字标题类封面、表情包类视频封面、拼贴类视频封面等。

1. 视频截图类封面

视频截图类封面不是特意设计出来的,一般是直接从视频中截图出来的画面。截图封面的内容要注意挖掘看点,注意将视频中的精华直观呈现给用户,最好是可以引发一些悬念,吸引观者兴趣。

视频截图类的封面一般会添加能够突出重点的标题,在设计封面时,文字样式要和视频的调性统一起来。2020 年来自于四川省甘孜州理塘县的藏族少年丁真凭借着天然野生的少年感外貌在国内外短视频平台迅速走红,并被当地聘为四川文化旅游宣传推广大使。随后在 B 站平台推出的爆款短视频《丁真的世界》横屏高清版,宣传当地独特的自然风光以带动旅游业发展助力扶贫工作。该视频中以丁真的笑容特写截图作为封面(图 10.4),这样的设置直观展现了丁真最具吸引力的高颜值属性,引发用户对视频内容的好奇和观看动力。此外,视频截图封面上也可以增加文字标题作为辅助。如图 10.5 所示的视频封面：B 站平台《丁真的世界》首发版的视频,除了选取丁真的微笑特写作为封面外,还通过文字标题直接将视频亮点和账号名称标注在视频截图上作为封面,画面和文字信息相互补充使封面的信息传达效率得到了提升。

图 10.4　视频截图的封面

图 10.5　截图＋文字标题的封面

2. 固定模板类封面

顾名思义,固定模板类封面就是会使用一些特定的样式、版式、色调、字体等元素的风格非常一致,一般是品牌或者 UP 主的个人象征。例如,自 2020 年起 B 站粉丝数 157 万多的账号"沙盘上的战争"解析我国重要历史战役的短视频引发用户关注,该系列视频使用以解说战役的卫星地图为背景,利用不同颜色标注不同战役的封面模板(图10.6,图10.7)。例如红底白字的"长征01"封面表示为解析长征的系列视频,橙底白字的"解放01"封面表示解析解放战争的系列视频等,这形成了其视频封面的一个模板。而模板类的封面可以形成强烈的品牌特色,对于打造自媒体IP来说非常有效,粉丝看一眼封面就知道是哪位博主的作品,对视频的记忆也会更加深刻。

图 10.6　长征系列视频封面

图 10.7　解放战争系列视频封面

3. 文字标题类封面

这类封面一般直接以文字标题作为封面,简单清晰。文字就可以很直接地表达出视频的主要内容,而且适用性很广,游戏、娱乐、知识类的视频都可以使用这样的设计。通常来说,只有文字标题的封面背景都是纯色,或者将图片背景做虚化处理再于上面添加文字标题,这两种方式都可以让文字更突出、醒目。

例如,人民网发布的短视频《领袖的足迹》(图10.8),就采用黄色这种基础又鲜艳的色彩做文字,添加荧光效果或者放大效果,标题在红色背景中的视觉穿透力更强,在海量短视频中非常引人注目。此类视频封面的文字颜色以白色、黄色、橙色、红色和黑色居多。

图 10.8　《领袖的足迹》视频封面

央视新闻新媒体中心推出的短视频栏目《主播说联播》(图10.9),每期封面标题既风趣引人又能明确表达核心内容,如《兵马俑雪糕"糕"调入场!》或《失德失范艺人,"穿了马甲"也要彻底凉凉!》等。这样全新的新闻短视频封面在加快信息输出频率、保持新闻新鲜度的同时,也能够快速抓住用户的注意,引起用户的兴趣和好奇。

4. 表情包类视频封面

表情包是一种网络表达符号,多为静态图片或者 GIF 动态图片,包含表情、动作、文字等意义,一张图就有丰富的社会文化蕴意,已经成为当今网络各类社交平台最常见的沟通符号。[①]当下,许多短视频封面也会使用这种表情包图片,其可以较好地表现情绪,也能引起

---

① 张宁.消解作为抵抗:"表情包大战"的青年亚文化解析[J].现代传播(中国传媒大学学报),2016,38(09):126-131.

图 10.9　《主播说联播》视频封面截图

用户对表情包形象的熟悉感，是一种为大多数人接受和理解的封面形式。例如，图 10.10 中为 B 站账号"共青团中央"的视频封面，图片中熊猫打快板表情包搞笑且生动形象地体现了"相声"这一视频形式，让人好奇 UP 主在视频中会表达什么样的观点，从而吸引用户点开视频。

不过，表情包的使用也要注意两方面：一方面，过多的表情包可能使账号显得质量不高，引起部分粉丝的厌倦；另一方面，有些表情包的使用也涉及知识产权或者肖像权，不能随意进行商用，过度使用表情包类的封面则很可能遇上侵权的麻烦。

图 10.10　表情包类视频封面

5. 拼贴类视频封面

在 Vlog、开箱、分享等主题的视频中，拼贴类的封面很常见，实用性很强，可以展示出更丰富的内容。拼贴类封面中的图片比较杂，因此在拼接时应注意统一色调，展现一致的风格调性，当然也可以根据需要放大不同配图之间的冲突感。一般这种形式的封面对文字编排的要求不高，装饰效果也较少，准确清晰地传达信息是此类封面的主要目的。如图 10.11 所示的封面图，新华社记者张扬在 B 站发布了一系列记录两会经历的 Vlog 视频，在她记录两会穿搭的一支视频中将即将介绍的两会中的出镜穿搭做成拼贴版视频封面，这样制作的视频封面可以让用户在点进视频前就对其穿搭情况大致了解。

6. 知识分享类视频封面

知识分享类视频封面即在封面中将要讲述的知识内容突出呈现的封面形式。例如，图 10.12 竖版封面图,将知识分享主题"剧情类短视频创作技巧"放在封面中偏上位置并利用字体颜色和大小区分强调类别是"剧情类",并在封面中部将知识内容的重点条理清晰分段排列。而在图 10.13 横版封面图中,将知识分享主题"爆款选题从哪来"用大号字和红色感叹号突出标记,并利用黄底黑字清晰呈现爆款选题的三个来源。这类封面突出标注知识分享主题并将知识内容进行凝练的呈现,方便用户在海量知识分享类视频中快速定位所需视频,并让其在观看前把握讲解大纲,提高知识吸收效率。

图 10.11   拼贴类封面案例

图 10.12   竖版知识分享类封面案例

图 10.13   横版知识分享类封面案例

总的来看,在进行短视频剪辑时,研读脚本、熟悉和归类素材是剪辑过程中非常重要的准备环节,这有利于剪辑师加深对短视频主题、内容和节奏的理解。而在粗剪、精剪和混音过程中,则需要剪辑师以专业的视角实现画面素材的组接、声音的搭配。最后,剪辑师还需要根据短视频的内容属性,搭配恰当的字幕辅助观者观看视频,并配上足以吸引人的视频封面,才算是合格完成了一个短视频作品的剪辑。

◆ 10.3　短视频剪辑点的应用

剪辑没有固定的模式和方法,但是应当遵循剪辑的基本规律,了解剪辑的基本方法,发挥个性化和创新性,才能使自身的剪辑水平不断提升。剪辑点就是两个镜头之间的连接点,即把不同内容镜头画面相连接,构成一个完整的动作或者概念。[①] 剪辑点的类型包括:叙事剪辑点、动作剪辑点、情绪剪辑点、声音剪辑点和节奏剪辑点。

剪辑点与镜头长度密切相关。从总体上看,镜头长度的确定很难说有一个合理的规范,但是它必须满足观众的收视需求和思维习惯,其一般可以划分为三个层次:看清画面展示的内容,领会画面表达的意义,产生共鸣。从具体实践上看,确定各个镜头具体的时间长度主要根据三个因素:内容、情绪和节奏,也就是常说的叙述长度、情绪长度和节奏长度。[①] 以下将通过讲解各个类型的剪辑点,帮助初学者体会镜头剪辑点的确定方法。

10.3.1　叙事剪辑点

1. 叙事剪辑点的含义

叙事剪辑点是视频节目中最基础的剪接依据,以观众看清画面内容或解说词叙事、情节发展所需的时间长度为依据。决定叙事剪辑点的一个最主要的因素就是镜头的内容长度,内容长度是指把画面主体内容展示清楚的镜头时间长度。

2. 镜头内容长度的影响因素

1) 景别因素

画面景别不同,包含在画面中的内容也不同。远景、全景等景别画面包含的内容多,观众要看清这些内容,需要的时间就长,则镜头画面要长一些;而近景、特写等小景别画面包含的内容少,所以镜头画面短一些。

2) 主体的位置因素

画面上,前面的景物比后面的醒目,所以主体置于画面的前端,镜头可短些,反之则长;画面上,亮处的景物比暗处的景物更容易引起观众的注意,所以,主体在画面的亮处,镜头可短些,反之则长。

3) 动静因素

画面上,运动的物体比静止的物体更容易引起观众视线,所以,如果主体是运动的,镜头略长些;由于动态镜头比静态镜头更有意思,更能吸引观众,所以动态镜头可长一些,而静态镜头则短些。

4) 其他因素

剪辑时还要对应镜头声音的长度,人声通常是 3 字/秒,例如 300 字的解说词,需要配合 100 秒的画面。此外阅读字幕所需时间也是影响叙事剪辑点的因素之一。

---

① 谢红焰. 电视画面编辑[M]. 北京:中国传媒大学出版社,2019.

10.3.2　动作剪辑点

1. 动作剪辑点的含义

动作剪辑点着眼于镜头外部动作的连贯，一般以画面的运动过程（包括人物动作、摄像机运动、景物活动）为依据，结合实际生活规律的发展来连接镜头。动作剪辑点往往要求非常准确，甚至精确到帧。[①]

2. 动作剪辑点的确定方式

1）人物形体动作剪辑

动作剪辑可以采取分解法、增减法和错觉法。常规剪辑强调动作衔接自然、流畅、无缝，甚至让观者忽略剪辑。以下是上述剪辑方法的具体讲解。

第一，动作分解法。分解法可以将人物一个完整的形体动作通过两个或多个不同角度、不同景别表现出来。剪接点应设置在动作变换瞬间的暂停处，也是景别转换处。如果表现激烈、紧张、愤怒、恐怖等，可以在镜头连接处适当减帧，能够加快动作并产生冲击力。[②] 该方法在双机位拍摄时可以应用。

第二，动作增减法。动作增减法是将一个完整的动作通过两个角度、两个景别表现出来。[③] 根据动作和剧情，如果让某个动作特意留长些，造成动作的延续感，称增格法；如果去掉动作的某一部分，造成动作的快速感，称减格法。剪辑要点是根据剧情的发展、人物形体动作的速度快慢、情绪及镜头景别、角度的变化，采取有增有减的方法来进行主体动作的剪切。

第三，动作错觉法。动作错觉法是利用人们视觉上对物体的暂留或似动现象原理，根据上下镜头主体动作的相似性或联系性，将不连贯的画面通过组接获得视觉上很强的连续性、节奏性、跳跃性、刺激性的组接方法。[②]错觉法在打斗类的场面会被频繁使用，可以增强观看者的视觉刺激性。

2）镜头运动的组接

剪辑的基本要点就是"动接动"和"静接静"，其中"静"指固定镜头，"动"指运动镜头。[②]以下具体讲解如何进行这两种镜头的组接。

第一，静接静。"静接静"的第一层含义是静止的物体与静止的物体相接；第二层含义则指静止的动作之间相接，也就是一些瞬间静止的镜头。需要注意的是，运动镜头不能直接与静止物体相衔接，除非该运动镜头也是相对静止的，否则会使观众在动静上产生断裂性的观感。

第二，动接动。如果固定镜头中上下镜头主体都是运动的，那么一般根据运动衔接的连续性，可以采用运动中剪，即"动接动"的方式。在运动中剪，在运动中接，前一个镜头没有落幅，后一个镜头去掉起幅，这样可以表现连续流畅的视觉效果，它尤其适合一组连续的运动镜头组接。[④] 也就是将推、拉、摇、移、升、降、甩等镜头合理拼接剪辑。在剪辑时，可以通过去掉镜头起落幅的方式实现流畅的镜头拼接，完成动接动的操作。动接动的组接方式一般

①　谢红焰.电视画面编辑［M］.北京：中国传媒大学出版社,2019.
②　夏一航.浅析武侠电影中的动作剪辑［J］.艺术科技,2013,26(06)：53.
③　刘志荣.浅谈电视节目画面剪辑和声音剪辑技巧［J］.新闻传播,2013(07)：212.
④　孙伟丽.浅谈有效提高电视新闻画面编辑能力［J］.发展,2014(04)：107.

应用于影视中的宏大场景,能够较好体现画面的动感,实现如临其境的互动效果和冲击感。

第三,动静相接。运动镜头也需要和固定镜头实现衔接,即动接静。此时需要根据主体运动的特点、方式以及节拍来确定如何将其与静止镜头相接。动接静时最主要的标准是不让观众产生不和谐感。此外,"动接静"还有独特的作用,尤其是在镜头连接由明显的动感状态转为明显的静态镜头,这种连接会在视觉和节奏上造成突兀停顿的效果。在一些视频段落中,这种突然的动静对比也会实现较明显的情感转换,帮助视频传达画面情绪。

3)景物动作的组接

景物动作的组接一般具有抒情或场面转换的作用。景物动作是指画面中景物的运动或者动势,景物镜头要根据画面动作和镜头运动状态进行组接。第一种情况,当两个景物镜头的画面中有一个是具有动势的,剪辑者应当优先考虑画面中的动作能否合理衔接,其次考虑镜头的衔接。第二种情况,当两个景物镜头画面内部都没有明显的动作发生时,但是镜头产生了运动,则应该先注意镜头运动组接是否恰当,其次考虑画面内的动作和动势。总之,组接的一切原则要以画面和镜头的流畅为目标。

10.3.3　情绪剪辑点

1. 情绪剪辑点的含义

不同于形体动作的剪辑点确定,情绪剪辑点在画面长度上的取舍余地很大,基本不受画面内人物外部动作的局限,而以人物内心活动渲染情绪,制造气氛为主。[①] 情绪剪辑的基础是心理状态和动作,也就要求剪辑者对人物的喜、怒、忧、思、悲、恐、惊的各种细节情绪洞察,并在洞察的基础上,为更好表现人物心理活动、情绪所进行的剪辑,具有展现人物内心活动、渲染情绪、制造气氛的作用。情绪的剪辑需要根据具体内容、具体情绪、具体表达来进行。

2. 情绪剪辑点的决定因素

情绪剪辑点的选择主要受情绪长度的影响。情绪长度是指镜头在进行情绪表达时画面人物表现自身情绪所需的时间,剪辑时要切身处地去体会人物的情绪,根据其情绪表达的程度确定在哪里剪辑会更好。当视频中演员情绪非常饱满、动情时,剪辑师不能将其生硬地剪断,要注意延续视频中或感人又或喜悦的情绪,否则会产生戛然而止的感觉。

例如,B 站账号"共青团中央"发布的《奋斗者,正青春》短视频在 00:28～00:31 中的两个镜头拉近的剪辑点就是情绪剪辑点(图 10.14)。演讲者王劲松表达什么是"正青春"时使用了三个短语,陈述三个短语时演讲者的音量在递增、情绪在叠加,剪辑师选择在每个短语收尾后切入剪辑,延续了激昂的情绪,并带动观众情绪进入高潮。

10.3.4　声音剪辑点

声音剪辑点是指剪辑师将声音要素作为基础,按照内容、声音和画面的相互联系进行镜头画面的剪辑。从实际操作类别上看,声音剪辑点主要分为对话剪辑点、音乐剪辑点和音响剪辑点。

---

① 柳峰.影像视听语言特征研究[D].北京:北京交通大学,2015.

图 10.14　情绪剪辑点案例

1. 对话剪辑

对话剪辑是指根据人物对话的间隔、速度来确定剪辑点,将画面中的对话内容进行剪辑。对话剪辑主要有两种方法:平行剪辑和交错剪辑。

1)平行剪辑

人物对话的平行剪辑是指声音与画面同时出现,同时切换,该方式具有平稳、严肃、庄重等特点,能够具体表现人物在规定情境中所需完成的任务。第一种方式是,上个镜头的声音在画面切出之前结束,而下个镜头的声音在下个镜头的画面切入之后出现(图 10.15)。第二种平行的方式是,上个镜头的画面与声音同时切出,而下个镜头的声音在下个镜头的画面切入之后出现(图 10.16)。第三种方式则是上个镜头的声音与画面同时切出,下一个镜头声音与画面同时切入(图 10.17)。①

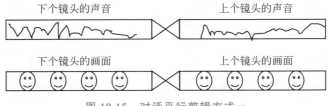

图 10.15　对话平行剪辑方式一

①　赵炜,赵鹏飞.声音元素在影视后期制作中的应用策略探究[J].艺术科技,2015,28(04):82-83.

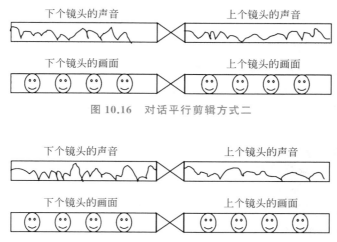

图 10.16　对话平行剪辑方式二

图 10.17　对话平行剪辑方式三

2）交错剪辑

交错剪辑是指声音与人物画面不同时切换，而是交错切出、切入，即上个镜头的人物的声音不随镜头切出而结束，延续至下一个镜头人物的画面里。[①] 交错剪辑可以使画面内容更加生动，不至于太过呆板。

拖声法是交错剪辑的重要手法，即上个镜头的画面先切出，而声音持续至下个镜头的画面上（图 10.18）。此外还有揹声法，即上个镜头的声音先于画面结束，而下个镜头的声音出现在上个镜头的画面中（图 10.19）。[①]

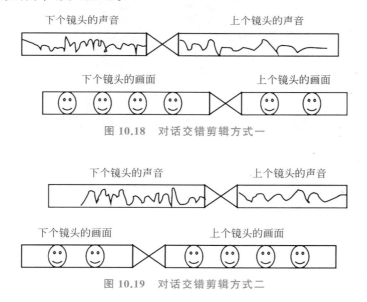

图 10.18　对话交错剪辑方式一

图 10.19　对话交错剪辑方式二

① 赵炜,赵鹏飞.声音元素在影视后期制作中的应用策略探究[J].艺术科技,2015,28(04)：82-83.

2. 音乐剪辑

音乐剪辑是指根据影视内容或动作、情绪、节奏的变化,恰当地插入一些乐曲,以达到调整画面和声音之间节奏的作用,提高画面的感染力。

选择音乐的剪辑点时,最重要的就是准确把握音乐的情感色彩。剪辑师要根据音乐自身的旋律节奏,结合画面造型要素,选择最合适的时间点。在剪辑时,既要注意音乐和画面是否协调,还要注意音乐的拼接组合是否流畅。一般来说,剪辑师要根据镜头画面的需要对一首完整的音乐进行剪切,将最适合用到画面的部分裁剪出来。如果音乐长度不够,可以再重复使用同一段音乐,或者根据情绪色彩更换其他音乐。在短视频的开头和结尾配乐用淡入和淡出的手法处理更加自然。

例如新华社在B站发布的短视频《我们正年轻》中00:12~00:16是中国年轻军人为了战争胜利拼杀奉献的画面(图10.20),该片段在原有背景音乐的基础上,增加了振奋人心的冲锋号作为配乐,与画面和原有音乐顺利融合。这样的剪辑既体现八路军的高昂士气,也增强了视频片段的感染力。

图 10.20 音乐剪辑案例

3. 音响剪辑

音响主要是指自然音效和戏剧化音效,音响可以辅助营造环境、渲染气氛、塑造人物、拓展时空、转换场面等,在声音剪辑中非常重要。

例如,B站账号"央视网"发布的短视频《习近平的扶贫故事》系列第一集01:44中,习近平总书记讲述在梁家河时期与乡亲们在土炕上睡觉的艰苦日子。该段画面增加了风声、鸟叫、虫鸣等声音,利用这样的音效增强了真实临场感,更能够引领观看者沉浸到扶贫故事中去。

具体进行音响剪辑时,需要注意以下事项。

(1)声源与空间关系。

有声源和无声源音响是音响的两种类型。不同的声源具有不同的特点,其空间关系也是不同的,例如远近、大小、轻重、缓急、主观和客观等。声源位置的变化或者摄影机位置的变化都需要音响剪辑进行匹配,忽略或处理不当都会影响影片的呈现。

（2）再现与表现的关系。

音响有的属于自然音效,有的属于戏剧性音效,如心理声或幻想声等,不同类型的音响具有不同的功能和特点。剪辑应当注意不同声音的艺术特点而恰当运用。

（3）音响与节奏的关系。

音响会影响画面的节奏,音响与其他声音要素的结合会形成该影片的总体节奏。音响的剪辑包括强接强、弱接弱、强接弱、强接静、静接强、静接弱、弱接静等多种类型。在剪辑中,要有效地运用或处理好这种节奏,做到主次分明、层次清楚,避免可以而喧宾夺主,也避免随意而造成混乱。

10.3.5　节奏剪辑点

1. 节奏剪辑的含义

节奏剪辑就是通过对影片情节内容、主体动作、镜头组合、镜头运动、声画组合、造型元素、声音元素等剪切和组接,使画面具有律动性。节奏剪辑由视觉节奏与听觉节奏结合而成,可以表现出平缓、跳跃、流程、停顿、紧张、松弛等多种类型。不同视听元素的组接都会产生节奏,短视频的节奏则由声音和画面两方面的节奏决定,需要剪辑者精准把控画面节奏。下面详细介绍一些节奏剪辑的技巧。

2. 节奏剪辑的技巧

1）运用镜头特点与组接顺序调整节奏

短视频的时长较短,需要在有限的时长内对镜头特点进行最佳组接,体现视频画面的节奏感。首先,对于运动镜头而言,不同的运动方式会产生不同的画面动感。例如,将起幅和落幅相同的推镜头和拉镜头做比较,推镜头的动感一般会更强,画面节奏感提升,更容易点明画面重点和抓住观者眼球。若是两个摇镜头做比较的话,落幅摇镜头则比起幅的摇镜头更具有节奏性。其次,镜头的组接顺序也会影响节奏。例如,两个运动镜头相接一般流畅感较高,"静接静"则会使画面观感短促有力。因此,短视频剪辑者要注意识别不同镜头的特点,并根据其特点进行合理组接从而调整节奏。

2）运用主体的动作或运动速度调整节奏

画面主体的运动幅度大小、力量强度、运动频率、频率速度、运动速度等都会影响短视频的节奏。因此,在短视频中为了避免镜头的时间过长而延长节奏,剪辑者可以增加主体动作或者调整动作节奏,从而避免长镜头可能产生的冗长感。此外,被拍摄主体的运动速度有可能影响视频的节奏。剪辑者可以通过添加视频特效进行加速或减速处理,从而改变视频的整体节奏和气氛。

3）运用反转叙事调整剪辑节奏

短视频中若想设置冲突点,一般会使用反转的叙事方式。反转就是使情节的发展与最初的预想轨道偏离,从而实现出人意料的效果,加强视频的节奏性。从剪辑者的角度看,就是剪辑者要学会进行一种误导式的剪辑,先将观众引向一条"错误"的道路。但等到一定的时机后,剪辑者再通过悬念或反转的设置让观众觉得十分意外,起到意料之外但又在情理之中的反转效果。

◇ 10.4   剪辑中的场面转换原则与技巧

短视频虽然在长度上较短,但这更要求剪辑者在有限的时间里进行合理、流畅的场面转换,以此来体现时间或情节的过渡和变化。

10.4.1   场面转换的作用

场面转换也称为"转场",就是使用有技巧或者无技巧的方式,对不同场景的分段视频素材进行过渡和转换,从而实现视频画面的流畅拼接的过程。除去一镜到底类的视频外,大多数视频作品都是由多个场面或段落组成的,为了场面间的连贯接,需要进行场面转换。场面转换的作用主要体现在两个方面:一是构成段落隔断,让观众关注到更明显的情节感;二是产生连续性,将处在不同时空场景下的时空段落整合统一,形成完整且流畅的影像作品。场面转换的类型一般分为有技巧转场和无技巧转场两类。

10.4.2   有技巧转场

有技巧转场是指运用光学特效或者剪辑软件生成的特效手段进行转场,包括淡入淡出、叠化、划像、定格、多画幅转场等。

1. 淡入淡出

淡入淡出转场即上一个镜头的画面由明转暗,直至黑场,下一个镜头的画面由暗转明,逐渐显现直至正常的亮度。

淡出与淡入画面的长度,一般各为 2s,但实际编辑时,应根据视频的情节、情绪、节奏的要求来决定。有些影片中淡出与淡入之间还有一段黑场,给人一种间歇感,起到中断观看者思路,让观看者陷入思考的作用。

2. 叠化

叠化指前一个镜头的画面与后一个镜头的画面相叠加,前一个镜头的画面逐渐暗淡隐去,后一个镜头的画面逐渐显现并清晰的过程。一般来讲,叠化转场主要有以下五个作用。

(1) 用于时间的转换,表示时间的消逝。

(2) 用于空间的转换,表示空间已发生变化。

(3) 表现景物变幻莫测、琳琅满目、目不暇接。

(4) 用叠化表现梦境、想象、回忆等插叙、回叙场合。

(5) 掩盖镜头的缺陷。

例如央视网发布的《我,就是中国》(图 10.21)短视频中 00:47 的叠化转换表示出时间的流逝和空间的变化,叠化的使用将人民解放军战斗胜利画面递进到新中国成立阅兵式画面,呼应主题并推动视频进入高潮,展现出新中国成立背后是每位中国人为之付出的心血和汗水。

图 10.21　《我，就是中国》叠化画面

3. 划像

　　划像一般用于两个内容意义差别较大的段落转换，前一组镜头从某一方向退出荧屏称为划出，下一组镜头从某一方向进入荧屏就称为划入，其在视觉的连贯性上有明显的隔断效果。[①] 常见的剪辑工具 Premire、剪映等都提供了大量的划像转场预置（图 10.22）。划像还可以造成时空的快速转变，可以在较短的时间内展现多种内容，所以常用于同一时间不同空间事件的分隔呼应，节奏紧凑、明快。如图 10.23 所示，视频就使用了横向划像擦出的方式进行了画面转场。

图 10.22　剪辑软件中的划像功能

图 10.23　划像转场案例

---

① 孙振虎，张悦，韦霖璐.转场——视频流畅表达的"秘密武器"[J].新闻与写作，2020(03)：105-108.

4. 定格

前一段的结尾画面作静态处理,产生瞬间的视觉停顿,接着出现下一段落的画面,一般来说,定格具有强调作用。[①] 定格画面能够较为明显地吸引到观看者的注意,使观看者留意定格画面中的线索,从而达到强调重点的作用。

有技巧转场的痕迹感较重,展现了明显的技术性。除了前面具体讲到的技巧外,还有其他的如翻转、翻页等转场方式。这些有技巧转场在短视频剪辑中也可以选择性使用,从而达到增强视频表现力的作用,不过也要遵循适度性的原则,切忌过度滥用造成画蛇添足的效果。

10.4.3 无技巧转场

无技巧转场是指不通过技术手段来承上启下,而是用镜头的自然过渡来连接两段内容,即用画面直接切换手段来实现转场。无技巧转场作为画面与画面间的一种自然衔接方式,常常利用相似体、遮挡物、承接元素、运动镜头或动势、空镜头等过渡元素,完成视频段落的切换。

相较于有技巧转场的技术性和痕迹感,无技巧转场在视觉观感上更加自然,使画面转换更具连贯性。因此,也较多应用于影视和短视频作品当中。常见的无技巧转场主要包括以下类型。

1. 出画入画转场

出画入画转场是指前一个画面主体出画,后一个画面主体入画的转场方式。出画与入画主体可以一致,保持不变,也可以是不同的主体。出画入画是最常用的转场技巧,它的特点是真实自然,体现一种运动感。不过,在使用该转场方式时,剪辑者要尽量让出画入画的方向连贯自然,常见的出入方向有左入右出、右入左出、上入下出、下入上出等。

例如,短视频《两个人在一起才是家》中展现了外卖员忙碌地去店家取外卖,然后接到妻子电话的场景。为了使该视频具有日常感、真实感,镜头一直以外卖员为主体,先是如图 10.24 所示剪辑出外卖员仓促取餐准备出店的出画镜头。紧接着,镜头又转到店铺门口,拍摄外卖员取餐后的入画镜头(图 10.25)。这一出画入画的转场恰到好处地展现了外卖员的工作日常,观看者不自觉就会代入其中。

2. 特写镜头转场

特写镜头的使用可以较好吸引观众、挑起观众情绪,从而流畅自然地将观众带到下一个画面。短视频中就运用了小女孩手中一家三口的合照的特写进行了转场。如图 10.26 所示,第一幅画面中小女孩手持一家三口合照眼睛被身后的姥姥蒙住,第二个画面拉近镜头给小女孩手中的一家三口合照特写,第三个画面镜头由一家三口合照拉远,场景也切换到小女孩与姥姥坐在一起交流。在这几个画面中,小女孩一家三口的合照的特写就成为了转场的重要方式。

---

① 田琼.非线性编辑系统在临盘电视台的应用[J].中国有线电视,2014(06):740-742.

图 10.24　外卖员出画　　　　　　　图 10.25　外卖员重新入画

图 10.26　《缉毒警察的一生》特写转场截图

3. 同景别转场

同景别转场即上一个场景最后的镜头与下一个场景最开始的镜头景别相同。在影视中使用较多的如全景接全景和特写接特写：全景接全景能够通过大致相似的空间环境或整体气氛实现自然化的转场。特写接特写则可以使观者聚焦于画面中的物体或人物主体的动作，起到突出重点的作用。

4. 同一主体转场

同一主体转场是指前后两个场景用同一个主体或物体来连接。同一主体在景别上大都是近景或特写，其可以排除画面环境中次要因素的干扰，引导观众的注意力随画面趣味重心的转移而转移。

　　人民日报发布的短视频《建党百年版错位时空》中00:21就使用了同一主体的转场。镜头通过路旁人的模糊背影实现了镜头的时空切换。图10.27中陈延年和陈乔年告别父亲行走在赴法国留学的路上,但随着路旁人经过的模糊背影遮挡(图10.28),再次看到画面中陈延年已经是被捕后在刑场前进的画面(图10.29)。这样的转场方式使得观众跟随镜头,聚焦于主人公们境遇的变化,实现自然的时间线和空间场景切换的同时,也通过强烈的对比展现两位青年"去时少年身,归兮英雄魂"的壮烈。

图10.27　同一主体转场案例画面一

图10.28　同一主体转场案例画面二

图10.29　同一主体转场案例画面三

5. 挡黑镜头转场

　　挡黑镜头转场中,前一个镜头主体会走近摄像机把镜头挡黑或直接让镜头主体进入黑暗环境,而后一个镜头主体从镜头挡黑开始,走入另一个环境。此外,在短视频剪辑实践时,还可以采取前后移动挡黑或左右移动挡黑的形式。这样的转场具有明显的运动感,也能让观众更加感受到流畅的叙事,在短视频中也比较常见。

6. 相似体转场

　　相似体转场指的是利用物体的相似因素进行转场,即前后两个镜头属于同一类物体,在外形、性质或者运动形式上有一定程度的相似,可以使转场顺畅巧妙。一般而言,这类物体都有一定的叙事功能,或是对于剧情有推进作用。通过物体转场既能提醒观众注意这个物体,同时能较为自然引导观众在意识上完成场景的切换。

央视于 2019 年春晚播出的公益广告短视频《过年好》中,就通过相似的中国结巧妙转场(图 10.30)。在名为"过招"的场景中,小男孩身穿有中国结图案白色 T 恤兴奋地与他人斗舞,镜头切至小男孩胸前的中国结并衔接转场到下一场景中。下一场景名为"过奖",胸前佩戴中国结的乐手为京剧演出伴奏,周围观众一片叫好。利用中国结这一具有"团结幸福美好"寓意的相似体进行转场,既展现了中国民间艺术之美,又渲染出中国传统节日春节一片祥和喜庆的氛围。将相似体转场这个小技巧运用好,可以剪出非常优秀的短片,这种精妙的镜头转换手法不仅能够流畅连接时间,还能带动观众情绪起伏。

图 10.30　《过年好》相似体转场案例

7. 动作(动势)转场

动作转场也叫动势转场,即借助人物、动物、交通工具或战争工具等动作和动势的可衔接性以及动作的相似性,作为场景或时空转换的手段。短视频中比较简单的动作转场例如"打响指",画面中的主体不动,可以通过打响指来衔接两个不同的场景,达到场面转换的自然性,让观者察觉不到剪辑点的存在。动作转场在短视频平台的变装视频中很常见,如图 10.31 和图 10.32 所示,短视频《〈觉醒年代〉全员集合》中演员张晚意通过慢慢转身回眸的动作进行了转场。前一个画面还是演员身穿白色 T 恤背对观众,转身后便转场至《觉醒年代》中伤痕累累的烈士陈延年转身的画面,背景也由室内转换到刑场。

8. 空镜头转场

空镜头主要是指影视作品中那些以景物为主的没有人出现的镜头画面。以空镜头转场,可以刻画人物情绪和心态,实现升华;也可以通过空镜头形成明显的间隔效果,有打隔断和调整节奏的作用;此外空镜头还有介绍环境、表示时间等作用。

景物镜头顾名思义可以分为两种类型:一种是以景为主,物只是作为陪衬,例如蓝天、白云、山野田间等。这种以景为主的镜头可以将地理环境和景物样貌展现给观众,并起到展现时间变化或四季更替的作用。另一种是以物为主、景则成为陪衬镜头,例如经常在电影中看到的呼啸而过的火车画面、静止的物品摆件等。

图 10.31   动作（动势）转场案例图一   图 10.32   动作（动势）转场案例图二

景物镜头的主要作用是借景抒情。景物镜头可以通过景和物的展示，更加细腻地传达某种情感或情绪，并起到调节高潮情绪、舒缓进程并调节剧情节奏的重要作用。

9. 主客观镜头转场

主客观镜头转场一般会利用镜头前后之间的看与被看关系，形成错觉，从而进行场面转换。视频中演员通过第一视角所看到的镜头是主观镜头，观众能看到演员的镜头是第二或第三视角的客观镜头。关注乡村留守儿童的短视频《盼归》中就使用了主观镜头和客观镜头转场，从而给观看者带来沉浸式的观看体验。如图 10.33 所示，视频使用了主观镜头拍摄留守儿童自己下锅炒菜的画面，后一个镜头（图 10.34）则是其他人看到的留守儿童起锅盛菜的客观镜头。简单的两种镜头转场的设计，便能够让观看者产生沉浸感，仿佛自己也在做同一件事。

图 10.33   主观镜头案例

图 10.34   客观镜头案例

10. 两极镜头转场

两极镜头转场会通过大全景系列和近景、特写系列的镜头进行较大的跳跃组接,实现场面的转换。这类镜头一般会形成较强烈的视觉反差,强调差异和对比。短视频《脑洞是超酷的运动!》中 00:30 就使用了这种两极镜头转场,前一个镜头还是何同学坐在沙发上说话的中近景(图 10.35),后一个镜头就变成了一个女士在大街上行走的远景(图 10.36),这个两极镜头的切换不仅非常具有视觉冲击力,还巧妙地通过在大街上运动的沙发来转场,充满脑洞大开的创意感。

图 10.35　两极镜头案例图一

图 10.36　两极镜头案例图二

总的来说,有技巧转场和无技巧转场都是重要的视频转场方式,除了前面讲授的诸多具体转场方式以外,还有很多通过创意拍摄手法或者利用剪辑软件生成的转场方式。在进行短视频剪辑时,剪辑者可以反复观看学习优秀的短视频作品和影视作品,将作品中实用转场方式进行记录,然后在自己的作品中实践。只有将深度的理论学习和灵活的实践剪辑相结合,才能够真正拓宽剪辑者的视野,提高剪辑者的能力,剪辑出更为优质的短视频作品。

◆ 10.5　本章小结

本章带领大家学习了短视频剪辑的意义和流程,并深入讲解了剪辑点如何确定、视频转场如何实现等内容。通过本章的学习,初学者基本能够在这些技巧的指导下进行短视频的剪辑实践,探索适合自身的剪辑风格。罗贝尔·布莱松曾说,一部电影要经历三次出生,分别是剧本写作、拍摄和剪辑。而短视频的诞生其实也是如此，甚至由于短视频特殊的时长要求，其对剪辑方面的工作能力要求会更高，剪辑师必须在短时间内传达尽可能多的信息，并添加适当的艺术转场、效果等增强短视频的艺术性。因此，在短视频势如破竹发展的当下，短视频剪辑的奥秘之书尚待今天的实践者去继续书写。

◆习　题　10

1. 结合认识和归类素材，尝试对现有视频重新构建剧情剪辑，作品时长不限。

2. 结合声音剪辑点，尝试应用音响剪辑增加视频真实感或强化戏剧效果。

3. 结合场景转换的作用，尝试在短视频剪辑中应用三种以上无技巧转场。

4. 结合场景转换的作用，尝试分析央视猪年春晚短视频《过年好》的转场方式。

5. 结合短视频剪辑点的应用，谈谈短视频剪辑中节奏的主要作用。

6. 结合场景转换的作用，谈谈为什么"无技巧转场恰恰最有技巧"。

7. 结合短视频剪辑技巧，谈谈如何避免为了剪辑而剪辑，为了炫技而剪辑。